Maiwald / Quantius / Rievers

Grundlagen der Orbitmechanik

Volker Maiwald

Dominik Quantius

Benny Rievers

Grundlagen der Orbitmechanik

2., aktualisierte Auflage

HANSER

Autoren:
Dr.-Ing. Volker Maiwald
Deutsches Zentrum für Luft- und Raumfahrt, Bremen
Dipl.-Ing. Dominik Quantius
Deutsches Zentrum für Luft- und Raumfahrt, Bremen
Dr.-Ing. Benny Rievers
Zentrum für angewandte Raumfahrttechnologie und Mikrogravitation (ZARM), Universität Bremen

Bibliografische Information der Deutschen Nationalbibliothek:
Die Deutsche Nationalbibliothek verzeichnet diese Publikation in der Deutschen Nationalbibliografie; detaillierte bibliografische Daten sind im Internet über
http://dnb.d-nb.de abrufbar.

Internet: www.hanser-fachbuch.de

Lektorat: Dipl.-Ing. Natalia Silakova-Herzberg
Herstellung: Anne Kurth
Covergestaltung: Max Kostopoulos
Coverkonzept: Marc Müller-Bremer, www.rebranding.de, München
Titelbild: © shutterstock.com/Yuri Hoyda
Satz: Volker Maiwald
Druck und Bindung: CPI books GmbH, Leck
Printed in Germany

Print-ISBN 978-3-446-47027-9
E-Book-ISBN 978-3-446-47052-1

Inhaltsverzeichnis

Videoverzeichnis

1 Einführung

Der 4. Oktober 1957 markiert den Beginn der Raumfahrt. An diesem Tag erreichte zum ersten Mal ein künstliches Objekt, der sowjetische Satellit *Sputnik*, eine Umlaufbahn um die Erde. Die Jahrzehnte davor waren von Versuchen geprägt, dieses Ziel zu erreichen und von der technischen und wissenschaftlichen Vorbereitung eines solchen Unterfangens.

Heute sind Satelliten aus dem All(tag) nicht mehr wegzudenken. Sie sind fester Bestandteil unserer Gesellschaft, verbinden uns mit anderen Kontinenten, versorgen uns mit Wetterdaten und ermöglichen uns die Erforschung anderer Planeten, Sonnensysteme und des Kosmos im Ganzen.

Die Durchführung von Raumfahrtmissionen ist ohne ausgeklügelte Bahn berechnungen allerdings undenkbar. Die Orbitmechanik ermöglicht z.B. die Berechnung von Manövern, die notwendig sind, um ein gewünschtes Ziel, wie z.B. den Planeten Jupiter, zu erreichen. Durch Orbitmechanik können Kontaktzeiten mit Bodenstationen im Vorfeld berechnet, Antennen entsprechend ausgerichtet und Antriebssysteme von Satelliten im Voraus korrekt ausgelegt werden. Gleiches gilt für Sichtbarkeiten z.B. von Orten auf einer Planetenoberfläche oder für die Bestimmung von Schattenzeiten in denen ein Satellit nicht durch Solarzellen mit Energie versorgt werden kann.

Die Orbitmechanik hat aber Ihre Ursprünge nicht in der Raumfahrt selbst, sondern ist bereits viel länger Bestandteil der Wissenschaft. Schon lange vor Sputnik und seinen Nachfahren hat sie wichtige Beiträge zur Erforschung des Kosmos geliefert und tut dies noch heute. Mit Hilfe der Orbitmechanik wurden die Bewegungen der Planeten beschrieben und sie ist z.B. eine der Grundlagen für die Erforschung der Dunklen Materie.

Dieses Buch befasst sich mit der Orbitmechanik in ihrer Anwendung im Bereich der Raumfahrt und soll die grundlegenden Werkzeuge zur Verfügung stellen, die notwendig sind, um Missionen auszulegen und Machbarkeitsanalysen durchzuführen. Da es nur wenige analytisch lösbare Fälle gibt, die die Orbitmechanik beschreibt, und diese immer eine Vereinfachung der tatsächlichen Gegebenheiten darstellen, können reale Missionen nicht ohne numerische Verfahren gelöst werden. Die Grundlagen, die zum Verständnis dieser komplexen Berechnungen nötig sind, können aber analytisch erfasst werden. Zu Beginn sind diese Grundlagen einfache Himmelsmechanik, die ebenso auf natürliche Körper im All angewendet werden können.

Die Entwicklung der Himmelsmechanik hat bereits viele Jahrhunderte in Anspruch genommen und ist sicherlich noch nicht abgeschlossen. Nach wie vor haben wir bei weitem den Kosmos nicht vollständig verstanden, auch nicht die Grundlage für die Orbitmechanik: Die Gravitation selbst. Zwar ist die Wirkung durch die Relativitätstheorie und das Modell der Raumzeit verstanden, die Ursache der Gravitation bleibt jedoch unklar.

Der Kosmos ist für die meisten Menschen sehr leicht erfahrbar: Ein Blick in den nächtlichen Himmel offenbart ihn uns in seiner gesamten Pracht, wenn diese nicht durch moderne Beleuchtung versteckt wird. Dieses Problem bestand in der Antike nicht und so stammen die ersten dokumentierten Gedanken mit Bezug zur Himmelsmechanik auch aus dieser Epoche.

Die Auseinandersetzung mit astronomischen Erscheinungen lässt sich aber auch schon für frühere Kulturen, auch außerhalb Europas, belegen. Dies ergeben Funde aus der Archäoastronomie: z.B. Tiermalereien in der Höhle von Lascaux (umstrittene Theorie von Sternbildern, 36.000-15.000 v. Chr.), die Kreisgrabenanlage von Goseck (Anlage zur Messung der Sonnenwende, ca. 4.800 v. Chr.), die Himmelsscheibe von Nebra (Darstellung von Mond und den Sternen der Plejaden, 2.100-1.700 v. Chr.) sowie Hinterlassenschaften z.B. der Maya, Ägypter, Mesopotamier, Aborigines oder astronomische Text aus Indien (Vedāṅga Jyotiṣa, die hinduistische Astrologie).

1.1 Entwicklung der Orbitmechanik und Kosmologie

In unserem Kulturkreis kennen wir wissenschaftliche Zeugnisse bzgl. der Anfänge der Sternenkunde bereits aus der Antike. Mit der Beobachtung von Gestirnen beschäftigte sich unter anderem Oinopides im 5. Jahrhundert vor Christus und bestimmte so das Sonnenjahr bis auf einige Zehnerstellen genau und die mittlere synodische Mondperiode mit einer Abweichung erst bei der vierten Nachkommastelle zu rund 29,53 Tagen. Außerdem vermaß er die Schiefe der Ekliptik, also der Neigung des Erdäquators gegenüber der Umlaufbahn der Erde (oder aus damaliger Sicht der Sonne) zu 24°, was sehr dicht am heute üblicherweise verwendeten Wert von 23,44° lag.

Einer der ersten, die für die Kosmologie gestritten haben, war im 3. Jahrhundert vor Christus der griechische Philosoph Stratos von Lampsakos. Als Physiker beschäftige er sich unter anderem mit Bewegung – so schlussfolgerte er erstmalig, dass ein fallendes Objekt beschleunigt wird und sich nicht etwa gleichförmig bewegt. Daneben verstand er den Kosmos als eine Maschine, die nicht durch etwaige willkürliche Akte von Göttern beeinflusst wurde.

Einer seiner Schüler war Aristarchos von Samos. Dieser ist vor allem durch sein Werk *Über die Größen und Abstände von Sonne und Mond* bekannt, in dem er ein geozentrisches Weltbild vertrat. Leider ist kein weiteres Werk von ihm erhalten. Allerdings gibt es Zitierungen seiner Werke durch andere Wissenschaftler. So wissen wir, dass er später selbst ein heliozentrisches Weltbild vertrat und annahm, dass der Abstand der Sterne, die er als auf einer Sphäre befindlich begriff, größer sein musste als der Abstand zwischen Erde und Sonne. Er machte deutlich, dass die fehlende sichtbare Parallaxe, also die Verschiebung der Richtung zum Stern durch die Bewegung der Erde um die Sonne (durch Veränderung des Blickwinkels) nur durch eine sehr große Entfernung erklärt werden kann. Sein heliozentrisches Weltbild war sehr umstritten und lediglich Seleukos von Seleukia arbeitete damit weiter. Er brachte erstmals die Bewegung von Sonne und Mond mit den Gezeiten in Verbindung.

Aristarchos befasste sich aber vor allem auch mit der Berechnung der Größen von Sonne, Mond und Erde (s. Bild 1-1). Zwar wichen die Ergebnisse seiner Berechnungen durch die Ungenauigkeit seiner Beobachtungen sehr stark von den tatsächlichen Gegebenheiten ab, allerdings etablierte er, dass die Sonne sehr viel weiter von Mond und Erde entfernt ist, als es das Schalenmodell seiner Kollegen erlaubte. Seine Überlegungen basierten auf der Beobachtung, dass die Mondphasen von der Beleuchtung der Sonne herrührten.

Einige Jahrzehnte später befasste sich Erathosthenes von Kyrene unter anderem mit Astronomie und Kalenderzyklen – die wiederum auf der Bewegung von Sonne und Mond beruhten. Er verbesserte die Kenntnis des Werts der Schiefe der Ekliptik zu ca. 23,77° und bestimmte außerdem den Erdumfang zum ca. 50-fachen der Entfernung zwischen dem antiken Alexandria und Assuan. Damit erzielte er eine realistische Schätzung von den tatsächlichen Größen der Himmelskörper. Seine Schätzung wich um nur gut 4% vom wirklichen Erdumfang ab.

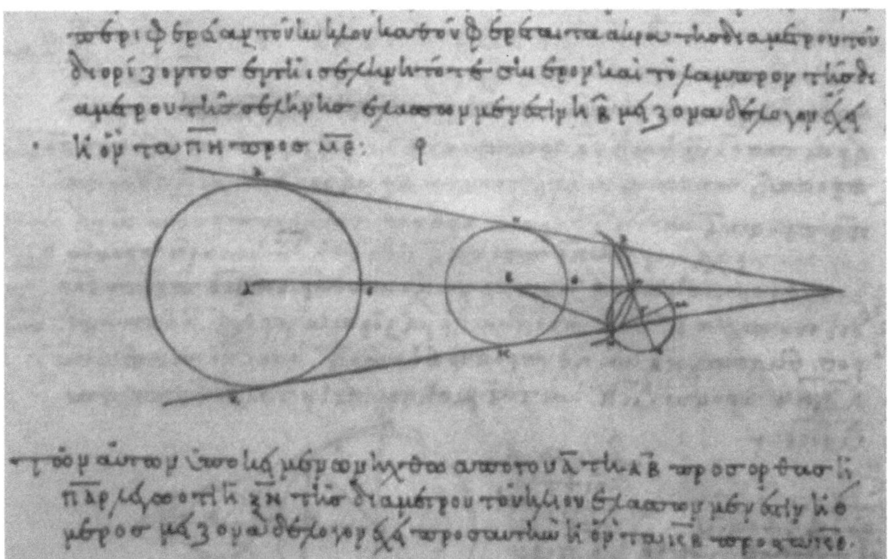

Bild 1-1

Abschrift aus dem 10. Jh. n. Chr. von Aristarchos' Bestimmung der relativen Größen von Sonne, Mond und Erde.

[Quelle: gemeinfrei]

Mitte des 2. Jahrhunderts vor Christus entdeckte Hipparchos von Nicäa anhand eines Vergleichs von älteren Aufzeichnungen von Sternenpositionen mit seinen eigenen Beobachtungen, eine Verschiebung der Tag- und Nachtgleiche. Er folgerte daraus eine Verdrehung des Sternenhimmels, entdeckte aber in Wirklichkeit so die Präzession der Erdachse, was erst Kopernikus gut 1.500 Jahre später in ganzer Konsequenz folgerte. Die Genauigkeit der Kenntnis der Präzession wurde im 13. Jahrhundert nach Christus von Nasi Ad-din at-Tusi deutlich verbessert.

Ebenso berechnete Hipparch den Abstand zwischen Mond und Erde als das dreißigfache des Erddurchmessers, womit er nur ungefähr 1500 Kilometer von der mittleren Entfernung zwischen Mond und Erde abwich.

Rund drei Jahrhunderte später entwickelte Claudius Ptolomäus ein komplexes Modell des Sonnensystems, das im Einklang mit Beobachtungen stand. Es war geozentrisch, allerdings war die Bewegung der Planeten eine Überlagerung von mehreren Kreisen. Es blieb für die nächsten Jahrhunderte die Standardreferenz in Europa.

In Indien befasste sich im 6. Jahrhundert nach Christus der Astronom und Mathematiker Aryabhata ebenfalls mit der Orbitmechanik. Er machte genaue Angaben zum Erdumfang und dem Abstand zwischen Erde und Mond. Er verfasste Ephemeriden, d.h. Positionskataloge, der Planeten. Zwar vertrat er ein geozentrisches Weltbild, allerdings hat er wohl zumindest geahnt, dass ein heliozentrisches passender wäre und es gibt Hinweise darauf, dass ihm klar war, dass die Planetenbahnen Ellipsen sind.

Im 14. Jahrhundert hat Ibn asch Schatir das ptolomäische System modifiziert, wodurch es genauer wurde. Außerdem entdeckte er die Apsidenwanderung, d.h. die Drehung der gesamten Erdbahn um die Sonne.

Der nächste große Schritt jedoch war der von Nikolaus Kopernikus, welcher ein heliozentrisches Model ersann, auch vor dem Hintergrund der Präzession des Frühlingspunktes. Seine Arbeit war jedoch noch dadurch geprägt, dass er auf einer Vollkommenheit der Kreisbewegung bestand und diese als Bahnform annahm. Diese Annahme brachte nur eine schlechte Übereinstimmung mit den tatsächlichen Planetenpositionen und ermöglichte somit keine präzisen Vorhersagen über zukünftige Positionen am Nachthimmel. Beeinflusst wurde seine Arbeit von Nikolaus von Kues und Regiomontanus. Erst kurz vor seinem Tod im Jahre 1543 veröffentlichte Kopernikus sein Hauptwerk *De revolutionibus orbium coelestium* (s. Bild 1-2).

Der schnellere Fortschritt der Wissenschaft, u.a. bedingt durch den Buchdruck, machte auch vor der Astronomie nicht Halt. Tycho Brahe war im 16. Jahrhundert Astronom in Dänemark und erstellte vor allem eine umfangreiche Sammlung von Beobachtungsdaten und war ein Förderer von Johannes Kepler. Er lehnte das heliozentrische Weltbild von Kopernikus ab, erstellte eine eigene Vorstellung der Welt, die geozentrisch war, allerdings nur bezüglich der Sonne, die nach seiner Vorstellung um die Erde kreiste. Alle anderen Planeten wiederum umkreisten in seinem Modell die Sonne.

Nach seinem Tod im Jahre 1601 ermöglichten es seine Beobachtungsdaten Johannes Kepler schließlich seine weitreichenden Erkenntnisse zu machen, welche in den berühmten Keplerschen Gesetzen mündeten (s. Kapitel 6). Erstmals war klar, dass die Planetenbahnen Ellipsen waren. Kepler war so auch in der Lage, die Geschwindigkeit des Planeten Mars zu bestimmen und leitete eine Berechnung ab, die es erlaubte die Entfernung eines Planeten von der Sonne mit seiner Umlaufperiode in Zusammenhang zu bringen, welches er 1619 in seinem Werk *Harmonice mundi* veröffentlichte. Seine Arbeit ermöglichte es ihm – auch wenn er dieses Ereignis selbst nicht mehr erleben sollte – einen Venustransit für das Jahr 1631 vorherzusagen – d.h. einer Wanderung der Venus über die Sonnenscheibe aus Sicht eines Beobachters.

Im gleichen Zeitraum ermöglichte die Entwicklung des Fernrohrs Galileo Galilei die Entdeckung der vier größten Jupitermonde, die man noch heute die galileischen Monde nennt. Er konnte beobachten, dass diese Jupiter umkreisen. Ebenso konnte er die Phasen der Venus erkennen, woraus er eine Veränderung der relativen Position unseres Nachbarplaneten zur Erde und zur Sonne herleitete. Seine Beobachtungen brachten das heliozentrische Weltbild ins Wanken.

Bereits zu dieser Zeit gab es auch Ideen, z.B. geäußert von dem Mönch Giordano Bruno, dass die Sonne nicht nur im Mittelpunkt unseres Sonnensystems stehe, sondern sogar nur eine von vielen Sonnen im All war. Er ging von einem unendlichen Weltall aus, welches er philosophisch begründete. Auch Galilei vertrat solche Ansichten bezüglich der Sonne.

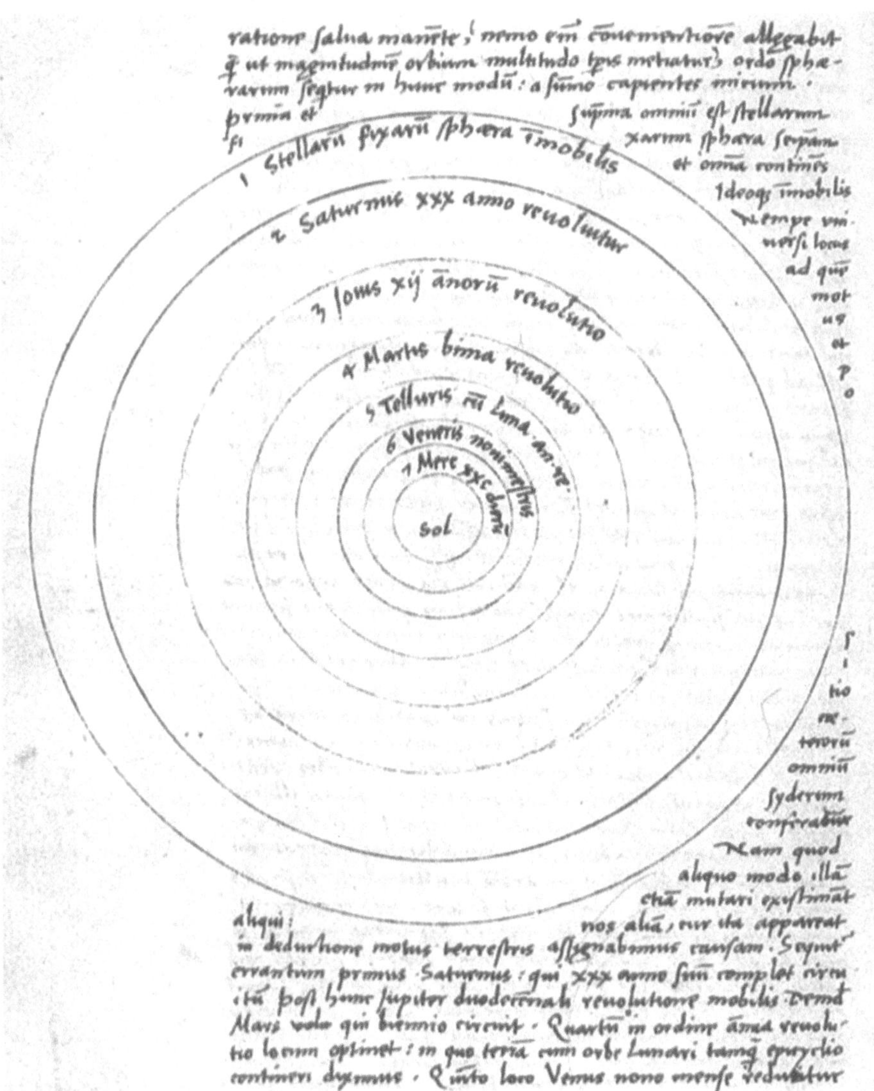

Bild 1-2

Seite aus dem Manuskript *De revolutionibus orbium coelestium* von Nikolaus Kopernikus.

[Quelle: gemeinfrei]

Im Jahre 1687 erschien schließlich Isaac Newtons *Philosophiae Naturalis Principia Mathematica* (s. Bild 1-3), in der dieser das Gravitationsgesetz herleitete und damit die von Kepler beobachteten Bahnen mathematisch erklären konnte. Newton war der Begründer der modernen Mechanik und hat für die

Herleitung des Gravitationsgesetzes auch an der Entwicklung der Differentialmathematik gearbeitet. Er postulierte außerdem, dass auch Kometen auf elliptischen Bahnen die Sonne umrundeten.

Das Gravitationsgesetz und seine Folgen ermöglichten erstmals Berechnungen von beliebigen Bahnen und die Auswirkung der Gravitation von Planeten auf Bahnen von Himmelskörpern. Edmond Halley, entdeckte auf Basis von Newtons Erkenntnissen, dass Kometen die Wiederkehr der gleichen Körper darstellten und sagte die Wiederkehr des nach ihm benannten Kometen für das Jahr 1758 voraus. Der Franzose Alexis-Claude Clairut z.B. berechnete eine Rückkehr des Halleyschen Kometen für das Jahr 1759. Seine Vorhersage war ungenau und die Abweichung führte er auf das Vorhandensein eines Planeten hinter Saturn zurück – gut zwanzig Jahre später wurde Uranus von Wilhelm Herschel entdeckt. Ebenso erkannte Halley durch Vergleich von Beobachtungsdaten, dass sich selbst die Sterne bewegten. Man erkannte auch eine Schwankung der Sternenposition im Laufe eines Jahres, was letztlich eine genauere Bestimmung der Lichtgeschwindigkeit ermöglichte, dere Wert noch 50 Jahre zuvor als gut 200.000 km/s berechnet worden war.

Bild 1-3

Deckblatt von Newtons *Philosophiae Naturalis Principia Mathematica* aus dem Jahre 1687.

[Quelle: gemeinfrei]

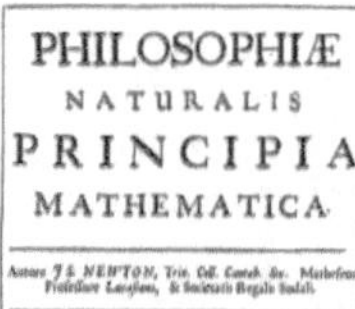

PHILOSOPHIÆ NATURALIS PRINCIPIA MATHEMATICA

Autore JS. NEWTON, Trin. Coll. Cantab. Soc. Matheseos Professore Lucasiano, & Societatis Regalis Sodali.

IMPRIMATUR. S. PEPYS, Reg. Soc. PRÆSES. Julii 5. 1686.

LONDINI, Jussu Societatis Regiæ ac Typis Josephi Streater. Prostat apud plures Bibliopolas. Anno MDCLXXXVII.

Mitte des 18. Jahrhundert verfasste Immanuel Kant zum ersten Mal eine Theorie zur Entstehung und Entwicklung des Sonnensystems aus einem Urnebel. 1761 wurde mit Hilfe eines weiteren Venustransits ihre Atmosphäre erkannt; 8 Jahre später ermöglichte ein weiterer Transit eine genaue Bestimmung des Erdabstands von der Sonne. In den 80ern des 18. Jahrhunderts veröffentlichte Joseph-Louis Lagrange seine Arbeiten zum Dreikörperproblem (s. Kapitel 9).

Ende des 18. und zu Beginn des 19. Jahrhunderts setzte eine regelrechte Beobachtungswelle ein, die darin mündete, dass man viele Kleinkörper dort entdeckte, wo man zwischen Mars und Jupiter einen weiteren Planeten vermutete. Den Anfang machte der Zwergplanet Ceres im Jahre 1801. Da er schließlich auf seiner Bahn um die Sonne hinter dieser verschwand und nicht wieder auffindbar war, leitete Carl Friedrich Gauß die heute vielfach eingesetzte Methode der kleinsten Quadrate ab und bestimmte so Ceres' Bahn, was es ermöglichte ihn wiederzufinden.

Der Bremer Arzt und Astronom Heinrich Wilhelm Olbers beschäftigte sich in seiner Arbeit ebenfalls mit Kleinkörpern. Im Jahr 1797 veröffentlichte er ein Werk zur Bahnberechnung von Kometen. Auch er beteiligte sich an der Suche nach einem möglichen Nachbarn von Mars und Jupiter und entdeckte 1802 den Kleinkörper Pallas, während er eigentlich Ceres auffinden wollte. Da der „Planet" zwischen Mars und Jupiter als entdeckt galt, man aber nun einen weiteren Körper ausgemacht hatte, entwickelte Olbers die These, dass es sich um Bruchstücke eines Himmelskörpers handelte. Einen weiteren Kleinkörper entdeckte er in der Nachbarschaft von Mars im Jahre 1807: Vesta. Dieser wurde 2011 von der Sonde *Dawn* besucht.

Die Bahn des 1781 entdeckten Uranus unterlag ihrerseits wiederum Störungen, welche im 19. Jahrhundert in der Annahme der Anwesenheit eines weiteren Planeten gipfelten. Urbaun Le Verrier und John Couch Adams kamen unabhängig voneinander zu gleichen Ergebnissen und Johann Gottfried Galle konnte unter Anleitung von Le Verrier schließlich im Jahre 1846 Neptun an der berechneten Position entdecken.

Eine weitere Bahnabweichung, die man zuerst einem Planeten zuschrieb, war die Perihelwanderung (Drehung des sonnennächsten Punktes) des Merkur. Die Suche nach einem anderen Planeten, genannt Vulkan, blieb erfolglos. Albert Einstein konnte schließlich mit seiner allgemeinen Relativitätstheorie, veröffentlicht im Jahre 1915, eine Erklärung für die Bewegung liefern und erweiterte somit unser Verständnis von Gravitation und damit auch der Orbitmechanik und natürlich der Kosmologie.

Die Anfänge der Raketentechnik liegen im mittelalterlichen China, wo schon im 13. Jahrhundert Feststoffraketen im Kampf eingesetzt wurden. Im 16. Jahrhundert haben Conrad Haas Johannes Schmidlap ebenfalls mit militärischer Anwendung an Raketen gearbeitet wurden – an Erforschung des Weltraums wurde damals leider nicht gedacht – und sogar Entwürfe mit mehreren Stufen erarbeitet und Starttests durchgeführt. Sogar von der Möglichkeit Menschen damit in den Himmel zu transportieren, hat Haas geschrieben. Auch von Casimir Simiennowicz, einem Artillerie-Experten, der einhundert Jahre später lebte, sind Aufzeichnungen erhalten, die Mehrstufenraketen beschreiben.

Mit einer theoretischen Grundlage konnte man damals noch nicht aufwarten. Bis diese erarbeitet wurde, dauerte es noch. Im Jahre 1903 wurde von Konstantin Eduardowitsch Ziolkowski die Raketengrundgleichung veröffentlicht (s. Kapitel 7), die mathematische Grundlage für die Stufung von Raketen. Herrmann Oberth veröffentlichte im Jahre 1923 sein Werk *Die Rakete zu den Planetenräumen* in dem er seine Erkenntnisse zum Bau von Raketen zusammenfasste. Es enthielt auch schon Ideen zu einem elektrischen Triebwerk mit niedrigem Schub, einem Ionentriebwerk. Ebenfalls zu Beginn des 20. Jahrhunderts befasste sich Robert Goddard mit Flügen zum Mond und dem Bau und Test von Raketen.

Wernher von Braun arbeitete im zweiten Weltkrieg an der V2 und brachte diese Rakete zur Serienreife. Zu diesem Zeitpunkt war die Rakete leider als Waffe entwickelt worden und stellt damit wohl das dunkelste Kapitel der Raumfahrt dar. Nicht nur war die V2 durch Abschuss auf Städte für viele Todesopfer verantwortlich, sondern bei ihrer Herstellung kamen auch Zwangs-arbeiter zum Einsatz unter entsprechend unmenschlichen Bedingungen. Insge-samt starben durch die Rakete ungefähr 30.000 Menschen. Nach dem Krieg ging von Braun in die USA und setzte dort seine Arbeit im zivilen Raumfahrt-programm fort. Der Raketenkonstrukteur Sergei Koroljow arbeitete auf sowjietischer Seite mit einstigen Mitarbeitern von Brauns am sowjietischen Raketenprogramm, was 1957 schließlich im Start von Sputnik gipfelte und das Weltraumrennen zwischen den USA und der Sowjetunion einleitete. Die Orbitmechanik mit Bezug zur Raumfahrt wandelte sich damit endgültig von bloßer Theorie zu Praxis.

1.2 Kapitelübersicht

Dieses Buch zielt darauf ab, die Orbitmechanik leicht verständlich, anschaulich und praxisnah zu vermitteln. Die Inhalte reichen von der einfachen Himmelsmechanik, mit der sich natürliche Bewegungen beschreiben lassen, bis hin zur Beschreibung von Bahnen unter künstlichem Schub.

Zu Beginn werden die grundlegenden mathematischen und physikalischen Inhalte eingeführt, denn ohne Vektorrechnung und Differerentialmathematik lässt sich Orbitmechanik nicht vermitteln. Anschließend wird in Kapitel 3 auf Koordinatensysteme eingegangen. Um Bewegungen zu beschreiben, muss man sich auf Systematiken zur Beschreibung von Position und Richtung einigen. Dort werfen wir auch einen Blick auf das Sonnensystem als solches und wie die Bewegungen der Planeten aussehen.

Kapitel 4 beschäftigt sich analog zur räumlichen Referenz mit Zeitsystemen. Da die Situation im Sonnensystem zeitlich stark veränderlich ist, ist es notwendig Zeitsysteme zu definieren. Mit diesen kann man angeben, zu welchem Zeitpunkt eine Angabe, z.B. bzgl. einer Position, Gültigkeit hat.

In Kapitel 5 wird es dann ernst. Hier wird die Physik auf Spuren von Newton vertieft, die Gravitationskraft beschrieben und als Ursache natürlicher Bahnen von Himmelskörpern betrachtet. Außerdem werden die Grenzen von Idealannahmen aufgezeigt, z.B. durch Abweichung der Erde von einer perfekten Kugelform.

Kapitel 6 leitet schließlich die Bewegungsgleichungen des Zweikörperproblems her, einem einfachen Modell von zwei Körpern, die sich aufgrund von Gravitation umeinander bewegen. Schließlich wird es damit möglich, Vorhersagen über Position und Bahn eines Himmelskörpers zu treffen.

Kapitel 7 widmet sich der Anwendung dieser Gleichungen und zeigt vereinfachte aber dafür leicht verständliche Methoden auf, um Flugbahnen zu berechnen und auch Missionen zu planen, d.h. Manöver zu definieren, die notwendig sind, um Bahnen zielorientiert zu ändern.

Kapitel 8 stellt typische Bahnen vor, die heute häufig für Satelliten angewendet werden, z.B. der geosynchrone Orbit. Kapitel 9 erweitert den Werkzeugkasten der Orbitmechanik auf das Mehrkörperproblem und liefert ähnliche Betrachtungen wie zuvor für das Zweikörperproblem bzgl. Energie und Impuls.

Kapitel 10 zeigt auf, wie Bahnen und Missionen im Dreikörperproblem berechnet werden können und stellt den Idealbetrachtungen der vorangegangenen Kapitel die realistische und präzise Anwendung gegenüber.

Kapitel 11 einen Spezialfall der Orbitmechanik: Niedrigschubbahnen. Diese zeichnen sich dadurch aus, dass sie ständigen, schwachen Änderungen unterliegen und z.B. für Oberths Ionenantrieb angewendet werden. Es werden die relevanten Informationen vermittelt, um Unterschiede zu den bisher behandelten Bahnen zu verstehen und auch die Stichworte geliefert, um selbstständig weiter zu recherchieren.

Den Abschluss macht Kapitel 12 mit einem Überblick über die Ausrichtung von Satelliten und wie diese beeinflusst wird durch Störmomente. Am Ende finden sich Beispielaufgaben, die durch Anwednung das Verständnis des Stoffs verbessern.

Dieses Buch basiert auf der Vorlesungsreihe „Raumflugmechanik" an der Universität Bremen, geht aber an vielen Stellen über diese hinaus. Wenn die Inhalte verinnerlicht sind, kann der Leser Machbarkeiten von Missionskonzepten aus Sicht der Orbitmechanik überprüfen und erste Abschätzungen für die Auslegung eines Raumfahrzeugs bzgl. der Bahn treffen, z.B. über Treibstoffmassenbedarfe oder auch hinsichtlich Anforderungen, die sich aus dem zeitlichen Ablauf der geplanten Manöver ergeben.

2 Mathematische und physikalische Grundlagen

Die schlechte Nachricht vorweg: Ohne höhere Mathematik kommt man in der Orbitmechanik nicht sehr weit. Die gute Nachricht ist andererseits, dass die angewendeten Prinzipien allesamt sehr anschaulich sind, da sie ausschließlich dreidimensional eingesetzt werden. Die Positionsangabe eines Satelliten erfolgt i.d.R. dreidimensional, ebenso ihre zeitlichen Ableitungen, d.h. Geschwindigkeit und Beschleunigung. Der dreidimensionale Raum ist uns durch das ständige Erfahren sehr vertraut und selbst im Alltag begegnen wir häufig Vorgängen, die mit Orbitmechanik verwandt sind, nämlich immer dann, wenn wir es mit Effekten aufgrund der Erdanziehungskraft zu tun haben.

Für die Orbitmechanik kommt man nicht an der Vektorrechnung vorbei. Diese Art der mathematischen Formulierung ist intuitiv geradezu zwangsläufig mit einer Beschreibung von Bahnen in einem Raum, in diesem Fall im Weltraum, verbunden.

Die Transformation von einem Koordinatensystem ins andere macht den Einsatz von Transformationsmatrizen notwendig und für die Herleitung der Zusammenhänge zwischen Energie, Impuls und z.B. Geschwindigkeit kommt man nicht ohne Differential- und Integralrechnung aus.

Wie schon in Abschnitt 1.1 ersichtlich, ist eine maßgebliche Grundlage auch die Newtonsche Mechanik, inklusive ihrer Begriffe wie Impuls und Kraft.

Die nächsten Abschnitte sind Zusammenfassungen der wichtigsten Inhalte der jeweiligen Grundlagen. Sie ersetzen keine ausführliche Auseinandersetzung mit dem Stoff, sondern dienen eher als Erinnerungshilfe. Wer beim Lesen feststellt, dass es da doch größere Lücken gibt, dem sei die gezielte Lektüre von mathematischen Fachbüchern empfohlen. Beispiele für geeignete, weiterführende Literatur gibt es am Kapitelende.

2.1 Vektorrechnung

Die Vektorrechnung ist zunächst ein Werkzeug zur Angabe eines Zustands eines Objekts innerhalb eines gewählten Koordinatensystems, eine Vorschrift bzgl. Notierung aus der dann auch bestimmte Rechenregeln folgen. Zwar kann Vektorrechnung für n-dimensionale Räume sehr schnell schwer vorstellbar werden, allerdings – zumindest bisher – reicht es für die Orbitmechanik dreidimensional zu rechnen. Für sehr präzise Berechnungen müssten auch relativistische Effekte berücksichtigt werden. Für die meisten Anwendungsfälle, insbesondere den grundlegenden Betrachtungen in diesem Buch, sind die Unterschiede zur rein newtonschen Betrachtung jedoch im Sinne der Beschreibung der Bewegung so klein, dass sie vernachlässigt werden können. Wir werden uns auf den dreidimensionalen Fall beschränken.

2.1.1 Definition und Eigenschaften eines Vektors

Ein Vektor ist nichts anderes als eine Richtungsangabe (deswegen werden sie auch mit Pfeilen gekennzeichnet) und die dazugehörige Länge. Wenn man mit seinem Arm auf ein beliebiges Objekt zeigt, hat man eine Richtung, wenn man die Entfernung schätzt (wir wollen sie nicht zwingen aufzustehen und nachzumessen) auch diese Angabe. Zusammen ergeben diese Informationen nun einen Vektor.

Formal sagt man über einen Vektor, dass er ein Element eines Vektorraums ist, wie eine Zahl das Element eines Zahlenraums ist. Die Zahl 4 ist beispielsweise ein Element der natürlichen Zahlen, der Vektor $(4\ 2{,}3\ 3)^T$ ist wiederum ein Element des $\mathbb{R}^3$ (des dreidimensionalen Raums der reellen Zahlen). Dabei bedeutet ^{T} dass der Vektor transponiert ist, d.h. eigentlich in Zeilen geschrieben ist (das machen wir gleich unten).

Ein Vektorraum ist dann ein Vektorraum, wenn für ihn bestimmte Rechenregeln gelten. Für die Addition von Vektoren sind das die folgenden:

- Das Assoziativgesetz, d.h. wenn man drei (oder mehr) Vektoren addiert, ist es egal, ob man erst die ersten beiden addiert und dann den dritten oder erst die letzten beiden und dann den ersten:

$$(\vec{a} + \vec{b}) + \vec{c} = \vec{a} + (\vec{b} + \vec{c})$$

- Das neutrale Element existiert, d.h. ein Element, das addiert zu einem Vektor wieder den Vektor ergibt (wie die 0 bei einfachen Zahlen):

$$\vec{a} + \vec{0} = \vec{a}$$

- Ein inverses Element existiert, d.h. das inverse Element addiert zum Element, ergibt als Summe 0 (wie die -1 zur 1, zusammen ergeben sie 0):

$$\vec{a} + (-\vec{a}\,) = \vec{0}$$

- Das Kommutativgesetz gilt, d.h. bei der Addition darf vertauscht werden, ohne das Ergebnis zu ändern (vergleichbar mit 3+4 = 7 und 4+3 = 7):

$$\vec{a} + \vec{b} + \vec{c} = \vec{a} + \vec{c} + \vec{b}$$

Für die Multiplikation eines Vektors mit einer Zahl, genannt Skalarmultiplikation, müssen die folgenden Regeln gelten:

- Eine Zahl multipliziert mit einer Vektorsumme, ergibt das gleiche wie die Summe der Zahl multipliziert mit jedem der Vektoren (ähnlich wie 3 · (5+4) = 3 · 5+3 · 4 = 27):

$$3 \cdot (\vec{a} + \vec{b}) = 3 \cdot \vec{a} + 3 \cdot \vec{b}$$

- Die Summe zweier Zahlen multipliziert mit einem Vektor ergibt das gleiche, wie jede Zahl multipliziert mit dem Vektor und die folgende Addition der Vektoren (im Grunde das gleiche wie oben):

$$\vec{a} \cdot (2 + 5) = 2 \cdot \vec{a} + 5 \cdot \vec{a}$$

- Eine Zahl multipliziert mit einer Zahl und dann mit einem Vektor, ergibt das gleiche, wie die Multiplikation der zweiten Zahl mit dem Vektor und dann der ersten Zahl (analog zu (3 · 4) · 5 = 3 · (4 · 5)=60):

$$(3 \cdot 2) \cdot \vec{a} = 3 \cdot (2 \cdot \vec{a})$$

- Ebenso braucht es die 1 als neutrales Element der Multiplikation (analog ist 1 · 3 immer noch 3):

$$1 \cdot \vec{a} = \vec{a}$$

Die exakten mathematischen Formulierungen sind etwas abstrakter (und damit vielseitiger), für unsere anschaulichen Zwecke reichen diese Formulierungen allerdings aus.

Damit liegen die wichtigsten Rechenregeln schon einmal fest. Der Betrag eines Vektors ist seine Länge und kann einfach aus seinen Komponenten bestimmt werden. Die Richtungen der Komponenten stehen für gewöhnlich senkrecht aufeinander (warum wird gleich erklärt) und daraus lässt sich ableiten, dass der Betrag eines Vektors gerade gleich der Wurzel aus der Summe der Quadrate seiner Komponenten ist – ganz so, wie man die Länge der Hypotenuse eines rechtwinkligen Dreiecks berechnet (Satz des Pythagoras). Konkret heißt das für einen dreidimensionalen Vektor (vgl. Bild 2-1):

$$|\vec{a}| = \left|\begin{pmatrix} a_1 \\ a_2 \\ a_3 \end{pmatrix}\right| = \sqrt{{a_1}^2 + {a_2}^2 + {a_3}^2}$$

Bild 2-1

Betrag a eines zweidimensionalen Vektors mit den Komponenten a_1 und a_2.

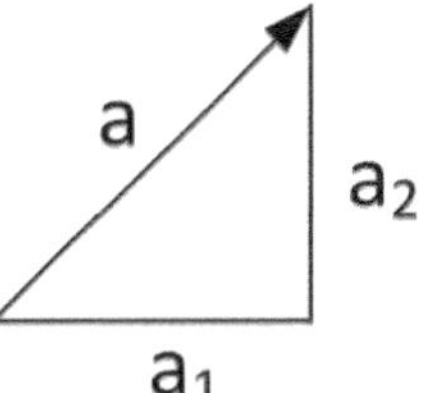

Jeder Vektorraum wird zudem noch durch eine Reihe von Basisvektoren definiert. Diese Vektoren legen im Grunde sein Gerüst fest und haben immer die Länge eins. Sie müssen außerdem linear unabhängig sein (also rechtwinklig zueinander). Das bedeutet einfach, sie dürfen nicht so formuliert sein, dass man den einen aus den übrigen herleiten kann. Kombiniert man aber – mit Hilfe der oben genannten Regeln – diese drei Vektoren oder ihre Vielfachen miteinander, so kann man jeden anderen Vektor des Raums erhalten. Das klingt ebenfalls viel komplizierter als es ist.

Sehen Sie sich um. Sie sind in einem dreidimensionalen Raum. Wenn Sie jetzt aus ihren Armen ein L formen, das parallel zum Boden liegt, also genau 90° zwischen ihren Armen sind, dann haben sie schon eine Definition von zwei Richtungen vorgenommen. Sie könnten die Richtung des einen Arms nicht durch die Richtung des anderen angeben. Diese beiden wären also linear unabhängig.

Führen sie nun ihre Arme näher zueinander, so dass nur noch 45° zwischen ihnen sind, dann könnten sie die Längsrichtung des einen durch den anderen Arm ausdrücken. Sie sind also nicht linear unabhängig. Dasselbe machen wir nun mit drei Vektoren.

Stellen sie sich vor, wir definieren für einen Raum, z.B. das Wohnzimmer oder das Strandcafé in dem Sie dieses Buch lesen, drei verschiedene Richtungen: x, y, z. Und diese schreiben wir in der Reihenfolge von oben nach unten in unseren Vektoren, dann bilden die folgenden drei Vektoren eine mögliche Basis:

$$\vec{e}_x = \begin{pmatrix} 1 \\ 0 \\ 0 \end{pmatrix} \quad \vec{e}_y = \begin{pmatrix} 0 \\ 1 \\ 0 \end{pmatrix} \quad \vec{e}_z = \begin{pmatrix} 0 \\ 0 \\ 1 \end{pmatrix}$$

Sie haben die Länge 1, damit jeder Vektor aus einer Linearkombination von ihnen erstellt werden kann, ohne eine Skalierung, so z.B. der Vektor $(4 \;\; 2{,}3 \;\; 3)^T$ von eben:

$$\begin{pmatrix} 4 \\ 2{,}3 \\ 3 \end{pmatrix} = 4 \cdot \vec{e}_x + 2{,}3 \cdot \vec{e}_y + 3 \cdot \vec{e}_z$$

Diese Idee ist wichtig, wenn wir uns später noch mit Koordinatensystem beschäftigen, die nämlich nichts anderes sind, als Vereinbarungen über die entsprechenden Basisvektoren. Aber schauen wir uns die Berechnung noch einmal genauer an.

2.1.2 Vektoraddition und -subtraktion

Vektoren zu addieren ist denkbar simpel: Man addiert einfach die Werte der Vektoren zeilenweise. Die Subtraktion geht analog, da sie ja nichts anderes als die Addition einer negativen Zahl ist. Wenn man dabei im Kopf hat, dass ein Vektor nur eine Richtungsangabe ist, dann wird auch sehr schnell klar, warum die Addition so einfach ist.

Stellen sie sich vor, sie sind in einem Raum, in dem ein Stuhl steht und eine Lampe. Um zum Stuhl zu kommen müssen sie einen Schritt nach vorne machen und einen zur linken Seite. Um von dem Stuhl zur Lampe zu kommen, müssen sie zwei Schritte nach vorne machen und einen nach links. Intuitiv werden sie nun sicherlich erschließen können, wie viele Schritte sie brauchen, um direkt zur Lampe zu gehen. Nämlich zwei nach links und drei nach vorne. Dieses Szenario ist in Bild 2-2 dargestellt. Passen sie auf, dass sie nicht über den Stuhl stolpern.

Bild 2-2

Schrittweises Vorgehen bei der Vektoraddition, ergibt das gleiche, wie das sofortige Ausführen der gesamten Positionsänderung.

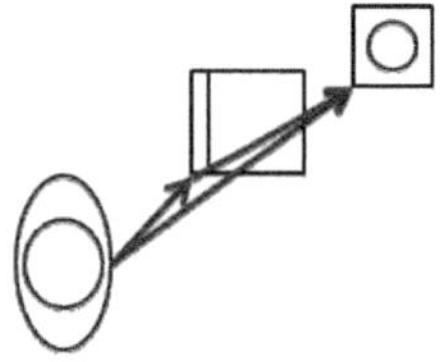

Um die Vektoren aus diesem Beispiel mathematisch aufzugreifen, können wir schreiben:

$$\begin{pmatrix} 1 \\ 1 \\ 0 \end{pmatrix} + \begin{pmatrix} 2 \\ 1 \\ 0 \end{pmatrix} = \begin{pmatrix} 3 \\ 2 \\ 0 \end{pmatrix}$$

Ihnen ist vielleicht aufgefallen, dass wir hier einfach die erste Komponente als „nach vorne" definiert haben, die zweite als „nach links" und die dritte gar nicht verwendet haben. Dies ist vollkommen willkürlich geschehen und hätte auch beliebig anders ausfallen können, allerdings gleich bei allen Vektoren.

2.1.3 Skalarmultiplikation und Skalarprodukt eines Vektors

Genau wie in der Mathematik mit einfachen Zahlen, die man auch als eindimensionale Vektoren auffassen kann, können wir Vektoren skalar (also mit einer Zahl) multiplizieren: es ist ein Vielfaches der Addition mit sich selbst. Also wird die skalare Multiplikation ebenso zeilenweise ausgeführt:

$$2 \cdot \begin{pmatrix} 4 \\ 2{,}3 \\ 3 \end{pmatrix} = \begin{pmatrix} 2 \cdot 3 \\ 2 \cdot 2{,}3 \\ 2 \cdot 3 \end{pmatrix} = \begin{pmatrix} 8 \\ 4{,}6 \\ 6 \end{pmatrix}$$

Hier sollte man im Kopf haben, dass das Ergebnis ebenfalls wieder ein Vektor ist. Anders sieht es beim Skalarprodukt aus. Dort kann man sich merken - daher der Name - kommt immer eine Zahl als Ergebnis heraus, wenn man Vektoren miteinander so multipliziert.

Formal lässt sich das Skalarprodukt als das Produkt von den Beträgen beider Vektoren definieren, mal dem Kosinus des Winkels (hier φ genannt), der von ihnen eingeschlossen ist:

$$\vec{a} \cdot \vec{b} = |\vec{a}| \cdot |\vec{b}| \cos \varphi$$

Für den Fall von parallelen Vektoren degeneriert das Skalarprodukt zum Produkt der Beträge, da $\varphi = 0$ bedeutet, dass der Kosinus gerade 1 ist. Der andere Extremfall sind zwei senkrecht zueinander stehende Vektoren. Dort wird der Kosinus gerade 0, d.h. auch das Skalarprodukt ist 0. Für kartesische Koordinaten, lässt sich das Skalarprodukt aber auch als zeilenweises Produkt schreiben, so dass man nicht immer den entsprechenden Winkel kennen muss. Dies geschieht dann so:

$$\vec{a} \cdot \vec{b} = a_1 b_1 + a_2 b_2 + a_3 b_3 + \cdots$$

Anders herum lässt sich damit natürlich leicht der Winkel zwischen zwei Vektoren bestimmen, da das Skalarprodukt auch ohne ihn errechnet werden kann. Zusammenfassend kann man sagen, dass das Skalarprodukt die Projektion des einen Vektors auf den anderen ist.

2.1.4 Kreuzprodukt oder Vektorprodukt

Das Kreuzprodukt, das wegen seines Zeichens × so genannt wird, heißt auch Vektorprodukt. Per Definition steht das Ergebnis eines Vektorprodukts senkrecht auf den beiden beteiligten Vektoren und bildet mit ihnen ein Rechtssystem. Dies wiederum bedeutet, dass das Drehen einer Koordinaten-achse in die Richtung der nachfolgenden Koordinatenachse im mathematischen positiven Sinn, d.h. gegen den Uhrzeigersinn, erfolgt. Dies kann man einfach mit der Hand ausprobieren.

Halten sie ihre rechte Hand so, dass die Handfläche nach oben zeigt, spreizen sie nun den Daumen ab. Dies ist die x-Achse. Klappen sie nun alle Finger bis auf den ausgestreckten Zeigefinger ein. Dieser ist die y-Achse. Stellen sie nun den Mittelfinger - ohne Gedanken an beleidigende Handgesten - senkrecht dazu auf und erhalten die z-Achse. Dies ist insgesamt ein Rechtssystem (s. Bild 2-3).

Würden sie die x-Achse, also den Daumen – drehen wollen, um in die y-Achsenrichtung zu zeigen, müssten sie den Daumen dazu entgegen des Uhrzeigersinns drehen.

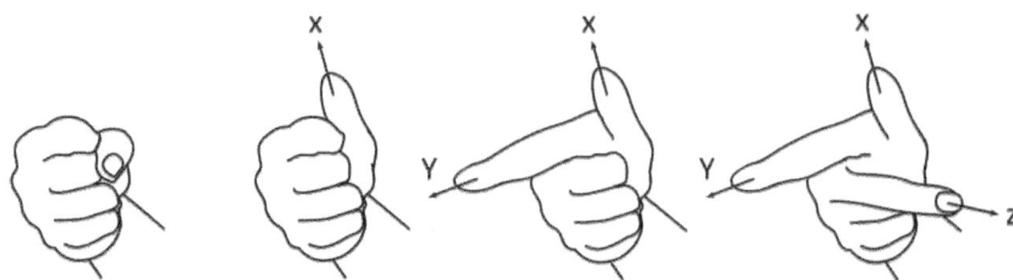

Bild 2-3
Die Rechte-Hand-Regel zur Veranschaulichung eines Rechtssystems von Koordinaten.

Auch das Kreuzprodukt lässt sich wieder mit dem Winkel zwischen den beiden beteiligten Vektoren ausdrücken und dem dazugehörigen Normalenvektor. Letzterer steht immer senkrecht auf einer Ebene – in diesem Fall auf der Ebene der beiden multiplizierten Vektoren (ihr Mittelfinger ist z.B. senkrecht auf der Ebene ihres Daumens und Zeigefingers). Der Betrag des Kreuzprodukts ist nun der Flächeninhalt des Parallelogramms der beiden beteiligten Vektoren, also:

$$\left|\vec{a} \times \vec{b}\right| = |\vec{a}| \cdot \left|\vec{b}\right| \sin\varphi$$

Es gibt verschiedene Rechenregeln für das Kreuzprodukt, z.B. über Determinanten, oder die Regel des Sarrus. Für unseren dreidimensionalen Fall, lässt sich aber auch folgende Regel benutzen:

$$\vec{a} \times \vec{b} = \begin{pmatrix} a_1 \\ a_2 \\ a_3 \end{pmatrix} \times \begin{pmatrix} b_1 \\ b_2 \\ b_3 \end{pmatrix} = \begin{pmatrix} a_2 b_3 - a_3 b_2 \\ a_3 b_1 - a_1 b_3 \\ a_1 b_2 - a_2 b_1 \end{pmatrix}$$

Diese sieht nun auf den ersten Blick kompliziert aus, ist es aber eigentlich nicht. Zunächst einmal wechseln sich einfach die Komponenten nur ab und außerdem hilft einem das ×. Man merkt sich nur, dass man mit der Berechnung in der goldenen Mitte beginnt, also bei a_2. Dann folgt man der Richtung des ersten Strichs des Kreuzes zu b_3. Jetzt hat man schon den ersten Teil der ersten Komponente. Dann folgt ein Minus und man folgt der Richtung des zweiten Strichs des Kreuzes von a_3 nach b_2. Danach geht man eine Komponente tiefer und startet mit demselben Prozess bei a_3 (wobei der Strich anstatt ihn ins Leere zu laufen zu lassen, wieder oben bei b_1 angesetzt wird) und für die dritte Komponente bei a_1. Fertig ist das Kreuzprodukt, ohne Merken einer komplizierten Formel.

Durch Ausprobieren kann man schnell feststellen, dass die Reihenfolge der beiden Vektoren nicht vertauscht werden kann:

$$\vec{a} \times \vec{b} \neq \vec{b} \times \vec{a}$$

Das Kreuzprodukt braucht man im Zusammenhang der Orbitmechanik, z.B. um den Drehimpuls einer Bahn zu definieren.

2.1.5 Spatprodukt

Das Spatprodukt ist eine Kombination des Vektor- und des Skalarprodukts. Ein Spat ist im Grunde eine Art „schiefer Kubus", d.h. ein geometrischer Körper, der von sechs in parallelen Ebenen liegenden und paarweise deckungsgleichen Parallelogrammen begrenzt ist.

Bild 2-4
Ein Spat und die Vektoren des Spatprodukts.

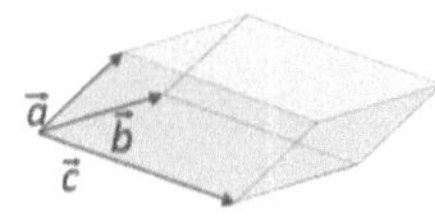

Das Spatprodukt (s. Bild 2-4) beschreibt anschaulich betrachtet das Volumen des Körpers und lässt sich in Vektoren schreiben als:

$$\vec{a} \cdot (\vec{b} \times \vec{c}) = (\vec{a} \times \vec{b}) \cdot \vec{c}$$

Auf diese Weise lassen sich Vektoren mitunter geschickt umordnen. Wir werden dies im Laufe unserer Herleitungen in späteren Kapiteln noch nutzen.

2.2 Transformationsmatrizen

Im Abschnitt 2.1.1 haben wir über Basisvektoren gesprochen und darüber, dass Koordinatensysteme im Grunde nur Vereinbarungen von Basisvektoren darstellen. Nun kann es passieren, dass man Vektoren von einem Basisvektorsystem in ein anderes überführen will. Dies kommt z.B. vor, wenn sie ein Koordinatensystem haben, das fest für einen Satelliten definiert ist, dieser sich allerdings in einem anderen Koordinatensystem bewegt, z.B. eines von der Erde aus betrachtet. Wenn man jetzt einen Vektor vom einen in das andere System übertragen will – z.B. einen Schubvektor – braucht man dafür eine Vorschrift und diese liefern sogenannte Transformationsmatrizen.

Eine Matrix ist im Grunde eine Aneinanderreihung von Vektoren, bzw. ein Vektor ist eine kleine Matrix. Dabei definiert man die Dimensionen einer Matrix immer in Zeilen und Spalten, wobei ein Vektor eben eine Matrix mit einer Spalte ist und in unserem Fall drei Zeilen. Gekennzeichnet werden Matrizen häufig durch fettgedruckte Buchstaben oder durch (doppelt) unterstrichene. Wir wollen hier ersteres verwenden.

Transformationsmatrizen werden immer multipliziert und dies nach einer bestimmten Vorschrift, dabei ist ähnlich wie beim Vektorprodukt die Reihenfolge nicht beliebig. Für unsere Zwecke können wir uns merken, dass wir immer „links" multiplizieren, d.h. wenn ein Vektor mit einer Matrix multipliziert werden soll, dann schreiben wir:

$$\boldsymbol{A}_{ij} \cdot \vec{r}_j = \vec{r}_i$$

wobei i und j in diesem Fall die verschiedenen Koordinatensysteme kennzeichnen und $\boldsymbol{A}_{ij}$ die Matrix, die von j nach i transformiert. Es handelt sich um die gleiche Position wie zuvor, aber aus einer anderen „Perspektive" betrachtet. Soll eine weitere Transformation erfolgen, so multiplizieren wir die Matrix wieder links, nicht etwa rechts von der ersten oder dem Vektor.

Wir benutzen für unsere Transformationen nur Drehmatrizen mit bestimmten Eigenschaften, d.h. die Transformation ist eine Rotation des Koordinatensystems.

Für Matrizenmultiplikation gilt das Assoziativgesetz, d.h.:

$$A_{ij} \cdot (A_{jk} \cdot \vec{r}_k) = (A_{ij} \cdot A_{jk}) \cdot \vec{r}_k$$

Das Kommutativgesetz gilt hingegen nicht:

$$A_{ij} \cdot A_{jk} \cdot \vec{r}_k \neq A_{jk} \cdot A_{ij} \cdot \vec{r}_k$$

Wir wollen uns das in einem Beispiel noch einmal genauer ansehen. Stellen sie sich vor, zwei Personen begegnen sich wie in Bild 2-5, während eines Spaziergangs. Da es sonnig ist, tragen die beiden jeweils einen Sombrero – das hat zwar nichts mit der Aufgabe zu tun, lässt sich aber leichter skizzieren. In Bewegungsrichtung ist für beide die Richtung x, bzw. x'. Die anderen Achsen ergeben sich aus der Rechten-Hand-Regel. Beide blicken außerdem zu einem Auto (gestrichelte Linie). Die Richtungen unterscheiden sich, da sich ihre ihre Koordinantensysteme unterscheiden und ihre Positionen.

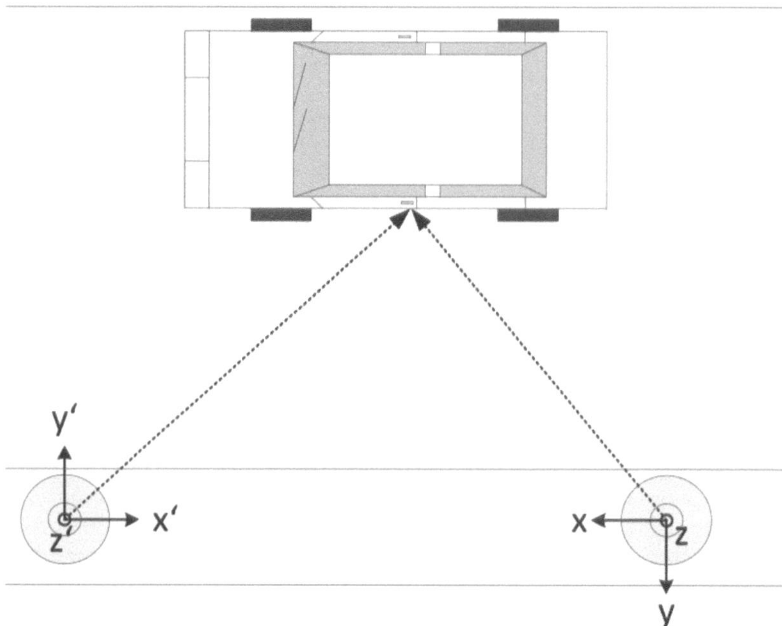

Bild 2-5 Zwei Fußgänger begegnen sich und haben ihrerseits einen Blick auf ein Auto (gestrichelte Richtung), während ihre Bewegungsrichtung jeweils ihre lokale x-Richtung ist, bzw. x'-Richtung.

Würde jetzt die eine Person der anderen beschreiben, wo sie das Auto sieht, dann würde sie im Falle von Person x sagen, dass sie nach rechts vorne blickt. Person x' würde sagen, sie blickt nach links vorne.

Um zu verstehen, was Person x' meint, muss sich Person x in deren Lage versetzen, also ihr eigenes Koordinatensystem in das von x' transformieren und den gleichen Vektor annehmen. Zunächst geht Person x auf x' zu und nimmt (nahezu) die gleiche Position ein (d.h. der Koordinatenursprung ist gleich). Jetzt ist der Vektor der gleiche, aber er wird noch immer unterschiedlich beschrie-ben. Deswegen ist noch eine Drehung um die z-Achse erforderlich, um die Koordinatensysteme gleich auszurichten.

2.3 Differentialrechnung

Differentialrechnung lässt sich nicht in einem kurzen Absatz vollumfänglich erklären. Aber vielleicht zumindest in Erinnerung rufen.

Die Ableitung einer Funktion beschreibt die Änderung dieser ursprünglichen Funktion in Abhängigkeit einer bestimmten Variablen. So ist beispielsweise die Geschwindigkeit die Ableitung des Weges nach der Zeit, also die Änderung des Weges über der Zeit. Dies ist auch sofort an der Einheit ersichtlich: Meter pro Sekunde, also welche Strecke wird innerhalb einer bestimmten Zeiteinheit zurückgelegt.

Die Entwicklung der Differentialrechnung umfasst mehrere Jahrhunderte. Das Ausgangsproblem war die Definition der Tangentensteigung an einem beliebigen Punkt einer Funktion, worüber man Differentiale anschaulich erklären kann, es gibt aber auch andere Definitionen.

Die Ableitung einer Funktion f, die von einem beliebigen offenen Intervall U auf $\mathbb{R}$ abbildet, an der Stelle $x_0 \in U$ lautet:

$$\lim_{x \to x_0} \frac{f(x) - f(x_0)}{x - x_0} \tag{2-1}$$

Existiert dieser Grenzwert an der Stelle x_0, so ist die Funktion dort differenzierbar und der Grenzwert wird als Differentialquotient oder Ableitung von f nach x an er Stelle x_0 bezeichnet.

Diese Ableitung wird nach Lagrange auch als f' („F - Strich" gesprochen) bezeichnet, oder nach Leibniz $\frac{df}{dx}(x_0)$ notiert. Existiert die Ableitung für beliebige x_0, so kann man eine komplette Funktion f' finden, die dann für jede dieser beliebigen Stellen die Ableitung angibt.

2.3.1 Rechenregeln

Alle Rechenregeln für Differentiale hier aufzuführen, würde den Rahmen dieses Buches sprengen, daher beschränken wir uns auf die, die für unsere Anwendung besonders relevant sind.

Zunächst einmal gilt, dass konstante Funktionen eine Ableitung von 0 haben, d.h. sie ändern sich nicht (da sie ja konstant sind):

$$f(x) = a \Leftrightarrow f'(x) = 0, \text{mit } a = const$$

Ebenso gilt, dass ein konstanter Faktor (z.B. a) vor einer Funktion, als Faktor vor der Ableitung erhalten bleibt:

$$(a \cdot f)' = a \cdot f'$$

Die Ableitung von Summen von Funktionen ist gleich den Summen von den Ableitungen dieser Funktionen:

$$(g + f)' = g' + f'$$

Eine der einfachsten Regeln zur Berechnung von Ableitungen ist die Potenzregel:

$$(x^n)' = n \cdot x^{n-1}$$

Also beispielsweise lässt sich x^2 ableiten zu:

$$\frac{dx^2}{dx} = 2x$$

Die Produktregel ermöglicht das Berechnen von Ableitungen für mitein-ander multiplizierte Funktionen:

$$(g \cdot f)' = g' \cdot f + g \cdot f'$$

So gilt beispielsweise:

$$\frac{d(\sin(x) \cdot x^2)}{dx} = \cos(x) \cdot x^2 + \sin(x) \cdot 2x$$

Ähnlich verhält es sich mit der sogenannten Quotientenregel, welche im Grunde eine besondere Form der Produktregel ist und lautet:

$$\left(\frac{g}{f}\right)' = \frac{g' \cdot f - g \cdot f'}{f^2}$$

Außerdem ist noch die sogenannte Kettenregel wichtig, die Ableitungen ermöglicht, wenn Funktionen ineinander verschachtelt sind:

$$(g \circ f)'(x) = \big(g(f(x))\big)' = g'(f(x)) \cdot f'(x)$$

Beispielsweise lässt sich schreiben, dass:

$$\frac{d(2x^2+1)^3}{dx} = 3(2x^2+1)^2 \cdot 4x = 12x(2x^2+1)^2$$

Dabei wird zuerst die äußere Funktion $(\ldots)^3$ abgeleitet, was zu $3(\ldots)^2$ führt und dann die innere Ableitung damit multipliziert. Die Ableitung von $2x^2+1$ ist $4x$.

Es gibt weitere Rechenregeln, die sich aber aus den oben genannten herleiten lassen. Sie stellen also das Grundgerüst mit dem wir im weiteren Verlauf rechnen werden.

2.3.2 Notationen

Wie oben schon gezeigt, werden Ableitungen oft mit einem Strich gekennzeichnet. Funktionen lassen sich ggf. auch mehrfach ableiten, was durch mehrfache Striche gekennzeichnet wird:

$$f(x) = x^2$$

$$\Rightarrow f'(x) = 2x \text{ und } f''(x) = 2$$

Verwendet man die Schreibweise $\frac{d}{dx}$ dann wird dies passend mit einer Zahl versehen, z.B. kennzeichnet $\frac{d^2}{dx^2}$ ebenfalls die zweite Ableitung, so dass gilt:

$$\frac{d^2x^2}{dx^2} = 2$$

Für Ableitungen nach der Zeit, die wir sehr häufig verwenden werden, hat sich eingebürgert einen Punkt statt einem Strich zu verwenden, welcher über das entsprechende Formelzeichen gesetzt wird. Ist t das Formelzeichen für die Zeit, so schreibt man:

$$\frac{dv}{dt} = \dot{v}$$

Funktionen können natürlich auch mehrere Variablen haben; nach diesen kann dann auch abgeleitet werden. Die Ableitung nach einer dieser Variablen nennt man dann partielle Ableitung und wird in der Regel mit ∂ gekennzeichnet.

So lässt sich für eine Funktion $f(x, y) = x^2+y$ schreiben:

$$f(x,y) = x^2 + y$$

$$\Rightarrow \frac{\partial f}{\partial x} = 2x \text{ und } \frac{\partial f}{\partial y} = 1$$

Zusammengefasst ergibt sich das totale Differential, bzw. die vollständige Ableitung:

$$df = \frac{\partial f}{\partial x} dx + \frac{\partial f}{\partial y} dy$$

Für das obige Beispiel $f(x, y) = x^2+y$ würde also gelten:

$$df = 2x\, dx + dy$$

Eng mit der partiellen Ableitung verbunden ist der Nabla-Operator $\vec{\nabla}$. Dieser vektorartige Operator (der oft auch ohne Vektorpfeil geschrieben wird) hat als Komponenten die partiellen Ableitungsoperatoren:

$$\vec{\nabla} = \left(\frac{\partial}{\partial x_1}, \dots, \frac{\partial}{\partial x_n}\right)$$

Für unsere Fälle wenden wir nur drei Dimensionen an, so dass sich als Komponenten x, y, und z ergeben. Angewandt auf ein Skalarfeld ergibt sich ein Vektorfeld:

$$\vec{\nabla} f = \frac{df}{dx}\vec{e}_x + \frac{df}{dy}\vec{e}_y + \frac{df}{dz}\vec{e}_z$$

Angewandt auf einen Vektor folgt daraus ein Skalarfeld:

$$\vec{\nabla} \cdot \vec{F} = \frac{dF_x}{dx} + \frac{dF_y}{dy} + \frac{dF_z}{dz}$$

2.3.3 Extremstellen

Eine typische Anwendung für Differentialrechnung ist das Bestimmen von Extremstellen, also Maxima oder Minima, einer Funktion. Dazu prüft man zunächst die Steigung auf Nullstellen, also die erste Ableitung. Danach folgt noch die zweite Ableitung, die darauf geprüft werden muss, ob sie ebenfalls 0 ist, oder an dieser Stelle kleiner oder größer 0 ist.

Ist sie ebenfalls 0, bedeutet dies, ein Wendepunkt liegt vor, wie z.B. bei der Funktion x^3 an der Stelle 0, falls die dritte Ableitung ungleich 0 ist (andernfalls muss man weitere Untersuchungen machen, um zu bestimmen ob und welches Extremum vorliegt). Ist die zweite Ableitung, die Krümmung, größer 0, also links gerichtet, so liegt ein Minimum vor, wie im Falle von x^2 (die zweite Ableitung ist hier immer 2) und ein Maximum liegt bei einer zweiten Ableitung kleiner 0 vor, wie bei $-x^2$.

2.3.4 Differentialgleichungen

Wir werden Differentialrechnung vor allem im Zusammenhang mit Differentialgleichungen verwenden, d.h. um Gleichungen zu verstehen in denen Ablei-tungen von Funktionen vorkommen (ggf. auch verschiedene Ableitungen).

Das Lösen von Differentialgleichungen ist üblicherweise kompliziert, allerdings haben wir es i.d.R. nur mit Ableitungen nach der Zeit zu tun, d.h. es handelt sich um Ableitungen nach einer Variablen also um gewöhnliche Differentialgleichungen.

Ein typisches Beispiel für eine Differentialgleichung ist das Weg-Zeit-Gesetz für eine gleichmäßig beschleunigte Bewegung aus der Ruhe (mit einer angenommenen Startposition von 0):

$$s = \frac{1}{2} a \cdot t^2 = \frac{1}{2} \ddot{s} \cdot t^2$$

Dabei ist s hier die Position und a die Beschleunigung. Auch der freie Fall im Gravitationsfeld lässt sich mit dieser Gleichung beschreiben. Wir werden später noch sehen, dass wir ganz ähnliche Gleichungen erhalten, wenn es um die Bahn eines Raumfahrzeugs geht, wobei die Beschleunigung hier durch die Gravitation verursacht wird.

2.4 Integralrechnung

Wenn man ableiten möchte, gibt es ggf. auch Situationen in denen man das Gegenteil benötigt. Die Funktion zu einer Ableitung, nennt man auch Stammfunktion dieser Ableitung. So ist x^2 eine Stammfunktion von $2x$. Ebenso wäre x^2+2 eine Stammfunktion. Leitet man diese ab, erhält man jeweils $2x$. Allgemein gilt, wenn F eine Stammfunktion von f ist, dass:

$$F' = f.$$

Ein Integral ergibt den Flächeninhalt einer Funktion für den Grenzwert, dass *dx* infinitisimal klein ist (also gegen 0 geht) in einem bestimmten Intervall (s. Bild 2-6), oder wenn kein Intervall vorgeben ist, eben die Stammfunktion. Die Variable nach der integriert wird, im obigen Beispiel *x*, ist die Integrationsvariable.

Es gilt für die Notation:

$$\int_a^b f(x)\,\mathrm{d}x = F(b) - F(a)$$

wobei *a* und *b* die Integrationsgrenzen sind und das entsprechende Intervall festlegen. Man kann im Beispielbild sehen, dass die Fläche zwischen diesen beiden Grenzen gerade die Fläche bis zum Punkt *b* minus der Fläche bis zum Punkt *a* ist.

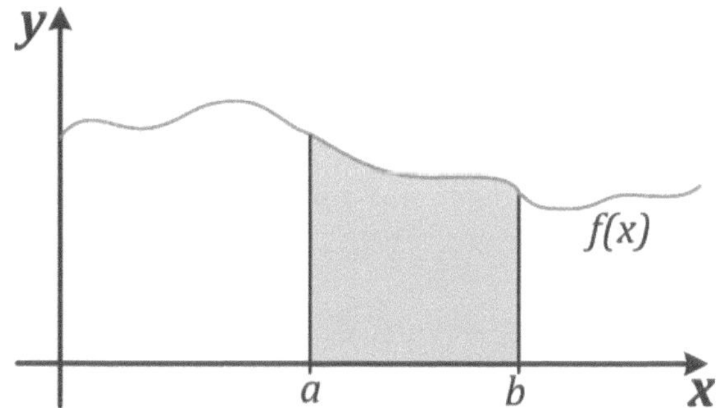

Bild 2-6

Skizze zum Flächeninhalt unter einer Funktion in einem Intervall zwischen *a* und *b*, definiert durch ein bestimmtes Integral, für den Fall, dass *dx* gegen 0 geht.

Wird kein Intervall definiert, spricht man auch von einem unbestimmten Integral. In diesem Fall gehört zur jeweiligen Stammfunktion auch eine Integrationskonstante, wie oben schon angedeutet:

$$\int f(x)\,\mathrm{d}x = F(x) + C$$

Die Rechenregeln aus Abschnitt 2.3.1 gelten analog, so kann man z.B. konstante Faktoren aus einem Integral herausziehen und als Faktoren für das Integral verwenden:

$$\int a \cdot f(x)\,\mathrm{d}x = a \cdot \int f(x)\mathrm{d}x, \text{ für } a = const$$

Ebenso lassen sich leicht die Stammfunktionen von entsprechenden Potenzen berechnen, denn es gilt:

$$\int x^n\,\mathrm{d}x = \frac{1}{n+1}\,x^{n+1}\,\mathrm{d}x + C$$

2.4.1 Partielle Integration

Die Partielle Integration stellt die Umkehrung der Produktregel der Differentialrechnung, wie in Abschnitt 2.3.1 gezeigt, dar:

$$\int f'(x) \cdot g(x)\,\mathrm{dx} = f(x) \cdot g(x) - \int f(x) \cdot g'(x)\,\mathrm{d}x$$

Häufig kann man mit einer geschickten Wahl von f' und g ein Integral lösen, um eine Stammfunktion zu bilden. Diese Gleichung gilt analog mit Integrationsgrenzen.

2.4.2 Substitutionsregel

Ähnlich wie die partielle Integration die Umkehrung der Produktregel ist, so stellt die Integration durch Substitution die Umkehrung der Kettenregel der Differentialrechnung dar.

Differentierbarkeit und Stetigkeit vorausgesetzt, gilt für eine entsprechende Zusammensetzung von zwei Funktionen:

$$\int_a^b f\big(g(u)\big) \cdot g'(x)\,\mathrm{d}u = \int_{g(a)}^{g(b)} f(x) \cdot dx$$

2.5 Newtonsche Mechanik

Die Newtonsche Mechanik definiert sich über drei Axiome, die wir im weiteren Verlauf benötigen. Sie bestimmen die Begriffe Kraft und Impuls in physikalischer Weise und sie lauten:

1. *Ein Körper verharrt im Zustand der gleichförmigen, geradlinigen Bewegung oder der Ruhe, wenn keine äußere Kraft wirkt.*
2. *Die zeitliche Änderung des Impulses ist gleich einer einwirkenden Kraft in Betrag und Richtung.*
3. *Actio ist gleich Reactio, d.h. übt ein Körper A auf einen Körper B eine Kraft aus, so übt Körper B eine gleich große entgegengesetzte Kraft auf Körper A aus. Kräfte treten immer paarweise auf.*

Ein Körper kann hier als geschlossenes System gesehen werden. Das erste und zweite Axiom sind eng miteinander verknüpft. Eine äußere Kraft stellt die Änderung des Impulses dar. Gibt es keine äußere Kraft ändert sich die Bewegung eines Körpers nicht; sie bleibt gleichförmig, wobei die Ruhe ja einfach eine Spezialform der gleichförmigen Bewegung ist, nämlich bei einer Geschwindigkeit von 0.

Die Definition des Impulses im Raum lautet:

$$\vec{I} = m \cdot \vec{v} = m \cdot \dot{\vec{r}} \tag{2-2}$$

wobei m die Masse des Körpers ist und $\vec{v}$ seine Geschwindigkeit (die zeitliche Ableitung von der Position $\vec{r}$). Es fällt auf, dass der Impuls eine gerichtete Größe ist, da auch die Geschwindigkeit eine Richtung hat. Umgangssprachlich wird der Impuls auch als Schwung bezeichnet.

Gemäß des 1. Axioms der Impuls eine Erhaltungsgröße, d.h. er verändert sich nicht, wenn keine äußere Kraft auf den Körper einwirkt. Die Summe der äußeren

Kräfte $\vec{F}_i$ bewirkt eine Bewegungsänderung laut dem 2. Axiom. Also ergibt sich die zeitliche Änderung des Impulses (mithilfe der Produktregel) zu:

$$\frac{d}{dt}\vec{I} = \frac{d}{dt}(m \cdot \vec{v}) = \frac{d}{dt}(m \cdot \dot{\vec{r}}) = \dot{m} \cdot \vec{v} + m \cdot \dot{\vec{v}} = \sum_i \vec{F}_i \tag{2-3}$$

Eine Kraft ist also das, was eine Bewegungsänderung bewirkt. Nimmt man nun an, dass die Masse konstant bleibt (z.B. ändert sich die Masse eines Planeten nicht wesentlich in den Zeiträumen, die wir betrachten), so bleibt nur der Term $m \cdot \dot{\vec{v}} = \sum_i \vec{F}_i$ übrig, also die Gleichsetzung von Masse mal Beschleunigung mit der Summe der äußeren Kräfte. Die Beschleunigung wird auch mit a abgekürzt, d.h. man schreibt häufig: $m \cdot \vec{a} = \sum_i \vec{F}_i$. Schauen wir uns das noch etwas genauer an.

Stellen sie sich vor, sie sind auf einem Jahrmarkt und werfen mit Bällen nach Büchsen, s. Bild 2-7: Kurz bevor der Ball auf die Büchse trifft, hat er eine bestimmte Geschwindigkeit und Masse, also einen definierten Impuls.

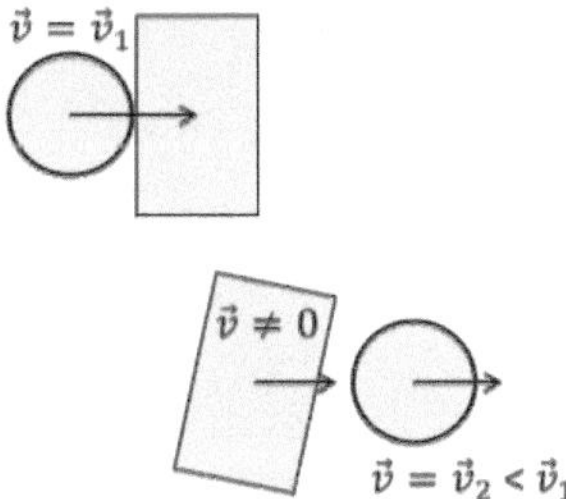

Bild 2-7

Impulsaustausch beim Bällewerfen auf Dosen. Die Geschwindigkeit des Balls nach dem Treffer wird kleiner sein als davor. Die Geschwindigkeit der Dose wird nach dem Treffer größer als zuvor.

In dem Moment wo er auf die Büchse trifft, bewirkt er eine äußere Kraft auf die Büchse, die umfällt, d.h. ihre Bewegung verändert und beschleunigt wurde. Anders herum, hat der Ball an Geschwindigkeit eingebüßt. Er hat an Impuls verloren, da er diesen teilweise auf die Büchse übertragen hat.

Neben dem Impuls gibt es auch den Drehimpuls, der auch Drall genannt wird. Der Drehimpuls ist definiert als Hebelarm multipliziert mit dem Impuls. Wir können also schreiben:

$$\vec{H} = \vec{r} \times \vec{I} = \vec{r} \times (m \cdot \vec{v}) = m \cdot \vec{r} \times \dot{\vec{r}} \tag{2-4}$$

Wir erinnern uns, dass es egal ist, an welchen Faktor in einem Kreuzprodukt einen Skalar multipliziert wird, daher können wir die Masse auch nach vorne ziehen.

Auch diese Größe kann man zeitlich ableiten. Man erhält dann:

$$\dot{\vec{H}} = \dot{m} \cdot (\vec{r} \times \dot{\vec{r}}) + m \cdot (\dot{\vec{r}} \times \dot{\vec{r}} + \vec{r} \times \ddot{\vec{r}}) \tag{2-5}$$

Typischerweise nehmen wir an, dass die Masse wieder konstant ist und da das Kreuzprodukt eines Vektors mit sich selbst immer 0 ist, folgt also für die Ableitung:

$$\dot{\vec{H}} = m \cdot (\vec{r} \times \ddot{\vec{r}}) \tag{2-6}$$

Man erahnt jetzt schon in welche Richtung es geht, denn man kann jetzt mit unserem Kraftbegriff argumentieren, dass gilt:

$$\dot{\vec{H}} = \sum_i \vec{r}_i \times \vec{F}_i \tag{2-7}$$

Eine Kraft mit einem Hebelarm multipliziert, nennt man auch ein Moment. Dann lautet der Drallsatz:

$$\dot{\vec{H}} = \sum_i \vec{M}_i \tag{2-8}$$

Die Dralländerung entspricht also der Summe der äußeren Momente. Gibt es kein Moment, wird sich der Drall auch nicht ändern. Auf diese Weise kann ein Raumfahrzeug z.B. in Drehung versetzt werden. Ein Steuertriebwerk, das einen Hebelarm zur Mittelachse hat, erzeugt eine Schubkraft. Solange das Triebwerk feuert, wird die Drehung des Raumfahrzeugs geändert. Sobald es aufhört zu feuern, wird die Drehrate gleichbleiben.

Da der Drehimpuls nur der Impuls mit einem Hebelarm multipliziert ist, kann man erkennen, dass auch der Drehimpuls eine Erhaltungsgröße ist. Eine Änderung kann nach Gl. (2-8) nur erfolgen, wenn ein äußeres Moment existiert.

Literaturhinweise

Bronstein, I.N., Semendjajew, K.A., Musiol, G., Mühlig, H.; *Taschenbuch der Mathematik*, Harri Deutsch Verlag, 5. Ausgabe, 2000

3 Koordinatensysteme

Wie man implizit im vorherigen Kapitel bereits sehen konnte, braucht es für die Darstellung der relevanten Informationen in der Orbitmechanik Koordinatensysteme, die durch Basisvektoren, s. Abschnitt 2.1.1, festgelegt werden. Deren Eigenschaften und wie man zwischen ihnen transformiert, wollen wir uns in diesem Kapitel widmen.

3.1 Koordinatenarten

Um die Vektoren zu verwenden – oder auch für andere Formen der Beschreibung – benötigt man Definitionen von Koordinaten. Es gibt verschiedene Arten von Koordinaten mit unterschiedlichen Eigenschaften. Wir werden hier nur orthogonale Koordinatenarten beschreiben.

3.1.1 Kartesische Koordinaten

Erinnern Sie sich an das Strandcafé (bzw. Wohnzimmer) in Abschnitt 2.1.1? Dort haben wir intuitiv mittels Armen die Richtungen beschrieben. Das waren bereits kartesische Koordinaten.

Hier stehen die Achsen senkrecht aufeinander und typischerweise werden die Variablen der Achsen mit x, y und z bezeichnet, bzw. als Abzisse, Ordinate und Applikante. Ein Beispiel für dieses eigentlich sehr gebräuchliche Koordinatensystem in zwei Dimensionen, haben wir schon in Bild 2-6 verwendet. Für drei Dimensionen findet sich ein Beispiel in Bild 3-3, welches wir später für die Koordinatendrehung noch brauchen.

Prinzipiell beschreibt man in Polarkoordinaten Entfernungen in eine bestimmte Richtung. Wenn man in alle Richtungen eines Koordinatensystems eine Entfernungsangabe macht, dann liegt ein Punkt fest. Man kann für mathematische Untersuchungen beliebig viele Koordinatenrichtungen haben, wir beschränken uns aber auf Fälle mit zwei oder drei Richtungen.

3.1.2 Polarkoordinaten, Zylinderkoordinaten und Kugelkoordinaten

Polarkoordinaten liegen stets in der Ebene, d.h. sie sind nur zweidimensional. Sie bestehen aus zwei Komponenten: Zum einen aus einer Winkelangabe, ausgehend von einer 0°-Achse, zum anderen aus einer Entfernungsangabe bzgl. des Ursprungs.

Auf der linken Seite von Bild 3-1 ist ein Beispiel für diese Koordinaten zu sehen. Häufig bezeichnet man die radiale Komponente eines Vektors zum Punkt

P mit *r* und die Winkelkomponente z.B. mit φ. Der Winkel, Polarwinkel genannt, kann dabei zwischen 0 und 360° liegen.

Diese Koordinaten lassen sich z.B. gut verwenden, wenn man Orbits in einer Ebene beschreiben möchte. Da ein Orbit ja stets um einen Körper herum verläuft, macht es Sinn diese Bewegung mit einem umlaufenden Winkel zu be-schreiben.

Natürlich gibt es auch eine dreidimensionale Form dieser Koordinaten. Dafür gibt es zwei Varianten. Einmal wären da die Zylinderkoordinaten.

In diesem Fall wird für die dritte Dimension eine Höhenangabe gemacht und die Entfernung wird nicht vom Mittelpunkt, sondern von der Höhenachse beschrieben. Die Höhe erhält oft die Bezeichnung *z*. Dieser Fall ist in Bild 3-1 auf der rechten Seite dargestellt.

Bild 3-1

Ein Koordinatensystem in Polarkoordinaten (links) und Zylinderkoordinaten (rechts).

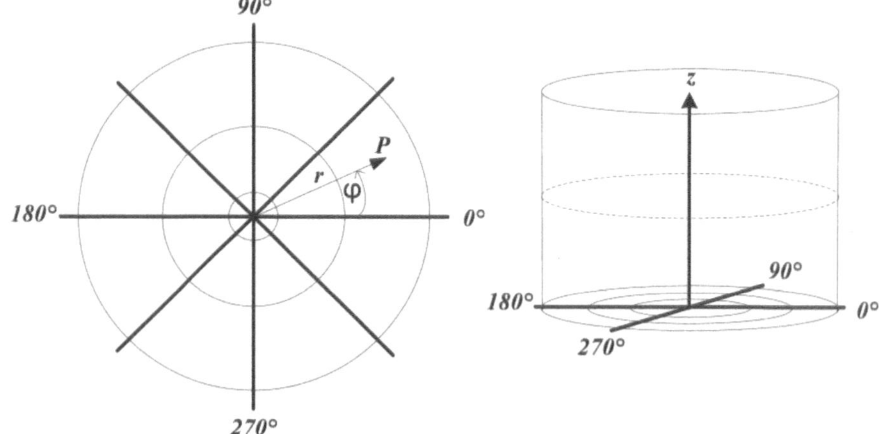

Der zweite Fall sind Kugelkoordinaten. Diese kommen zum Einsatz, wenn man einen kugelförmigen Körper beschreibt, z.B. die Erde. Hier sind zwei senkrecht zueinander stehende Winkelebenen verwendet, wie in Bild 3-2 zu sehen. Der Winkel in Horizontebene wird hier Azimut genannt und kann zwischen 0 und 360° liegen, während der Winkel senkrecht dazu der Polarwinkel ist und zwischen 0 und 180° liegen kann. In der Astronomie nennt man den Winkel auch Deklination.

Bild 3-2

Ein Koordinatensystem in Kugelkoordinaten mit dem Polarwinkel θ und dem Azimut φ.

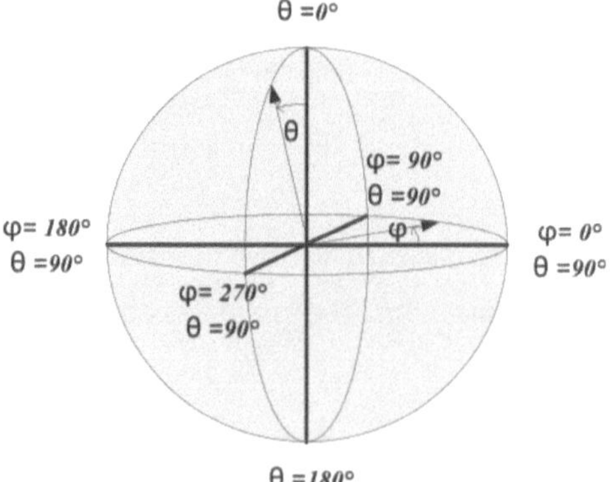

3.1.3 Koordinatentransformation

Es können Situationen vorkommen, in denen man von einer Koordinatenart zu einer anderen wechseln möchte. Dies kann man über trigonometrische Funktionen machen.

Für die Transformation von Polarkoordinaten in karthesische nehmen wir an, dass die x-Achse in Richtung $\varphi = 0$ zeigt und die y-Achse in Richtung $\varphi = 90°$. Dann gilt:

$$x = r \cdot \cos \varphi$$
$$y = r \cdot \sin \varphi$$

Für den Fall von Zylinderkoordinaten statt Polarkoordinaten sind die z-Achsen identisch und müssen nicht transformiert werden.

Wenn man aus Kugelkoordinaten transformieren möchte, so gilt für den Fall, dass die z-Achse in Richtung $\theta = 0$ zeigt:

$$x = r \cdot \cos \varphi \cdot \sin \theta$$
$$y = r \cdot \sin \varphi \cdot \sin \theta$$
$$z = r \cdot \cos \theta$$

Natürlich ist auch die umgekehrte Transformation ausgehend von kartesischen in Polar-, Zylinder- oder Kugelkoordinaten möglich, wobei mit entsprechenden Umkehrfunktionen gearbeitet werden muss und es gilt, dass:

$$r = \sqrt{x^2 + y^2 + z^2}$$

Da wir diesen Fall nicht benötigen werden, sei dafür auf eine Mathematiksammlung verwiesen.

3.2 Drehung eines Koordinatensystems

In Abschnitt 2.2 wurde bereits die Transformation von Vektoren vorgestellt und dass diese mit Hilfe von Matrizen, sogenannten Transformationsmatrizen, erzeugt wird. Ein beliebiger Punkt in einem Koordinatensystem kann mit Hilfe einer solchen Koordinatentransformation in verschiedenen anderen, zum ursprünglichen System beliebig verdrehten Koordinatensystemen beschrieben werden. Ein Beispiel ist in Bild 3-3 gezeigt. Zwei Koordinatensysteme, jeweils mit dem Index „1" bzw. „2" versehen, enthalten beide einen Vektor, der die Position des Punktes *P* beschreibt. Die Position selbst bleibt unverändert.

Allerdings ist die Beschreibung unterschiedlich, je nachdem in welchem Koordinatensystem man sich befindet. Der Vektor selbst verändert seine eigentliche Richtung, d.h. vom Ursprung zum Punkt, nicht. Nur die relative Richtung – beschrieben im entsprechenden Koordinatensystem und bezogen auf die jeweiligen Basisvektoren – ist nun unterschiedlich. Für dieses Beispiel gilt: Im Koordinatensystem 1 hat der Punkt P eine x-Komponente, die deutlich größer ist als die y-Komponente. Im Koordinatensystem 2 verschwindet die x-Komponente beinahe und die y-Komponente ist negativ.

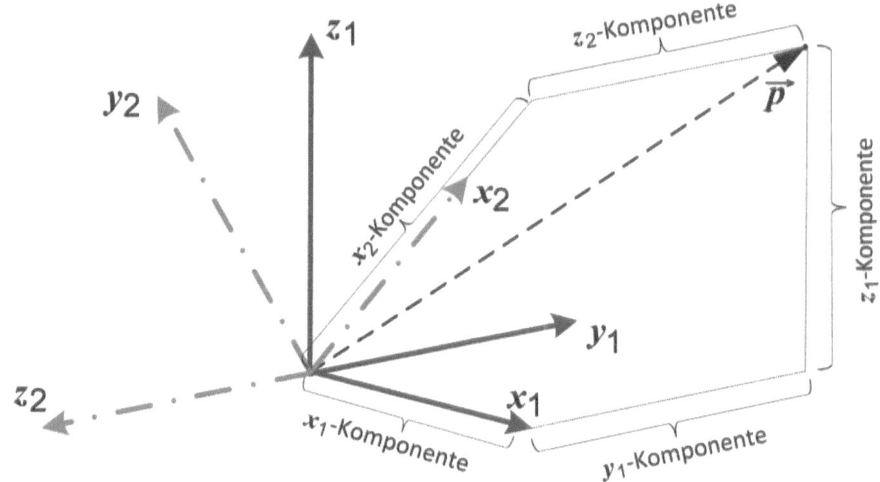

Bild 3-3

Der Punkt *P* dargestellt in zwei zueinander verdrehten kartesischen Koordinatensystemen.

3.2.1 Drehung mittels Rotationsmatrizen

Wenn man nun wie zuvor den Vektor $\vec{p}$ von einem Koordinatensystem in das andere transformieren will, dann kann man schreiben:

$$\boldsymbol{A}_{21} \cdot \vec{p}_1 = \vec{p}_2$$

wobei A_{21} hier die Transformationsmatrix ist, die vom Koordinatensystem 1 in das Koordinatensystem 2 transformiert und $\vec{p}_2$ der transformierte Vektor ist. Das Aussehen der Matrix, d.h. ihre Einträge, hängt dabei natürlich von den erforderlichen Drehungen ab, die das eine Koordinatensystem in das andere drehen.

Transformationsmatrizen werden üblicherweise mit dem Buchstaben T gekennzeichnet. Bei Rotationen hat sich auch der Buchstabe R eingebürgert. Wie aber kann man eine solche Rotationsmatrix bestimmen?

Glücklicherweise ergibt sich für unsere Anwendung eine sehr anschauliche Definition, denn wir verwenden ja nur die bekannten drei Dimensionen für unsere Koordinaten, so dass deren Umformung leicht nachvollzogen werden kann.

Stellen sie sich vor, sie haben ein Koordinatensystem, das lediglich um eine Achse zum Ursprungssystem verdreht ist, wie in Bild 3-4 gezeigt. Die beiden Koordinatensysteme sind um den Winkel β zueinander verdreht, in diesem Beispiel um die z-Achse. Wir wollen nun zunächst die Lage des Punktes P in beiden Koordinatensystemen bestimmen. Für diesen einfachen Fall können wir also die Komponenten des Vektors $\vec{p}$ jeweils entlang der jeweiligen x- und y-Richtungen ablesen.

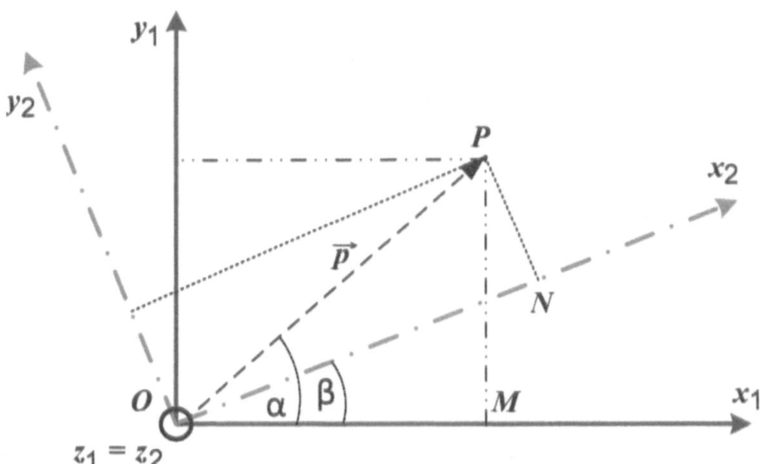

Bild 3-4

Beispielhafte Rotation eines Koordinatensystems um eine Achse mit den dazugehörigen Winkeln.

Ausgehend vom Dreieck der Punkte O, M und P, gilt für die Koordinaten im System 1:

$$\begin{aligned} x_1 &= |\vec{p}| \cdot \cos(\alpha) = p \cdot \cos(\alpha) \\ y_1 &= |\vec{p}| \cdot \sin(\alpha) = p \cdot \sin(\alpha) \end{aligned} \tag{3-1}$$

Analog gilt für das Dreieck O, N, und P bzgl. der Koordinaten des Systems 2:

$$\begin{aligned} x_2 &= |\vec{p}| \cdot \cos(\alpha - \beta) = p \cdot \cos(\alpha - \beta) \\ y_2 &= |\vec{p}| \cdot \sin(\alpha - \beta) = p \cdot \sin(\alpha - \beta) \end{aligned} \tag{3-2}$$

Mit Hilfe von Additionstheoremen der Trigonometrie lässt sich dies nun weiter vereinfachen. Es gilt für $\cos(\alpha - \beta)$:

$$\cos(\alpha - \beta) = \cos(\alpha)\cos(\beta) + \sin(\alpha)\sin(\beta)$$

Angewendet auf unser Problem heißt das:

$$x_2 = |\vec{p}| \cdot (\cos(\alpha)\cos(\beta) + \sin(\alpha)\sin(\beta)) \tag{3-3}$$

Mit dem Ausdruck aus Gl. (3-1) können wir nun einen Zusammenhang zwischen den jeweiligen Basisachsen der beiden Systeme bestimmen:

$$x_2 = x_1 \cdot \cos(\beta) + y_1 \cdot \sin(\beta) \tag{3-4}$$

Analog geht man für die Komponente y_2 vor und erhält damit:

$$y_2 = -x_1 \cdot \sin(\beta) + y_1 \cdot \cos(\beta) \tag{3-5}$$

Die z-Komponenten sind gleich, da z hier die Rotationsachse ist. In Matrixschreibweise erhält man mit den Gleichungen (3-4) und (3-5) demnach:

$$\begin{pmatrix} x_2 \\ y_2 \\ z_2 \end{pmatrix} = \begin{pmatrix} \cos(\beta) & \sin(\beta) & 0 \\ -\sin(\beta) & \cos(\beta) & 0 \\ 0 & 0 & 1 \end{pmatrix} \cdot \begin{pmatrix} x_1 \\ y_1 \\ z_1 \end{pmatrix} \tag{3-6}$$

$$\vec{p}_2 = \boldsymbol{R}_z \cdot \vec{p}_1$$

Die Matrix $\boldsymbol{R}_z$ realisiert also eine Verdrehung des Koordiantensystems um die z-Achse. Im Beispiel aus Bild 3-4 sind die Winkel in positiver Drehrichtung verzeichnet. Negative Winkel können in Gl. (3-6) ebenfalls eingesetzt werden. Bei der Drehung sind die Regeln des Rechtssystems zu beachten, wie wir sie für Bild 2-3 erklärt haben.

Auf analoge Weise lassen sich die Rotationsmatrizen für die x- und y-Achsen herleiten. Die Rotationsmatrizen für alle drei Achsen lauten:

$$\boldsymbol{R}_x = \begin{pmatrix} 1 & 0 & 0 \\ 0 & \cos(\beta) & \sin(\beta) \\ 0 & -\sin(\beta) & \cos(\beta) \end{pmatrix} \tag{3-7}$$

$$\boldsymbol{R}_y = \begin{pmatrix} \cos(\beta) & 0 & -\sin(\beta) \\ 0 & 1 & 0 \\ \sin(\beta) & 0 & \cos(\beta) \end{pmatrix}$$

$$\boldsymbol{R}_z = \begin{pmatrix} \cos(\beta) & \sin(\beta) & 0 \\ -\sin(\beta) & \cos(\beta) & 0 \\ 0 & 0 & 1 \end{pmatrix}$$

wobei β der Rotationswinkel um die jeweilige Achse ist. Sind mehrere Drehungen mit unterschiedlichen Winkeln durchzuführen, sind die jeweiligen Winkel der Matrizen entsprechend anzupassen.

Die Reihenfolge der Drehungen ist dabei nicht egal, da die entsprechenden Matrizen nicht beliebig vertauscht werden können, ohne das Endergebnis zu verändern. Dies ist in Bild 3-5 dargestellt.

Obwohl um die gleichen Achsen rotiert wird, macht die Reihenfolge einen großen Unterschied – dies liegt daran, da sich die Lage der jeweiligen Achsen durch die vorherigen Rotationen bereits verändert hat.

Mathematisch lässt sich dies damit begründen, dass für die Matrizenmultiplikation nicht das Kommutativgesetz gilt (s. Kapitel 2.2).

Eine übliche Notation von Drehungen nennt man Eulerwinkel. Dabei wird die erste Drehung mit dem Winkel Φ, die zweite mit Θ und die dritte mit Ψ bezeichnet. Insgesamt gibt es zwölf verschiedene Kombinationsmöglichkeiten von Rotationen um die Achsen, z.B. kann man erst um x-, dann um die neue y- und schließlich um die dann neue x-Achse drehen.

Für eine solche Drehung ergibt sich dann auch eine eindeutige Rotationsmatrix, welche die Multiplikation der entsprechenden einzelnen Matrizen darstellt, unter Beibehaltung der dazugehörigen Winkel. Für das eben eingeführte Beispiel hieße dies:

$$R = \begin{pmatrix} 1 & 0 & 0 \\ 0 & \cos(\Psi) & \sin(\Psi) \\ 0 & -\sin(\Psi) & \cos(\Psi) \end{pmatrix} \cdot \begin{pmatrix} \cos(\Theta) & 0 & -\sin(\Theta) \\ 0 & 1 & 0 \\ \sin(\Theta) & 0 & \cos(\Theta) \end{pmatrix} \cdot \begin{pmatrix} 1 & 0 & 0 \\ 0 & \cos(\phi) & \sin(\phi) \\ 0 & -\sin(\phi) & \cos(\phi) \end{pmatrix} \tag{3-8}$$

$$= \begin{pmatrix} \cos(\Theta) & \sin(\Theta)\sin(\phi) & 0 \\ 0 & \cos(\Theta)\,(\cos(\Psi) - \sin(\Psi)\sin(\phi)) & \cos(\Psi)\sin(\phi) + \sin(\Psi)\cos(\Theta)\cos(\phi) \\ 0 & \cos(\Theta)\,(\sin(\Psi) + \cos(\Psi)\sin(\phi)) & \sin(\Psi)\sin(\phi) + \cos(\Psi)\cos(\Theta)\cos(\phi) \end{pmatrix}$$

Eine alternative Möglichkeit eine Rotationsmatrix zu bestimmen ist die Methode der Richtungskosinusse. Mit der Definition des Skalarprodukts, s. Abschnitt 2.1.3, kann man die Winkel zwischen den Basisvektoren der jeweiligen Koordinatensysteme bestimmen. So ergibt sich die Richtungskosinusmatrix zu:

$$R = \begin{pmatrix} \vec{e}_{x1}\vec{e}_{x2} & \vec{e}_{y1}\vec{e}_{x2} & \vec{e}_{z1}\vec{e}_{x2} \\ \vec{e}_{x1}\vec{e}_{y2} & \vec{e}_{y1}\vec{e}_{y2} & \vec{e}_{z1}\vec{e}_{y2} \\ \vec{e}_{x1}\vec{e}_{z2} & \vec{e}_{y1}\vec{e}_{z2} & \vec{e}_{z1}\vec{e}_{z2} \end{pmatrix} \tag{3-9}$$

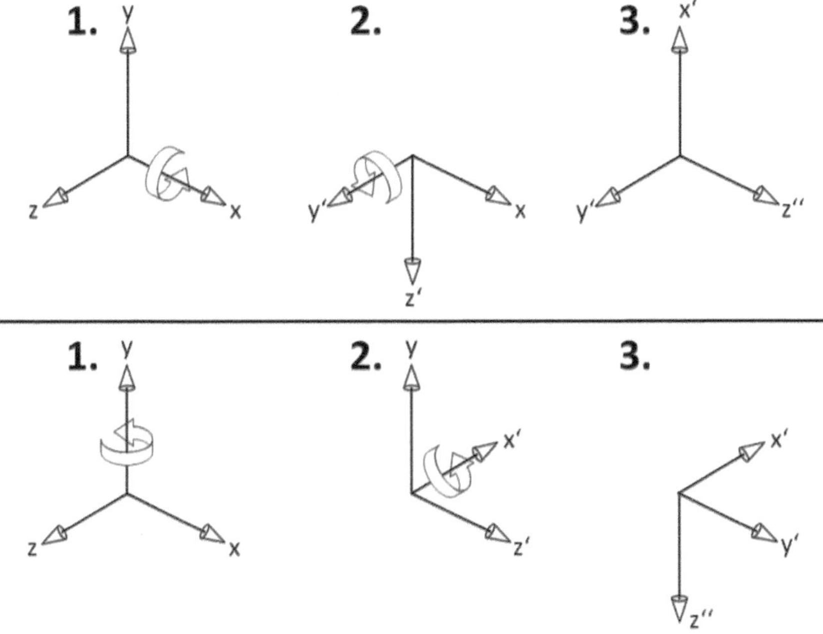

Bild 3-5

Die Drehreihenfolge kann nicht getauscht werden. Sie beeinflusst das Ergebnis. Eine Drehung erst um die x- und dann um die (neue) y-Achse führt zu einem anderen Ergebnis als eine Drehung erst um die y-Achse und dann um die (neue) x-Achse.

3.2.2 Drehung mittels Quaternionen

Eine weitere Möglichkeit der Koordinatentransformation ist die Beschreibung der Drehung durch sogenannte Quaternionen. Dieser Zahlenbereich ist mit den komplexen Zahlen verwandt und enthält auch Rechenregeln, die denen der Vektorrechnung ähnlich sind, bzw. von ihr übernommen wurden. Die Vielzahl der Anwendungsmöglichkeiten soll hier nicht weiter betrachtet werden; für uns interessant sind lediglich die Möglichkeiten in Bezug auf Drehungen von Koordinatensystemen.

Quaternionen bestehen wie komplexe Zahlen aus einem reellen Teil und einem imaginären, welcher allerdings anders als bei komplexen Zahlen drei Komponenten hat. Ein Quaternion lässt sich schreiben als:

$$q = q_4 + iq_1 + jq_2 + kq_3 \tag{3-10}$$

Dabei gilt weiter, dass:

$$i^2 = j^2 = k^2 = -1 \tag{3-11}$$

Für die Anwendung mit Drehungen von Koordinatensystemen schreibt man Quaternionen üblicherweise in einer vektorähnlichen Schreibweise auf. Sie haben dann einen Vektoranteil $\vec{q}$ und den skalaren Anteil q_4. Es gilt für die von uns hier verwendete englische Konvention:

$$\underline{q} = \begin{bmatrix} q_1 \\ q_2 \\ q_3 \\ q_4 \end{bmatrix} = \begin{bmatrix} e_1 \sin\frac{\beta}{2} \\ e_2 \sin\frac{\beta}{2} \\ e_3 \sin\frac{\beta}{2} \\ \cos\frac{\beta}{2} \end{bmatrix} \tag{3-12}$$

wobei β der Winkel ist, um den das jeweilige Koordinatensystem gedreht werden muss und e die Beträge der entsprechenden Basisvektoren enthält. Die ersten drei Einträge stellen in dieser Konvention den Vektoranteil dar.

In der ebenfalls verbreiteten französischen Konvention ist die erste Zeile durch den Skalaranteil (bei uns q_4) besetzt.[1]

Die Komponenten sind offensichtlich nicht unabhängig voneinander und erfüllen immer die Bedingung:

$${q_1}^2 + {q_2}^2 + {q_3}^2 + {q_4}^2 = 1 \tag{3-13}$$

Analog zu den Betrachtungen aus dem vorherigen Abschnitt, wird dann mithilfe des Quaternions, welches die Drehung von einem Koordinatensystem ins andere beschreibt, eine Drehmatrix aufgestellt. Mit dieser erfolgt dann die Transformation eines Vektors von einem Koordinatensystem in das andere. Ein Quaternion, dass von System 1 ins System 2 überträgt, erzeugt dabei die folgende Matrix:

---

[1] Das bekannte Programm MATLAB, welches oft für Ingenieursprobleme verwendet wird, nutzt beispielsweise die französische Konvention.

$$A_{21}(\vec{q}_{21}) = \begin{pmatrix} q_1^2 - q_2^2 - q_3^2 + q_4^2 & 2q_1q_2 + 2q_3q_4 & 2q_1q_3 - 2q_2q_4 \\ 2q_1q_2 - 2q_3q_4 & -q_1^2 + q_2^2 - q_3^2 + q_4^2 & 2q_2q_3 + 2q_1q_4 \\ 2q_1q_3 + 2q_2q_4 & 2q_2q_3 - 2q_1q_4 & -q_1^2 - q_2^2 + q_3^2 + q_4^2 \end{pmatrix} \quad (3\text{-}14)$$

In diesem Fall beschreiben die Einträge q_i die jeweiligen Komponenten des Quaternions $\vec{q}_{21}$. Der Winkel, den dieses Quaternion enthält (s. Gl. (3-2)), ist gerade der Rotationswinkel.

Für die eigentlichen Vektoren in den Koordinatensystemen 1 und 2 gilt entsprechend:

$$\vec{p}_2 = A_{21} \cdot \vec{p}_1 \quad (3\text{-}15)$$

Im Unterschied zur Verwendung von Rotationsmatrizen, wird bei mehrfachen Drehungen nicht für jede Drehung eine Matrix bestimmt, sondern entsprechende Quaternionen können direkt kombiniert werden. Nur eine einzelne Matrix wird erzeugt und zwar aus dem sogenannten effektiven Quaternion. Das effektive Quaternion einer Drehung vom System 1 ins System 3, über das vorläufige System 2 wird in der folgenden Weise bestimmt:

$$\underline{q}_{31} = \underline{q}_{21} \cdot \underline{q}_{32} = \underline{q}_{32} \otimes \underline{q}_{21} \quad (3\text{-}16)$$

Dabei ist die Operation $\otimes$ wie folgt definiert:

$$\underline{q}_{31} = \begin{pmatrix} q_4 & q_3 & -q_2 & q_1 \\ -q_3 & q_4 & q_1 & q_2 \\ q_2 & -q_1 & q_4 & q_3 \\ -q_1 & -q_2 & -q_3 & q_4 \end{pmatrix}_{32} \begin{bmatrix} q_1 \\ q_2 \\ q_3 \\ q_4 \end{bmatrix}_{21} \quad (3\text{-}17)$$

Für diese Verkettung von Quaternionen wird also das Quaternion, das die erste Drehung bewirkt, mit dem Quaternion, das die zweite Drehung bewirkt, multipliziert. Dies bedeutet, dass die Transformation $A_{32} \cdot A_{21}$ identisch zu der Tranformation $A_{31} \cdot (\underline{q}_{21} \cdot \underline{q}_{32})$ ist. Die Verkettung von Quaternionen erfolgt damit „von rechts", also in genau umgekehrter Reihenfolge zur Verkettung der Drehmatrizen.

Auf den ersten Blick erscheinen Quaternionen kompliziert, da sie weniger intuitiv sind. Tatsächlich bergen sie allerdings einige Vorteile, vor allem auch im Bezug auf die numerische Anwendung. Es treten in den kinematischen Gleichungen bei der Beschreibung der Drehraten im Gegensatz zur Euler-Methode keine Singularitäten auf und sie sind eindeutig. Das Vorhandensein von 4 Elementen erlaubt eine redundante Information und die Bestimmung von 4 Elementen für je ein Quaternion ist einfacher als für jede Drehung eine Matrix zu berechnen. Die trigonometrischen Funktionen müssen nicht für jeden Transformationsschritt gelöst werden.

Das Verwenden von Quaternionen ist sehr schematisch und dadurch leicht erlernbar. Wichtig ist bei der Beschreibung von konkreten Problemstellungen, dass die rechte Hand-Regel nicht verletzt wird und dass die Gesamtrotation in sinnvolle Einzelrotationen um Basisachsen so beschrieben wird, dass sich das effektive Quaternion leicht durch die Vorschrift in Gl. (3-16) ermitteln lässt.

Zu erwähnen ist noch, dass es durchaus erlaubt ist, die einzelnen Quaternionentransformatinosmatrizen zu einzelnen Drehungen nach Gl. (3-14) zu ermitteln und dann die einzelnen Matrizen zu verketten anstatt durch Verkettung der Quaternionen die effektive Matrix zu bestimmen. Üblicherweise ist jedoch die Bestimmung des effektiven Quaternions und der drauffolgenden effektiven Matrix weniger aufwändig.

3.3 Arten von Koordinatensystemen

Damit man mit Hilfe von Vektoren z.B. die Position eines Planeten oder Raumfahrzeugs angeben kann, benötigt man ein Koordinatensystem. Es ist intuitiv einsehbar, dass die Beschreibung einer Sonde um den Jupiter nicht sinnvoll mit einem Koordinatensystem beschrieben werden kann, dessen Ursprung im Erdmittelpunkt liegt – es gibt also je nach Verwendungszweck verschiedene optimal verwendbare Koordinatensysteme. Beispielhaft wird für körperbezogene Koordinatensysteme hier die der Erde verwendet – analog lassen sie sich auch für andere Zentralkörper definieren.

Körperbezogene Koordinatensysteme sind zeitabhängig, da sich sowohl die Positionen der Körper als auch ihre Bahnen kontinuierlich verändern. Dadurch findet man üblicherweise bei Koordinatenangaben nicht nur eine Information dazu in welchem Koordinatensystem sie notiert sind, sondern auch zu welchem Zeitpunkt die Daten gelten. Aufgrund der zeitlichen Veränderung von Koordinatensystemen muss neben der räumlichen Referenz immer auch der zeitliche Bezug klar definiert sein. Der Referenzzeitpunkt wird Epoche genannt. J2000 kennzeichnet dabei z.B. ein Koordinatensystem zum Mittag des 1. Januars 2000 und ist sehr verbreitet.

3.3.1 Äquatorebene, Ekliptik und Frühlingspunkt

In der orbitmechanischen Beschreibung von Positionen verschiedener Körper verwendet man Bezugsebenen. Typische Bezugsebenen sind die Äquatorebene und die Ekliptik. Erstere ist parallel zum Äquator und senkrecht zur Rotationsachse der Erde. Sie dehnt sich bis ins Unendliche aus und der Äquator ist Teil dieser Ebene (s. Bild 3-6). Die Äquatorebene ist relevant, wenn man die Erde als Zentralkörper verwendet und Erdsatelliten betrachtet. Die Lage dieser Satellitenbahnen wird in der Regel mit Bezug zur Äquatorebene angegeben.

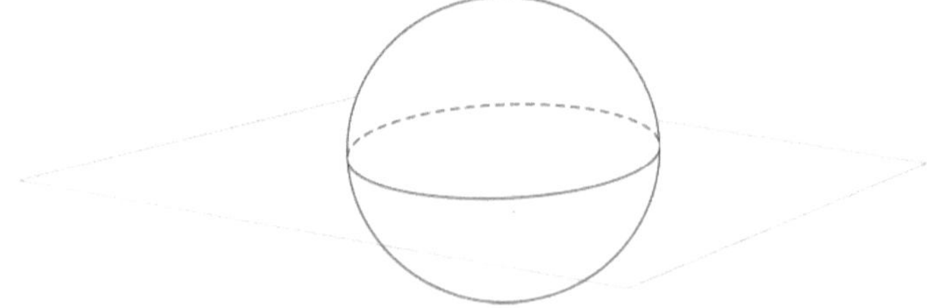

Bild 3-6 Skizze des Erdäquators und der Äquatorebene.

Die Projektion des Äquators in den Himmel, nennt man den Himmelsäquator. Analog zur Äquatorebene kann man auch die Ebene definieren, in der die Erde um die Sonne kreist. Diese Ebene des Erdorbits wird Ekliptik genannt und ist üblicherweise Bezugsebene bei interplanetaren Flugbahnen. Da der Erdäquator gegenüber der Erdbewegung um die Sonne um ca. 23° geneigt ist, sind diese Ebenen unterschiedlich ausgerichtet.

Durch diese unterschiedliche Ausrichtung gibt es eine Schnittgerade zwischen diesen beiden Ebenen. Wenn zum Frühlingszeitpunkt der Nordhalbkugel (20. bzw. 21. März), d.h. bei Tag- und Nachtgleiche, die Sonne diese Gerade kreuzt, steht sie vom Ursprung des Systems aus gesehen in Frühlingsrichtung.

Der Frühlingspunkt dient häufig als Referenzpunkt, um Koordinatensysteme zu kalibrieren. Er wird üblicherweise mit dem astronomischen Symbol für Widder ♈ gekennzeichnet, da der Frühlingspunkt ursprünglich im Jahr 0 in diesem Sternenzeichen zu finden war. Durch die Nutations- und Präzessionsbewegungen der Erdachse liegt er allerdings momentan im Sternbild Fische.

Die erdzentrischen Koordinatensysteme, die im Folgenden beschrieben werden, finden Sie in bewegter Form in Video 3-1.

Video 3-1

Vergleich verschiedener erdzentrischer Koordinatensysteme

https://bit.ly/3sch60v

3.3.2 Erdzentrische Äquatoriale Koordinatensysteme

Diese Systeme haben ihren Ursprung im Erdmittelpunkt und eine Ebene (üblicherweise die x-y-Ebene) innerhalb der Äquatorebene.

Das erdzentrische, äquatoriale Inertialsystem (typischerweise abgekürzt als ECI für Earth Centered Inertial Coordinate System) ist mit der x-Achse zum Frühlingspunkt ausgerichtet, während die z-Achse zum geographischen Nordpol weist. Die y-Achse erzeugt mit den übrigen beiden ein Rechtssystem. Inertial bedeutet hier, dass die Ausrichtung der Basisachsen konstant bleibt, auch wenn sich der Koordinatenursprung mitbewegt, z.B. in diesem Falle mit der Erde. Da die Frühlingsrichtung nicht fest ist, ist für das ECI die Angabe einer Epoche notwendig, um anzugeben, für welchen Zeitpunkt es gilt. Würde man die x-Achse immer mit der aktuellen Frühlingsrichtung mitbewegen, wäre das System nicht als inertial verwendbar. Das ECI ist im physikalischen Sinn nicht wirklich inertial. Von einem äußeren inertialen System betrachtet bleiben aber die Ausrichtungen der Basisachsen des ECIs konstant im Raum, wodurch sich für Richtungsbeschreibungen ein inertialer Charakter ergibt.

Das erdfeste System (typischerweise abgekürzt als ECF für Earth Centered Fixed Coordinate System) hat keine raumfeste Ausrichtung der Achsen, sondern dreht sich mit der Erdrotation mit. Die x-Achse weißt in Richtung des Nullmeridians, d.h. bei 0° West, die z-Achse weißt wie zuvor in Richtung des geographischen Nordpols und die y-Achse bildet mit den anderen beiden Achsen ein Rechtssystem.

Beide Systeme sind in Bild 3-7 zu sehen, wobei zu bedenken ist, dass das erdfeste Koordinatensystem sich mit der Erdrotation mitbewegt und dabei um seine z-Achse dreht, d.h. x- und y-Achse verändern ihre Richtung bezogen auf das Inertialsystem.

3.3.3 Erdzentrisches Ekliptikales Koordinatensystem

Dieses System hat seine Bezugsebene in der Ekliptik, d.h. ist gegenüber den äquatorialen Systemen geneigt, wie man in Bild 3-7 sieht.

Auch hier weist der Vektor der x-Achse in Richtung des Frühlingspunkts; die z-Achse ist parallel zur Normalen der Ekliptik, also der Bahnebene der Erde um die Sonne, und die y-Achse ist wiederum so angeordnet, dass ein Rechtssystem vorliegt.

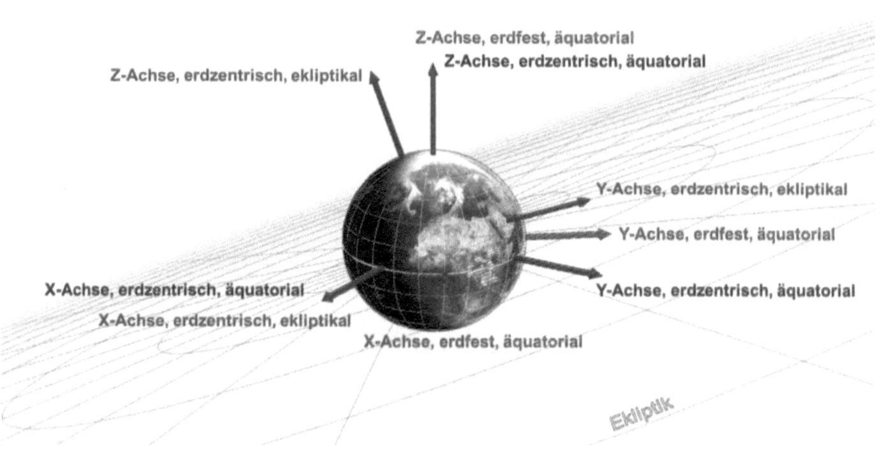

Bild 3-7
Die erdzentrischen Koordinatensysteme skizziert, bezogen auf die Ekliptik. Das erdfeste Koordinatensystem bewegt sich mit der Erdrotation mit und seine x-Achse weist dabei stets zum Nullmeridian. Das inertiale System behält seine Ausrichtung unabhängig von der Erdrotation bei.

3.3.4 Topozentrisches System

Das Wort *Topos* ist nicht mit dem spanischen Tapas zu verwechseln, sondern stammt aus dem Griechischen und bedeutet *Ort*. Ein topozentrisches System ist also ortszentrisch und bezieht sich auf den Standort des Beobachters, also z.B. das Sofa auf dem man ein Buch über Orbitmechanik liest. Die x-Achse zeigt dann in die lokale Südrichtung, die y-Achse in die lokale Ostrichtung und die z-Achse wird so gewählt, dass ein Rechtssystem existiert. Typisch ist auch die Verwendung von Kugelkoordinaten, d.h. des Azimuts (α) und der Höhe (η).

Der Azimut wird dabei aus der lokalen Nordrichtung in Richtung Osten gezählt oder aber von Süden in Richtung Westen. Letzteres ist in der Astronomie üblich, ersteres vor allem in der Navigation, da man den Polarstern für die Bestimmung der Nordrichtung heranziehen kann. Diese Betrachtung setzt sich auch immer mehr in der Astronomie durch. Die Höhe wird so gezählt, dass bei 90° der Zenit erreicht wird, d.h. der höchstmögliche Punkt.

Diese Art von Koordinatensystem ist vor allem bei Beobachtungen am Himmel relevant, z.B. zur Ausrichtung von Antennen auf einen Satelliten.

3.3.5 Perifokale und VNC-Systeme

Das perifokale System hat seinen Mittelpunkt ebenfalls im Erdmittelpunkt und seine x-Achse weist in Richtung des Perizentrums der jeweiligen Bahn (also dem Punkt des geringsten Abstands zum Brennpunkt). Die z-Achse zeigt in die Normalenrichtung der Orbitebene und die y-Achse bildet wieder ein Rechtssystem mit den anderen beiden Achsen.

Im VNC System (Velocity, Normal and Co-normal System) ist der Mittelpunkt typischerweise im Satelliten (manchmal auch im Erdmittelpunkt), die x-Achse zeigt in Richtung des Geschwindigkeitsvektors des Satelliten. Wie zuvor ist die z-Achse parallel zur Normalenrichtung der Orbitebene und die y-Achse erzeugt das Rechtssystem mit den übrigen Achsen. Diese Systeme werden zur Beschrei-bung von individuellen Satelliten verwendet.

3.3.6 Heliozentrisches System

Die Berechnung von interplanetaren Bahnen, die Beschreibung von Bahnen der Planeten im Sonnensystem und Bahnen, die sich nicht um einen Planeten oder Mond beschreiben lassen, erfordern die Nutzung eines heliozentrischen Systems, d.h. die Sonne steht im Ursprung dieser Koordinaten. Üblicherweise sind diese so orientiert, dass die Frühlingsrichtung die x-Achse beschreibt und die z-Achse parallel zur Normalenrichtung der Ekliptik ist. Denkbar wären allerdings auch andere Systeme, je nach Verwendungszweck.

3.3.7 Himmelsäquator- und geografisches System

Das Himmelsäquatorsystem projeziert den Äquator der Erde in den Himmel. Es ist ein System mit Kugelkoordinaten. Die Rektaszension (Azimut) beginnt in der Zählung im Frühlingspunkt, die Deklination am Äquator.

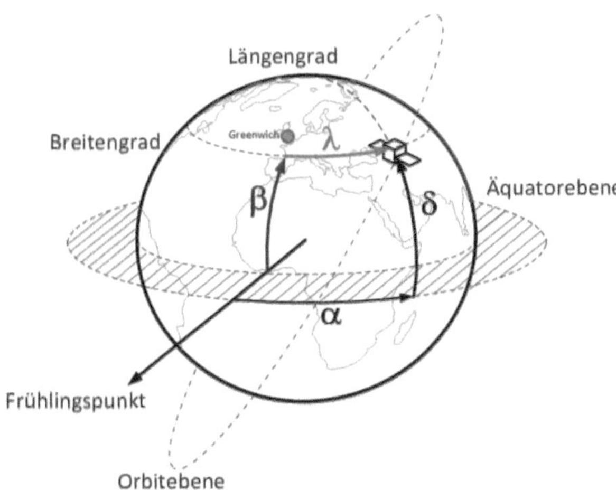

Bild 3-8 Das Himmelsäquatorsystem, dessen Rektaszension α sich auf den Frühlingspunkt bezieht im Vergleich zum geografischen System, das für die Erde gilt und dessen Längengrad auf Greenwich bezogen wird.

Das geografische System wiederum ist analog aufgebaut, ist allerdings in seiner Zählung des Längengrads bekanntlich auf Greenwich bezogen und man verwendet es, um Orte auf der Erdoberfläche zu definieren. Wir werden dies in Abschnitt 8.3 für die sogenannten Bodenspuren benötigen.

3.4 Das Sonnensystem als Beispiel

Die Wahl des Koordinatensystems bestimmt maßgeblich die Darstellung von Koordinaten bzw. daraus folgend von Bahnen. Je nach Bezugssystem verändern sich die jeweiligen Basisvektoren und auch die zeitliche Veränderungen der Position.

Stellen wir uns vor, wir schauen jeden Abend in den Himmel und beobachten nacheinander – jeweils zum gleichen Zeitpunkt – die Planeten. Als Beobachter wollen wir aber auch noch die Bahnart bestimmen und notieren die Position der Planeten (z.B. im erdzentrischen, ekliptikalen Inertialsystem).

Was man dann erhalten würde, ist in Bild 3-9 gezeigt. Im ersten Moment mag das verwirren, denn nach der Lektüre von Abschnitt 1.1 haben sie ja vielleicht schon eine Vorahnung, welche Bahnart zu erwarten wäre. Kreisbahnen sind nicht zu erkennen – lediglich die Sonne bewegt sich auf einer solchen. Was ist die Ursache dafür?

Dies liegt daran, dass die Erde um die Sonne kreist und geometrisch diese Bewegung auch invertiert genau als Kreis dargestellt werden kann.

Die übrigen Planeten bewegen sich auch um die Sonne, allerdings ist dies nicht unmittelbar aus der geozentrischen Sicht erschließbar. Die Schleifen in den Bahnen entstehen dadurch, dass die relativen Geschwindigkeiten der Planeten zur Erde variieren und mal die Erde, mal der Planet sich relativ gesehen, schneller bewegen.

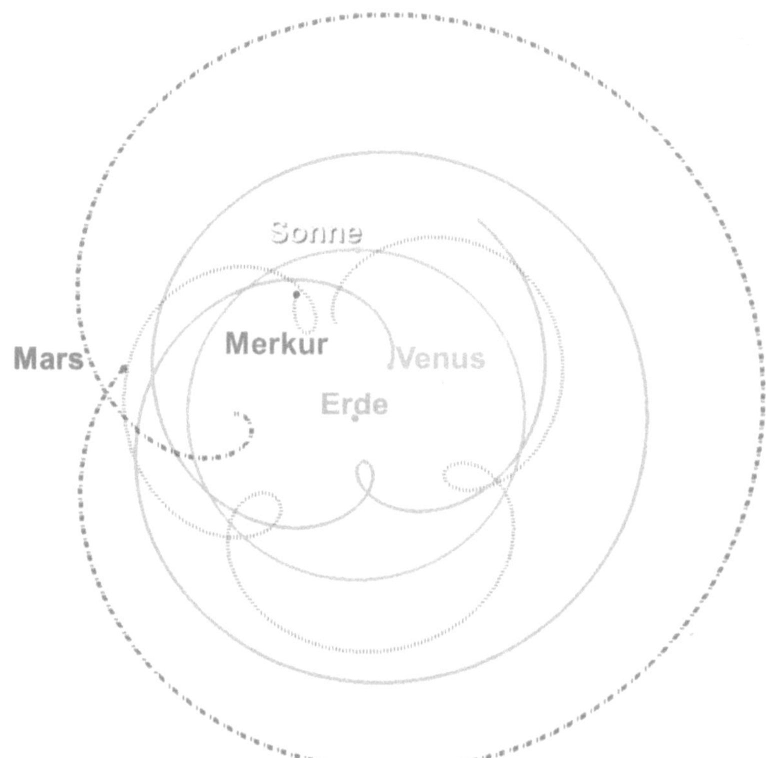

Bild 3-9

Die Bahnen der inneren Planeten in einem geozentrischen Koordinatensystem eines Beobachters auf der Erde.

Mit der Darstellung in Bild 3-9, die der Beobachtung eines Menschen auf der Erde entspricht, wird deutlich, warum es so lange gedauert hat, die tatsächliche Bewegung der Planeten zu verstehen. Der Schluss, dass die Bewegung eigentlich so aussieht, wie in Bild 3-10 ist keineswegs trivial. Keplers Leistung war es, die Bahndaten, die aufgrund der Perspektive von der Erde aus gesehen denen in Bild 3-9 entsprachen, so zu verstehen, dass er daraus die eigentlichen Bahnen um die Sonne ableiten konnte – sozusagen „von der Sonne aus gesehen". Einen Vergleich mit bewegten Bildern bekommen Sie in Video 3-2. Kepler kannte noch nicht die Ursache für diese Bahnen, sondern beschrieb sie lediglich. Mathematisch sind beide Darstellungsweisen korrekt – je nach Wahl des Koor-dinatensystems – die Darstellung in einem heliozentrischen System erleichtert allerdings das Finden der Ursache für diese Bewegung.

Damit befassen wir uns in Kapitel 5. Zunächst setzen wir uns noch mit Zeitsystemen auseinander. Die Beschreibung der Zeit ist in der Orbitmechanik eng mit der Beschreibung und vor allem Veränderung von Positionen verbunden.

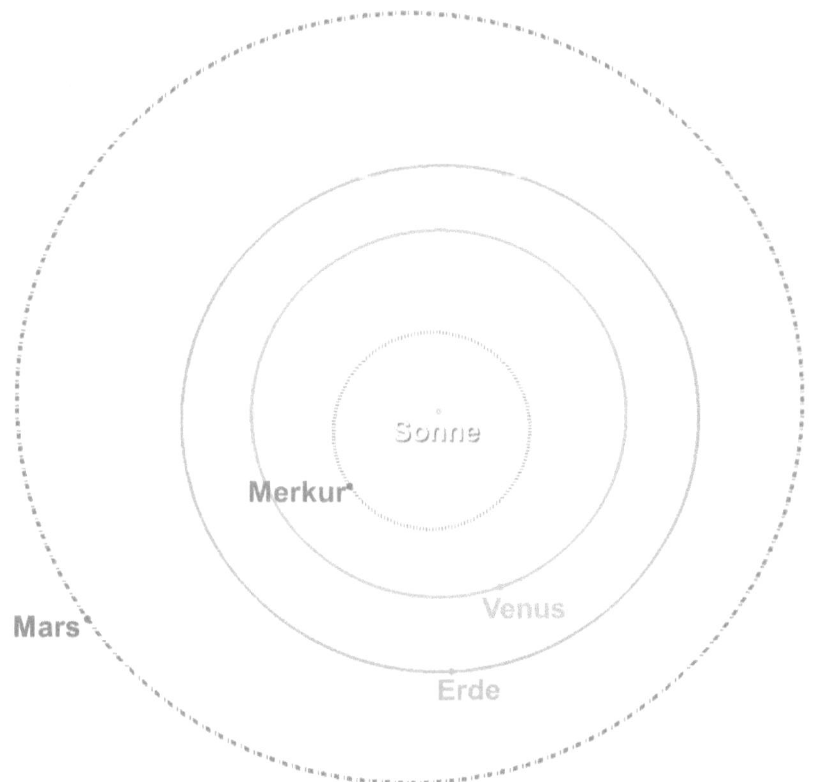

Bild 3-10

Die Bahnen der inneren Planeten in einem heliozentrischen Koordinatensystem.

Video 3-2

Die helio- und geozentrischen Bahnen im inneren Sonnensystem in Bewegung.

https://bit.ly/2VK9LJe

4 Zeitsysteme

Aus der täglichen Beobachtung wissen wir, dass sich die Positionen der Himmelskörper ständig verändern – sie bewegen sich auf Bahnen. Ebenso rotiert das übliche Bezugssystem unserer Beobachtung, nämlich die Erde, einmal am Tag um seine Polachse. Die Bahnen der Himmelskörper sind aber keineswegs fest, wie wir in Kapitel 9 noch sehen werden, sondern sie verändern sich im Laufe der Zeit. Diese Veränderungen sind ggf. sehr langsam, aber messbar. Um dies alles berücksichtigen zu können, benötigen wir Zeitsysteme. Diese sind teilweise deckungsgleich, teilweise abweichend von denen, die wir im alltäglichen Leben verwenden. Aber schauen wir uns das Thema genauer an.

Anders als unsere räumliche Wahrnehmung ist unsere zeitliche Wahrnehmung nicht unmittelbar. Mittels Gehörs und vor allem Sicht können wir einen klaren Eindruck des „Ist"-Zustands des uns umgebenen Raums gewinnen. Befinden wir uns im Wohnzimmer und lesen auf unserer Couch ein Buch über Orbitmechanik, dann reicht es aufzublicken und die Wände zu betrachten, um unsere Position einzuschätzen.

Mit der Zeit ist dies anders. Eine direkte Wahrnehmung von ihr haben wir nicht. Kein Sinn beschreibt uns das Vergehen der Zeit oder gibt uns eine unmittelbare Information über einen Zeitpunkt.

Wir können diese Informationen nur aus anderen Dingen ableiten, die wir wahrnehmen. Am Stand der Sonne können wir schätzen, welche Tageszeit es ist und beispielsweise am wachsenden Gras merken wir nicht nur, wann es wieder Zeit ist, selbiges zu mähen, sondern auch, dass Zeit vergangen ist.

Sowohl der Zeitwahrnehmung als auch der Raumwahrnehmung sind aber zwei Dinge gemein. Wir benötigen sowohl einen Bezugspunkt als auch eine relative Information, um die Wahrnehmung richtig einzuordnen. Meine Position im Fahrstuhl verändert sich nicht und ich kann im ruhenden Zustand auch nicht sagen, ob ich im ersten oder zehnten Stockwerk bin.

Genauso ist es bei der Zeit. Ich kann vielleicht bestimmen, dass es Mittag ist, aber es fällt mir schwer einen Zeitraum von einem beliebigen Punkt an anzugeben.

Exakte Zeitangaben erfordern Messungen und machen Zeit für uns erfahrbar. Wir messen unsere Zeit in Intervallen, z.B. eine Sekunde, ein Tag, ein Jahr. Und wir beziehen diese Intervalle auf leicht bestimmbare Punkte, z.B. wird unsere Tageszeit von Mitternacht an gezählt, welche wiederum der Zeitpunkt zwölf Stunden vor Mittag ist, d.h. wenn die Sonne am höchsten steht.

In der Tat sind viele Zeitangaben, die wir verwenden, astronomisch begründet. Beispielsweise ist ein Tag die Zeit nach der die Sonne wieder eine (nahezu) gleiche Position am Himmel einnimmt.

Messgeräte für Zeit sind üblicherweise Uhren, wobei es sehr verschiedene Funktionsprinzipien gibt, von der kitschigen Kuckucksuhr bis hin zur Atomuhr – die Bezeichnungen sind etwas verwirrend, denn eine Kuckucksuhr verwendet mitnichten das Schwingen eines Kuckucks zur Zeitmessung, eine Atomuhr allerdings die eines Atoms.

Aber halten wir fest, für Zeitbestimmung benötigen wir Zeitintervalle und Zeitpunkte. Mit beidem werden wir uns in den folgenden Abschnitten beschäftigen.

4.1 Sonnentag und Sterntag

Für die Zeitzählung in Tagen gibt es zwei verschiedene Bezugsarten und daraus folgend Tagesarten, die sich in ihrer Dauer geringfügig, in ihrer Bedeutung aber umfangreicher unterscheiden. In Bild 4-1 ist die Situation für beide Tagesarten – Sonnentag und Sterntag - skizziert.

Gebräuchlich und vertraut ist uns die Zeiteinheit hinter dem Begriff Sonnentag. Dies ist die Zeit, die verstreicht, bis die Sonne einen einmal beobachteten Stand am Himmel (also Winkel bzgl. des Horizonts) wieder erreicht, was man auch als Synode bezeichnet. Dieser Zeitraum ist der „normale" Tag, den wir verwenden und er beträgt im Mittel 24 Stunden. Er wird auch synodischer Tag genannt.

Bedingt durch die Bewegung der Erde um die Sonne, verändert die Sonne auch ihre relative Position zu einem festen Bezugspunkt auf der Erdoberfläche. Pro Tag bewegt die Erde sich auf ihrer Bahn einen knappen Grad weiter (360°/365,2425 d). Dieser Winkel muss zusätzlich zu den durch die Eigenrotation der Erde beschriebenen 360° gedreht werden, die die Erde für eine erneute Ausrichtung des jeweiligen Längengrads zur Sonne benötigen würde, gäbe es keine Bewegung um die Sonne, sondern nur eine Eigenrotation. Der gesamte zu überstreichende Winkel, hier β genannt, der benötigt wird, um wieder den gleichen Sonnenstand zu erreichen, beträgt damit 360,99°.

Da die Bahn der Erde keine exakte Kreisbahn ist, handelt es sich bei diesem (hier ohnehin gerundeten) Wert, um einen Mittelwert. Der tatsächliche Wert schwankt über den Verlauf eines Jahres, da die elliptische Form auch bedingt, dass die Geschwindigkeit der Erde auf ihrer Bahn um die Sonne nicht konstant ist. Der Sonnentag wird jedoch über den gemittelten Wert definiert und legt damit die Dauer eines Tages fest.

Vor allem in der Astronomie aber auch für andere Anwendungen ist der Sterntag eine wichtige Größe. Damit ist mitnichten die Sternzeit an Bord des Raumschiffs einer berühmten Fernsehserie gemeint, sondern eine echte Zeiteinheit. Für den Sterntag, vom lateinschen Wort für Stern, sidus, auch siderischer Tag genannt, ist der Bezugskörper nicht die Sonne, sondern ein Stern, wie in Bild 4-1 dargestellt.

Dabei ist zu beachten, dass die Entfernung zwischen Erde und Stern weit größer ist als zwischen Erde und Sonne (ca. vier Lichtjahre zum nächsten Stern und ca. acht Lichtminuten zur Sonne, wobei ein Lichtjahr die Entfernung ist, die Licht in einem Jahr zurücklegt – worum es sich bei einer Lichtminute handelt, sei mal ihrer Intuition überlassen).

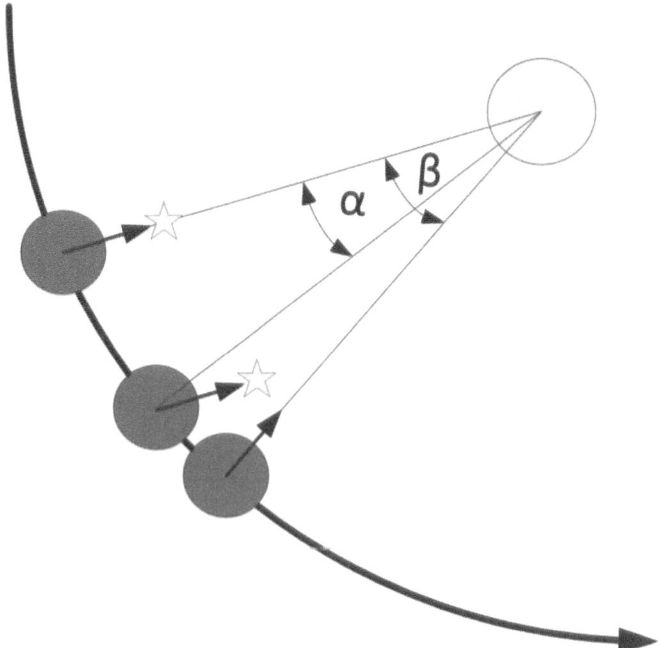

Bild 4-1

Prinzipskizze zur Definition von Sterntag und Sonnentag. Die Umlaufbahn der Erde bewirkt eine „Überdrehung" der Erde bezogen auf die Sonne, wodurch der Sonnentag länger dauert als der Sterntag. Der Pfeil gibt dabei die Richtung vom Erdmittelpunkt durch einen Längengrad an. Der Stern markiert die Richtung zu einem für beide Zeitpunkte gleichen, aber beliebigen Stern.

Eine Drehung der Erde um 360° (siderischer Tag) erfolgt nach Übersteichen des Winkels α auf der Erdbahn. Ein Sonnentag tritt nach einer Drehung um ca. 361° auf, wenn die Richtung des Pfeils wieder auf die Sonne zeigt und auf der Erdbahn der Winkel β überstrichen wurde.

Dies bedeutet, dass die Eigenbewegung der Erde um die Sonne und auch die des Sonnensystems als Ganzes (denn auch die Sonne bewegt sicht mit ihren Begleitern in der Milchstraße), bei weitem keine so großen Auswirkungen auf die relative Position des Sterns hat, wie auf die der Sonne. In guter Näherung kann man die gedachte Position des Sterns ins Unendliche verlegen und deswe-gen verändert er seine relative Position nicht, sondern steht immer an der gleichen Stelle.

Ein siderischer Tag ist also der Zeitraum, der von der Erddrehung benötigt wird, um einen Winkel von exakt 360° zu überstreichen. Damit ergibt sich eine Dauer von:

$$T_{\text{Sterntag}} = T_{\text{Sonnentag}} \cdot \frac{360°}{360{,}99°} \quad (4\text{-}1)$$

$$T_{\text{Sterntag}} = T_{\text{Sonnentag}} \cdot 0{,}99725$$

$$T_{\text{Sterntag}} = 23{,}934\ h.$$

Das entspricht einem Zeiraum von 23 Stunden und 56 Minuten.

Im ersten Moment mag der Unterschied zum Sonnentag sehr gering sein, allerdings bekommt er z.B. dann Bedeutung, wenn man geostationäre Satellitenbahnen (s. Abschnitt 8.2.3) auslegen möchte, wo 4 Minuten pro Tag, vor allem für längere Missionszeiten, einen immensen Unterschied ausmachen. Besäße ein geostationärer Satellit eine Umlaufdauer von einem Sonnentag, würde er damit jeden Tag ca. 110 km entlang des Äquators wandern.

Gelegentlich findet man in der Literatur eine Unterscheidung zwischen Sternen- und siderischem Tag. Allerdings nicht einheitlich, insbesondere nicht im Englischen wo der Sterntag auch *stellar day* genannt wird. Mitunter wird als Bezugszeitpunkt der Frühlingspunkt verwendet statt eines beliebigen Sterns, was einen Unterschied im tausendstel Sekundenbereich ausmacht. Für weitere Betrachtungen gehen wir vom Bezug auf einen Stern aus.

4.2 Tropisches Jahr, Gregorianischer Kalender und Schaltjahre

Wir haben bisher nur Tage definiert, aber nicht das Jahr, obwohl wir es in der Definition des Sterntags bereits benutzt haben. Das Jahr ist auch ein Begriff, der für unsere Kalenderdefinition wichtig ist. In unserem Kulturkreis hat sich über Jahrhunderte der Gregorianische Kalender, der sich an der Sonne orientiert (wie auch der christliche Kalender), durchgesetzt. Andere Kalenderarten orientieren sich am Mond (z.B. der islamische und der jüdische Kalender), oder aus einer Kombination von beidem (z.B. der chinesische Kalender). In der Historie gibt es auch Naturphänomene, die einen Kalender bestimmt haben, z.B. die Nilschwemme und der Siriusaufgang im alten Ägypten. Für die Jahreszählung wird allerdings inzwischen vor allem der Gregorianische Kalender verwendet – zuletzt hat China den Kalender 1949 übernommen.

Was ein Jahr ist, ist den meisten sicherlich geläufig – die Zeit, die die Erde braucht, um sich einmal um die Sonne herumzubewegen. Das ist allerdings eine ungenaue Definition. Die Erdbahn ist nicht unveränderlich und tatsächlich dreht sich nicht nur die Erde, sondern auch ihre ganze Bahn um die Sonne. Ursprünglich bezog sich das tropische Jahr auf die Sonnenwende und den Zeitraum zwischen zwei Durchgängen durch diese Position – daher stammt der Name (die Tropen sind die Gebiete zwischen den Wendekreisen). Inzwischen ist damit der Zeitraum definiert währenddessen sich die Länge (als Winkel) der Sonne im Mittel um 360° vergrößert, bezogen auf die mittlere Frühlingsrichtung. Das dauert 365,2422 Tage. Nach der alten Definition des tropischen Jahres waren 365,2424 Tage üblich.

Auch früherere Jahresdefinitionen erlaubten keine glatte Tageszahl, so dass immer wieder Schalttage oder sogar -monate eingeführt wurden, um die Daten der Frühlings-Tag-und-Nachtgleiche wieder auf den traditionellen Tag des 21. März zu legen.

Eine letzte umfassende Kalenderreform erfolgte 1582 durch Papst Gregor XIII. Da durch den zuvor verwendeten Julianischen Kalender (mit einer Jahreslänge von 365,25 Tagen) ein Fehler von 10 Tagen bzgl. der Tag-und-Nacht-gleiche aufgelaufen war, wurde eine Reform notwendig. Dabei wurde durch komplexe Regeln für Schaltjahre (d.h. solche Jahre, die einen Schlattag am 29. Februar haben) die mittlere Jahreslänge auf 365,2425 Tage festgelegt, sondern auch komplexe Regeln für Schaltjahre. Auf diese Weise sollte verhindert werden, dass in absehbarer Zeit erneut ein großer Fehler bzgl. der Tag-und-Nachtgleiche auftreten würde. So wird jedes vierte Jahr als ein Schaltjahr festgelegt – identisch zum Julianischen Kalender.

Jahre, die ganzzahlig durch 100 teilbar sind (also z.B. die hunderter Jahre wie 2100) sind allerdings keine Schaltjahre, es sei denn sie sind durch 400 teilbar. Deswegen war z.B. das Jahr 2000 ein Schaltjahr.

Da sich erst Ende des 5. Jahrtausends wieder ein Fehler von einem Tag aufsummiert haben wird, gilt diese Jahresdefinition als ausreichend genau.

4.3 Definierte Zeitsystematiken

Die Bahnformen der Erde und aller Himmelskörper im Sonnensystem sorgen dafür, dass weder Sonnen- noch Sternenzeitintervalle konstant sind, sondern sich über das Jahr ändern. Konsequenterweise definiert man Mittelwerte, also die sogenannte Mittlere Sonnen- oder Sternzeit.

4.3.1 Universal Time (UT)

Diese Zeit ist die Umsetzung der mittleren Sonnenzeit, d.h. des 24-Stunden-Zykluses. Die „mittlere Sonnenpassage" wird dafür auf dem Nullmeridian in Greenwich angesetzt. Da Greenwich auch als örtliche Referenz für unser geografisches System dient, können die dynamischen Satellitenpositionen einfacher auf die statische Erdkarte projeziert werden. Dies vertiefen wir noch im Abschnitt 8.3, wenn wir uns mit sogenannten Bodenspuren befassen. Die UT misst den Drehwinkel zwischen Erde und der mittleren Sonne. Diese Messung erfolgt durch Beobachtung von entfernten Sternen oder anderen leicht zu bestimmenden Punkten – die Sonne ist schwieriger zu beobachten und daher ungeeignet. Die Bestimmung der eigentlichen UT erfolgt dann über eine Umrechnung. Wichtig ist, dass diese Messung auch die dynamische Variation der Drehrate der Erde enthält.

4.3.2 International Atomic Time (TAI)

Die internationale Atomzeit wird durch die Mittelung nationaler Atomzeiten bestimmt, welche sich wiederum durch Atomuhren ergeben. Die Intervalle dieser Zeit sind immer eine Sekunde und konstant, d.h. unabhängig von den tatsächlichen Gegebenheiten der Erdbahn um die Sonne.

4.3.3 Coordinated Universal Time (UTC)

Die koordinierte Weltzeit ist die Zeitskala, die für die Zeitzonen auf der Erde verwendet wird. Analog zur Atomzeit wird sie über ein gleichmäßiges Verstreichen der Zeit definiert, ebenfalls dem Verstreichen einer Sekunde. Allerdings wird sie zum Jahresende üblicherweise wieder gleichgesetzt mit der Universalzeit und dies mit Hilfe von Schaltsekunden, so dass der Abstand zwischen beiden nach einem Jahr nicht mehr als 0,9 Sekunden beträgt. Aktuell liegt deshalb der Unterschied zwischen Atomzeit und koordinierter Weltzeit bei 37 Sekunden.

4.3.4 Julianisches und Modifiziertes Julianisches Datum

Das julianische Datum basiert auf einem Zeitraum in dem verschiedene Zeitskalen miteinander verglichen werden. Dabei handelt es sich um die Indiktion, ein in der Antike gebräuchlicher Zeitraum in dem jeweils die Steuerabgaben festgelegt wurden und deren Länge 15 Jahre beträgt, den Mondzirkel, d.h. der Tatsache, dass sich Sonne und Mond alle 19 Jahre vor dem selben Sternenhintergrund treffen sowie dem Sonnenzyklus (des julianisches Kalenders) von 28 Jahren, d.h. der vollständigen Wiederholung von Kalenderdatum und Wochentag. Das kleinste gemeinsame Vielfache dieser Intervalle ist genau 7.980 Jahre, die sogenannte julianische Periode. Das letzte Mal starteten alle diese Zyklen bei 1 im Jahre 4.713 v. Chr.

Das julianische Datum ist nun die Tagesanzahl seit diesem Moment, wobei Bruchteile davon als Dezimalzahl dargestellt werden und ein Tag im julianischen Datum um 12 Uhr mittags beginnt. Das hat den Vorteil, dass alle astronomischen Beobachtungen einer Nacht innerhalb eines julianischen Datums passieren und nicht, wie sonst, bei Mitternacht auf zwei Tage verteilt werden müssen. Mit Blick darauf, dass ein Jahr ca. 365 Tage hat, kann man sich vorstellen, dass diese Zahlen sehr groß werden. So lautet das julianische Datum des 25. Dezembers 2020 um 0 Uhr genau 2459208,5. Die 0,5 am Ende erscheint dadurch, dass das julianische Datum ja zum Mittagszeitpunkt mit der Zählung beginnt.

Die Länge der eben genannten Zahl ist allerdings, wie man schnell einsehen kann, eher unpraktisch. Das Smithsonian Astrophysical Observatory kam im Jahre 1957 zum selben Schluss. Als man mit einem Computer, der einen ganzen Raum füllte, den Orbit des jüngst gestarteten Sputniks berechnen wollte, stieß man mit dem julianischen Datum an Grenzen bzgl. der möglichen Bitgröße. Um den Bitbedarf der verwendeten Zahlen auf 18 Bits zu begrenzen, führte man stattdessen das modifizierte julianische Datum ein. Es entspricht der Logik des julianischen Datums, ist aber um die ersten beiden Stellen gekürzt und ebenfalls um 0,5, da es seinen Startpunkt um Mitternacht hat, wie die reguläre Zeit, was den Umgang für z.B. Satellitenbahnen praktikabler macht. Es lässt sich also leicht berechnen aus:

$$MJD = JD - 2400000{,}5 \tag{4-2}$$

Dabei ist MJD die Zahl des modifizierten julianischen Datums und JD die des julianischen Datums. Die Epoche, also der Nullpunkt, des modifizierten julianischen Datums liegt am 17. November 1858 – allerdings ist dies rein numerisch begründet und hat keinerlei praktische Bedeutung. Mitunter benutzt man auch ein MJD 2000, welches seine Epoche zum Zeitpunkt des 1. Januars 2000 um 0:00 hat.

Um das Beispiel von oben für das Julianische Datum aufzugreifen, so wäre das MJD für den 25. Dezember 2020 um 0:00 genau: 59208,0.

Beide Datumsarten werden heute vor allem für die Angaben von Epochen von Orbits und bei der Berechnung von Flugbahnen verwendet. Es gibt noch weitere Variationen des julianischen Datums, diese beiden sind allerdings die gebräuchlichsten und in vielen Datenbanken zu finden, z.B. das julianische Datum in der Solar System Dynamics Datanbank des Jet Propulsion Laboratories der NASA[2].

---

[2] https://ssd.jpl.nasa.gov/

4.3.5 Sonnenwende

Dass die Sonne nicht jeden Tag denselben Lauf über unseren Himmel nimmt, weiß jeder, der sowohl im Sommer als auch im Winter einmal zur Sonne geblickt hat. Der Grund dafür ist die Neigung der Erdachse gegenüber der Ekliptik, welche dafür sorgt, dass die Sonne mal höher und mal niedriger am Himmel steht, bzw. Sonnenauf- und untergänge zu verschiedenen Zeiten erfolgen.

Zu Zeiten der Tag-Nachtgleiche, d.h. im Frühling und im Herbst, steht die Sonne genau über dem Äquator. Die Erdbewegung um die Sonne herum sorgt allerdings dafür, dass diese relative Position nicht konstant ist. Neben den Punkten der Tag- und Nachtgleiche, gibt es noch zwei weitere markante Punkte, nämlich die Punkte der Sonnenwende: Sommersonnenwende und Wintersonnenwende.

Diese sind die Extrempositionen der Sonne am Himmel. Ursache ist wieder die Neigung der Rotationsachse. Während eines Umlaufs der Erde um die Sonne, verändert sich die Ausrichtung der Rotationsachse nicht wesentlich. Die Position der Erde ist aber einer Veränderung unterworfen, da sie ja die Sonne umläuft. Konsequenterweise ist die Achse mal auf der Nordhalbkugel in Richtung Sonne geneigt und mal auf der Südhalbkugel, wie es in Bild 4-2 dargestellt ist.

Zum Beginn des Sommers, d.h. auf der Nordhalbkugel am 21. Juni, ist die Sonne an ihrem höchsten Punkt, da die Achse der jeweiligen Halbkugel zur Sonne geneigt ist. Im Winter ist es genau anders herum. Dort ist die Achse von der Sonne weggeneigt und deswegen erreicht sie keine so hohe Position am Himmel. Da sie schneller von der Erde selbst verdeckt wird als im Sommer, dauern die Tage im Winter auch nicht so lange (mancherorts, bleibt sie zeitweise ganz unter dem Horizont). Die Wintersonnenwende ist bei uns der Winteranfang und wird in unseren Breiten mit dem Weihnachtsfest verbunden. Auch diese Positionen spielen häufig eine Rolle bei der Bestimmung von Zeitpunkten.

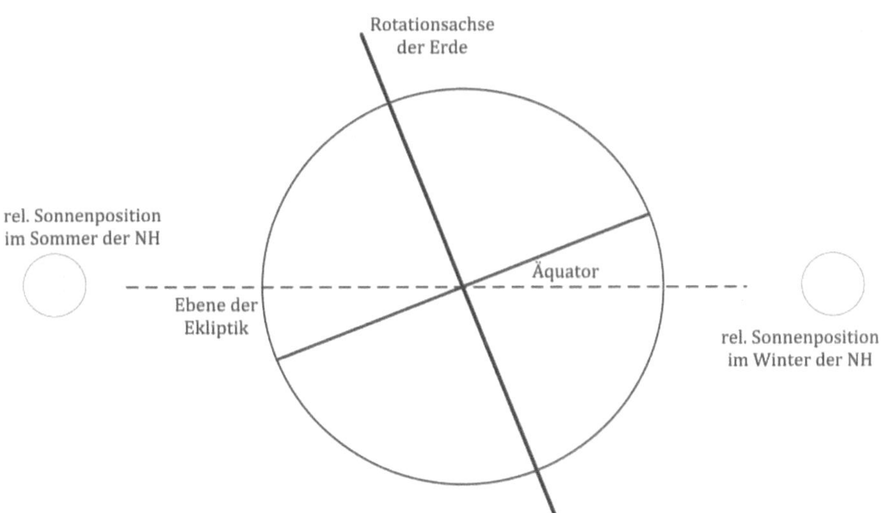

Bild 4-2

Skizze von Sommer- und Winterposition der Sonne bzgl. der Nordhalbkugel (NH).

Allerdings egal wie man sie misst oder definiert, flüchtig ist die Zeit immer und die einzig mögliche Form der Zeitreise ist die nach vorne – Zeit verläuft immer nur in eine Richtung.

5 Gravitationspotential und Gravitationskraft

Wir haben uns in den vorherigen Kapiteln mit den Grundlagen beschäftigt und in Abschnitt 2.5 im Besonderen mit den Grundlagen von Bewegung. Eine Bewegungsänderung beruht demnach auf einer Krafteinwirkung; die Bewegung selbst basiert auf einem Impuls, welcher das Produkt aus Geschwindigkeit und Masse eines Körpers ist.

Anschließend haben wir in den beiden folgenden Kapiteln noch kennengelernt, wie die Bewegungen im Sonnensystem dargestellt werden können und wie sie wirklich aussehen. Dabei fällt vor allem auf, dass die Bewegungen, die wir beobachten nicht geradlinig sind, sondern offenbar Richtungsänderungen unterliegen, d.h. die Geschwindigkeitsvektoren verändern sich. Dies wiederum erfordert eine Kraft, denn eine Änderung des Impulses – und dazu zählen auch bloße Richtungsänderungen – erfordert eine äußere Kraft.

Im Weltraum wirken erst einmal Gravitationskräfte, d.h. die Anziehung von Massen durch Massen. Wenn wir über Bahnänderungen sprechen, kommen noch Schubkräfte hinzu und es gibt auch Störkräfte, z.B. aufgrund von Reibung an einer Atmosphäre, die Störbeschleunigungen zur Folge haben. Mit diesen befassen wir uns allerdings erst im späteren Verlauf dieses Buchs (Kapitel 9 und 10). Bleiben wir zunächst bei der Gravitation und betrachten dabei den Fall einer sphärisch symmetrischen Masseverteilung.

5.1 Das Gravitationsgesetz von Newton

Robert Hooke äußerte in einem Briefwechsel mit Isaac Newton die Hypothese, dass die Gravitationskraft mit der Entfernung abnähme. Mit diesem Gedankenanstoß arbeitete Newton weiter. Er leitete von Beobachtungsdaten schließlich das Gravitationsgesetz ab, in dem er die Proportionalität zu den beteiligten Massen und dem Kehrwert des Entfernungsquadrats postulierte. Explizit in der heute üblicherweise verwendeten Form wurde es erst zwei Jahrhunderte nach Newton aufgestellt.

Die Situation für zwei beteiligte Massenpunkte ist in Bild 5-1 gezeigt. Die Massenpunkte haben die Positionsvektoren $\vec{r}_1$ und $\vec{r}_2$ und von Massenpunkt 1 zu Massenpunkt 2 zeigt der Vektor $\vec{r}$, wobei gilt $\vec{r} = \vec{r}_2 - \vec{r}_1$. Beide Massenpunkte üben aufeinander gleich große und entgegengesetzte Kräfte aus. Laut Gravitationsgesetz gilt für diese:

$$\vec{F}_1 = \Upsilon \frac{m_1 \cdot m_2}{r^2} \cdot \frac{\vec{r}}{r} = -\vec{F}_2 \quad (5\text{-}1)$$

Dabei ist Υ die allgemeine Gravitationskonstante, die den Wert $6{,}6742 \cdot 10^{-11}$ m³/ kg s² hat, wie man z.B. aus der Beobachtung von Planetenbewegungen ermitteln kann.

Bild 5-1

Eine Skizze der relevanten Größen für das Gravitationsgesetz im Zweikörperproblem.

Die Kräfte $\vec{F}_1$ und $\vec{F}_2$ sind gleich groß, aber entgegengesetzt. Es sind die Gravitationskräfte verursacht durch die Massen m_1 und m_2.

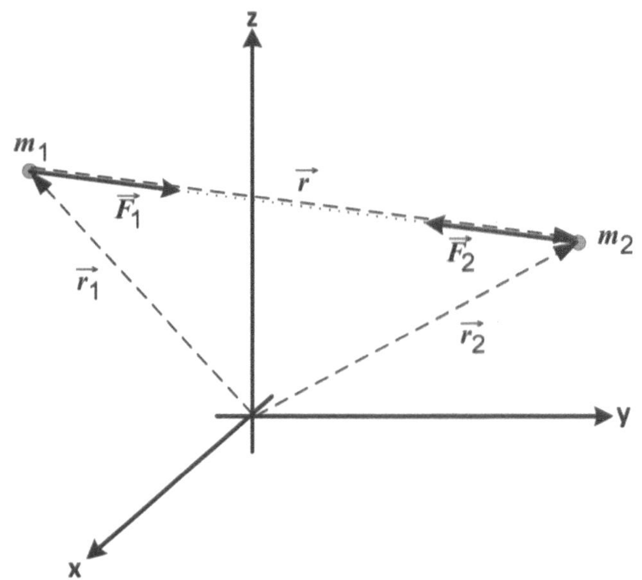

Das Gravitationsgesetz gilt natürlich für beliebig viele Massen und kann entsprechend erweitert werden, da jede Masse auf jede andere Masse eine Kraft ausübt:

$$\vec{F}_i = \Upsilon \cdot m_i \sum_{j=1}^{n} \frac{m_j}{\left(r_j - r_i\right)^2} \cdot \frac{\vec{r}_j - \vec{r}_i}{r_j - r_i}, \text{für } i \neq j \quad (5\text{-}2)$$

Dabei gilt, dass die Gravitationskräfte jeweils proportional zum Kehrwert des Abstands zum Quadrat sind. Diese Formulierung stellt dann ein Mehrkörperproblem dar, welches wir für die folgenden Kapitel hintenanstellen. Wir wollen uns zunächst auf Anziehungskräfte und die daraus folgenden Bewegungen von zwei Körpern konzentrieren.

5.2 Gravitationspotential

Als Potential bezeichnet man das Ausmaß in dem ein konservatives Kraftfeld durch Wirkung auf ein Masseteilchen oder eine Ladung Arbeit verrichten kann.

Das klingt komplizierter als es ist. Arbeit ist eine Form von Energie und ein konservatives Kraftfeld hat als Eigenschaft, dass die erzeugte Arbeit entlang eines geschlossenen Weges in diesem Feld gerade 0 ist, d.h. die Gesamtenergie bleibt unverändert. Ein gutes Beispiel ist dafür das Gravitationsfeld.

Stellen sie sich vor, sie stehen auf der Erde und möchten einen Eimer mit Wasser hochheben. Dazu müssen sie Arbeit leisten, die definiert ist als Kraft mal Weg:

$$W = \vec{F} \cdot \vec{s} \tag{5-3}$$

Hier ist $\vec{F}$ die notwendige Kraft für das Anheben des Eimers und $\vec{s}$ der Vektor vom Ausgangspunkt zum Endpunkt der Bewegung. Diese Formulierung gilt nur für gerade Wege, andernfalls ist ein Integral zu verwenden. Hier benötigen wir das nicht, daher belassen wir es bei dem einfachen Beispiel.

Nach dem Arbeitssatz muss schließlich die geleistete Arbeit der Energie entsprechen, die das System nach Leisten der Arbeit hat. Für unser Eimer-Beispiel würde dies bedeuten:

$$W = E = m \cdot g \cdot h \tag{5-4}$$

wobei E die potentielle Energie darstellt, m die Masse des Eimers, g die lokale Gravitationsbeschleunigung und h die Höhe (bezogen auf einen Nullpunkt), um den wir den Eimer anheben. Dabei ist die potentielle Energie die Differenz im Potential zwischen zwei Orten, hier 0 und h.

Wenn aber die Bewegung, die man ausführt, zu keiner Höhenänderung h führt, weil wir den Eimer z.B. einfach in einem Kreis bewegen (also einem geschlossenen Weg), welcher an der gleichen Stelle endet, wie er begonnen hat, dann ist die Energie des Eimers am Ende unverändert, denn h ist ja dann 0.

Das Gravitationsfeld ist also ein konservatives Kraftfeld und es wirkt lediglich auf die Masse. Per Definition eines konservativen Kraftfelds gilt dann für das Gravitationspotential der Masse m_i auf beliebige Massen m_j:

$$\vec{F}_j = -m_j \cdot \vec{\nabla} U \tag{5-5}$$

Hier ist $\vec{\nabla}$ der Nabla-Operator, welcher bereits in Abschnitt 2.3.2 behandelt wurde, und U ist das Potential der Masse m_i. Für das Potential gilt, dass die Kraft stets in Richtung „Tal" wirkt. Ein positiver Gradient erzeugt also eine negative Kraft und umgekehrt. Die Ableitung von U wird so dargestellt:

$$\vec{\nabla} U = \begin{pmatrix} \frac{d}{dr_j} U \\ \frac{d}{d\alpha_1} U \\ \vdots \\ \frac{d}{d\alpha_{n-1}} U \end{pmatrix} \tag{5-6}$$

jeweils in Kugelkoordinaten von insgesamt n Dimensionen, in der Orbitmechanik üblicherweise drei. Für die Formulierung des Potentials in kartesischen Koordinaten wird entsprechend nach x_n abgeleitet in der jeweiligen Komponente.

Mit Hilfe des Gravitationsgesetzes und Gl. (5-5) kann man erkennen, dass für das Potential eines Massepunkts m_i abhängig von der Entfernung r_j von ihm gelten muss:

$$U = -\Upsilon \frac{m_i}{r_j} \tag{5-7}$$

Für kartesische Koordinaten lautet es analog:

$$U = -\Upsilon \frac{m_i}{\sqrt{{x_1}^2 + {x_2}^2 + \cdots + {x_n}^2}} \tag{5-8}$$

Betrachten wir die Kugelkoordinaten genauer, dann fällt auf, dass das Potential in diesem Fall für einen Massepunkt nur in der ersten Zeile, d.h. der radialen Komponente besetzt ist:

$$\vec{\nabla} U = \begin{pmatrix} \frac{d}{dr_j} U \\ \frac{d}{d\beta} U \\ \frac{d}{d\delta} U \end{pmatrix} = \begin{pmatrix} \frac{d}{dr_j} \Upsilon \frac{m_i}{r_j} \\ \frac{d}{d\beta} \Upsilon \frac{m_i}{r_j} \\ \frac{d}{d\delta} \Upsilon \frac{m_i}{r_j} \end{pmatrix} = \begin{pmatrix} \Upsilon \frac{m_i}{{r_j}^2} \\ 0 \\ 0 \end{pmatrix} \tag{5-9}$$

denn r is unabhängig von den beiden Richtungen β und δ.

Schaut man sich Gl. (5-5) genau an, fällt auf, dass dies eine einfache Kräftebilanz ist und demnach gilt:

$$\vec{\nabla} U = -\vec{g}(r_j) \tag{5-10}$$

wobei $\vec{g}$ die Gravitationsbeschleunigung ist, welche abhängig ist vom Abstand r_j zum Massepunkt.

5.3 Gravitationspotential einer Kugel

Bisher haben wir uns nur mit Massepunkten beschäftigt. In großer Entfernung, d.h. in Entfernungen, die weit größer sind als die Ausmaße des jeweiligen Körpers, ist das eine sinnvolle Abschätzung. Allerdings betragen die Orbithöhen von typischen Satelliten oft nur einige hundert Kilometer (siehe Kapitel 8), so dass diese Annahme für die Betrachtung der Erde als maßgebliche Quelle der Gravitation nicht zutrifft.

Wie also sieht das Gravitationspotential einer Kugel aus, die eine tatsäch-liche Ausdehnung hat und nicht näherungsweise ein Punkt ist?

Nehmen wir an, wir haben eine Kugelschale, wie in Bild 5-2, die die Dichte ρ hat, die Dicke d (welche gegen 0 geht) und den Radius R. Also so etwas wie eine Seifenblase. Im Abstand r vom Zentrum befindet sich außerdem die Masse m_2; ihr Abstand zum Massenteilchen dm der Schale beträgt s. Also gilt für das Potential dieses Masseteilchens dm:

$$dU = -\Upsilon \frac{dm}{s} \tag{5-11}$$

Fügt man nun alle Punkte in der Entfernung s zusammen, erhält man einen Streifen der Breite $R\,d\varphi$ und mit dem Radius $R\sin(\varphi)$.

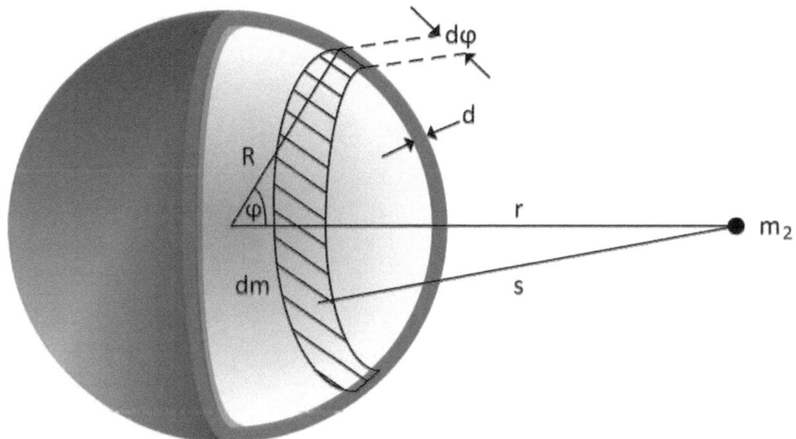

Bild 5-2

Darstellung einer Kugelschale des Radius R mit Markierung eines Massenstreifens dm. Dieser hat die Dichte ρ und die gegen 0 gehende Dicke d. Im Abstand r befindet sich ein Massepunkt m_2.

Also lässt sich die Masse des Streifens zusammenrechnen zu:

$$m_{\text{Streifen}} = 2\pi R^2 \cdot \sin(\varphi) \cdot d\varphi \cdot d \cdot \rho \tag{5-12}$$

Damit ergibt sich für diesen Streifen als Potential:

$$dU_{\text{Streifen}} = -\Upsilon \frac{2\pi R^2 \cdot \sin(\varphi) \cdot d\varphi \cdot d \cdot \rho}{s} \tag{5-13}$$

Wenn wir nun das Potential der gesamten Schale bestimmen möchten, dann müssen wir dazu über die gesamte Oberfläche integrieren, d.h. φ im Bereich von 0 bis π (also 180°):

$$U_{\text{Schale}} = -2\pi R^2 \Upsilon \rho d \int_0^{\pi} \frac{\sin(\varphi)}{s} d\varphi \tag{5-14}$$

Diese Formel lässt sich noch weiter vereinfachen, wenn man den Kosinussatz bemüht, um s zu ersetzen. Mit Bild 5-2 lässt sich für die Entfernung s schreiben:

$$s^2 = R^2 + r^2 - rR\cos(\varphi) \tag{5-15}$$

Nun kann man geschickt vorgehen und diese Gleichung nach φ ableiten. Dabei fallen die ersten beiden Terme in der Gleichung weg. Auf der linken Seite bleibt dafür $\frac{d\varphi}{ds}$ stehen. Insgesamt erhalten wir nach Trennung der Variablen:

$$s\,ds = r\,R\sin(\varphi)\,d\varphi \tag{5-16}$$

Diese Gleichung lässt sich nun umstellen zu:

$$\frac{1}{r\,R}ds = \frac{\sin(\varphi)}{s}d\varphi \tag{5-17}$$

Mit Blick auf Gl. (5-14) lässt diese sich mithilfe von Gl. (5-17) umschreiben:

$$\begin{aligned} U_{\text{Schale}} &= -2\pi R^2 \Upsilon \rho d \int_0^{\pi} \frac{\sin(\varphi)}{s} d\varphi \\ &= -\frac{2\pi R \Upsilon \rho d}{r} \int_{r-R}^{r+R} ds \\ &= -\frac{4\pi R^2 \Upsilon \rho d}{r} \end{aligned} \tag{5-18}$$

Dabei entspricht der Ausdruck $4\pi R^2 \rho d$ gerade der Masse der Kugelschale, d.h. es lässt sich schreiben:

$$U_{\text{Schale}} = -\frac{\Upsilon\, m_{\text{Schale}}}{r} \tag{5-19}$$

Begonnen haben wir die Rechnung, um das Potential der Kugel zu bestimmen. Eine Kugel lässt sich nun durch Übereinanderlegen unendlich vieler, infinitesimal dünner Schalen modellieren – wie eine Zwiebel setzen wir diese zusammen (die Seifenblase würde dabei zerplatzen, daher taugt das Beispiel hier nicht mehr). Dabei gehen wir immer noch davon aus, dass die Dichte homogen ist, d.h. wir benutzen eine mittlere Dichte. In diesem Fall summieren wir die Potentiale der Schalen zu dem der Kugel:

$$U_{\text{Kugel}} = -\frac{\Upsilon \sum_{i=1}^{\infty} m_{\text{Schale}}}{r} = -\frac{\Upsilon\, m_{\text{Kugel}}}{r} \tag{5-20}$$

Es fällt sofort auf, dass das Potential einer Kugel zu einer Masse in der Entfernung r gleich dem eines Massepunktes ist. Also gelten die Gleichungen eines Massepunktes auch für eine Kugel.

Der Frage, wie es sich nun mit der realen Erde verhält, gehen wir im nächsten Abschnitt nach.

5.4 Einordnung zur Realität am Beispiel Erde

Die Form der Erde ist nur in erster Näherung eine Kugel. Erst einmal ist jedem bekannt, dass die Erde am Äquator, bedingt durch ihre Eigenrotation, einen größeren Durchmesser (12.756 km) hat als an den Polen (12.714 km). Daneben gibt es aber noch weitere Abweichungen, z.B. durch Gebirge und Inhomogenitäten in der Dichte, so dass die genaue Form der Erde eigentlich nur gemessen werden kann. Eine exakte Beschreibung des Gravitationspotentials erfordert auch die Berücksichtigung dynamischer Effekte, wie z.B. Ebbe und Flut.

Verschiedene Missionen, u.a. *Gravity Recovery and Climate Experiment* (GRACE), haben das Gravitationspotential der Erde vermessen. Das Ergebnis, wie es von der NASA veröffentlicht wurde, kann man in Bild 5-3 sehen, allerdings mit Hinblick auf die dargestellte Skala überzeichnet.

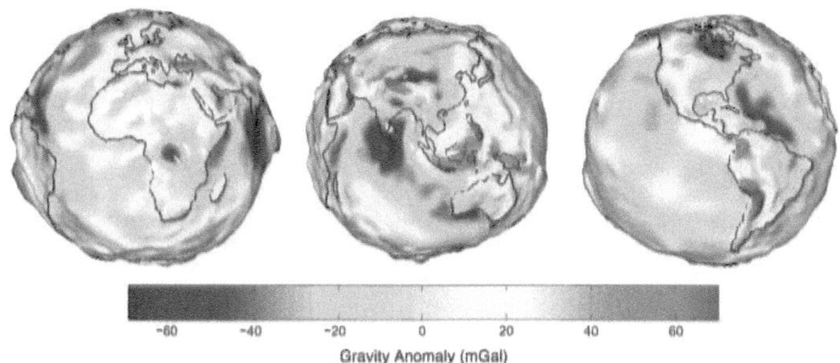

Bild 5-3

Durch GRACE gemessene Gradienten des Gravitationspotentials der Erde in Milligal (0,01 mm/s²). [Quelle: NASA, gemeinfrei]

Es gibt auch mathematische Modelle, die die Abweichungen von der Kugelform berücksichtigen, so dass das Gravitationspotential nach Gl. (5-20) modifiziert wird. So lässt sich für das Potential schreiben:

$$U_{\text{Erde}}(r,\varphi) = \frac{\Upsilon\, m_{\text{Erde}}}{r}\left(1 - \sum_{n=0}^{\infty}\left(\frac{R_{\text{Erde}}}{r}\right)^{n} \cdot J_n \cdot P_n(\cos\varphi)\right) \tag{5-21}$$

wobei r der Abstand zur Erde ist, φ der Breitengrad, J_n die Entwicklungskoeffizienten darstellt und P_n sogenannte Legendre-Polynome. Für diese wiederum gilt:

$$P_n(x) = \frac{1}{2^n}\sum_{k=0}^{n}\binom{n}{k}^2 (x-1)^{n-k}(x+1)^k \tag{5-22}$$

In unserem Beispiel ist $x = \cos\varphi$. Weiter ist $\binom{n}{k}$ ein sogenannter Binomialkoeffizient. Dessen Vorschrift lautet:

$$\binom{n}{k} = \frac{n!}{k!\cdot(n-k)!} \tag{5-23}$$

Die Entwicklungskoeffizienten können gemessen werden. J_0 ist für die Näherung der Kugel gerade 1. Betrachten wir also eine einfache Kugel ohne weitere Näherungen, so erhalten wir wieder genau Gl. (5-20). J_1 ist im Falle der Erde 0, da beide Halbkugeln gleich schwer sind. J_2 wird von der Erdabplattung hervorgerufen und hat den Wert $1082{,}63\cdot10^{-6}$. Dieser Term hat den größten Einfluss auf das Gravitationspotential der Erde, wenn man die Abweichungen berücksichtigt. Schon J_3 hat nur den Wert $2{,}51\cdot10^{-6}$ und modelliert eine leichte Birnenform, d.h. die Südhalbkugel ist ein wenig dicker als die Nordhalbkugel.

Diese Abweichungen von der Kugelform bewirken natürlich auch Abweichungen der Bewegung eines Satelliten um die Erde, wenn man sie mit der Bewegung eines Satelliten um eine perfekte Kugel vergleicht. Welche Auswirkungen das sind, sehen wir uns in Kapitel 10 an. Zunächst einmal gehen wir für unsere Gleichungen von einer perfekten Kugel aus und vernachlässigen diese Koeffizienten. Für genaue Orbitpropagationen rechnet man die Entwicklungskoeffizienten allerdings bis zur Ordnung 120 ein.

6 Gleichungen des Zweikörperproblems

Bisher haben wir uns mit den Grundlagen beschäftigt, die wir benötigen, um unsere Bewegungsgleichungen aufzustellen und um zu verstehen, was die Ursache für die entsprechenden Bewegungen sind. Das Zweikörperproblem ist ein Sonderfall, der natürlich nur sehr begrenzt der Realität entspricht, gerade für erste Auslegungen allerdings sehr hilfreich ist. Generell ist das Zweikörperproblem so formuliert:

Wenn zu einem beliebigem Zeitpunkt die Massen, Positionen und Geschwindigkeiten von zwei Körpern unter Einfluss ihrer Gravitationskräfte bekannt sind, wie lauten die Positionen und Geschwindigkeiten zu einem anderen, beliebigen Zeitpunkt?

Als Voraussetzungen nimmt man an, dass:

- das Koordinatensystem inertial ist (also unbeschleunigt),
- nur Gravitationskräfte wirken (z.B. aerodynamischer Widerstand oder Strahlungsdruckauswirkungen werden vernachlässigt), und
- die beteiligten Körper kugelsymmetrisch sind.

Diesem Szenario entspricht Bild 5-1: Zwei Massen bewegen sich um einen gemeinsamen Schwerpunkt, basierend auf den Gravitationskräften, die sie aufeinander ausüben.

6.1 Die Kepler-Gesetze

Wir haben in den vorangegangenen Kapiteln schon gespoilert: Johannes Kepler beschrieb als erster in drei Gesetzen die Bewegung der Planeten. Sie lauten:

1. *Die Planeten bewegen sich auf Ellipsen in deren einem Brennpunkt die Sonne steht.*
2. *Der von der Sonne zum Planeten gezogene Strahl überstreicht in gleichen Zeiten gleiche Flächen.*
3. *Die Quadrate der Umlaufzeiten (T) zweier Planeten verhalten sich wie die dritten Potenzen der großen Halbachse (a) ihrer Bahnen um die Sonne, d.h.:*

$$\frac{{T_1}^2}{{T_2}^2} - \frac{{a_1}^3}{{a_2}^3}$$

Die Keplergesetze erlauben mit Ausnahme des dritten Gesetzes noch keine Berechnungen, wie man sie bräuchte, um das Zweikörperproblem zu lösen. Aber sie erlauben eine Vorstellung von einer Planetenbahn, wie sie in Bild 6-1 skizziert ist, inklusive der Sonne im Brennpunkt und von zwei überstrichenen Flächen zu gleichen Zeitpunkten. Eine Darstellung des Zweiten Keplerschen Gesetzes in bewegten Bildern, erhalten Sie in Video 6-1.

Bild 6-1

Elliptische Bahn eines Planeten um die Sonne mit zwei überstrichenen Flächen von zwei gleich großen Zeitintervallen. Die Flächen A_1 und A_2 sind gleich groß.

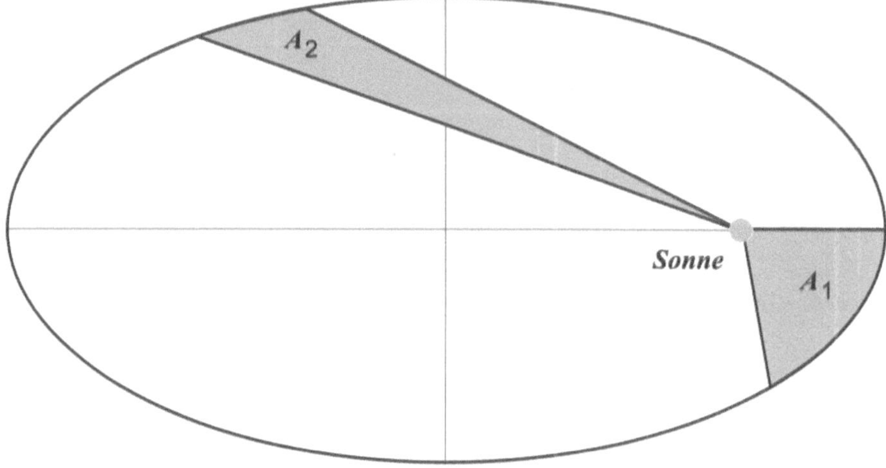

Video 6-1

Das Zweite Keplersche Gesetz veranschaulicht mit zwei gleich großen Flächen.

https://bit.ly/3jRWt5E

Wir werden im Verlauf dieses Kapitels noch sehen, wie sich diese Gesetze auf Basis der tatsächlichen Gleichungen ebenfalls herleiten lassen. Kepler selbst hat sie lediglich mithilfe von Beobachtungsdaten empirisch abgeleitet. Beson-ders stolz war er auf das dritte Gesetz, welches es ihm erlaubte, erste einfache Rechnungen zu machen. Einen Grund für die von ihm gefundene, elliptische Bahnform kannte Kepler noch nicht; dieser wurde erst durch die Formulierung des Gravitationsgesetzes durch Newton gefunden. Allerdings vermutete Kepler zumindest eine *anima motrix*, welche er dem Magnetismus ähnlich als proportional zum Kehrwert des Abstandquadrats ansetzte und damit zumindest eine ungefähre Vorstellung der Gravitation hatte. Die Proportionalität zu den beteiligten Massen, blieb ihm allerdings verborgen.

6.2 Die Bewegungsgleichung des Zweikörperproblems

Wir erinnern uns noch einmal an Bild 5-1 und die dazugehörige Gleichung, Gl. (5-1):

$$\vec{F}_1 = \Upsilon \frac{m_1 \cdot m_2}{r^2} \cdot \frac{\vec{r}}{r} = -\vec{F}_2$$

Aus diesem Gesetz lässt sich leicht die Bewegungsgleichung der jeweils einzelnen Massen aufstellen, wenn Newtons zweites Axiom verwenden (beachten sie auch Gl. (2-2) und (2-3)):

$$\ddot{\vec{r}}_1 = \frac{\vec{F}_1}{m_1} = \Upsilon \frac{m_2}{r^2} \cdot \frac{\vec{r}}{r} \tag{6-1}$$

und

$$\ddot{\vec{r}}_2 = -\Upsilon \frac{m_1}{r^2} \cdot \frac{\vec{r}}{r}$$

Wie man sieht, sind diese Gleichungen allerdings nicht unabhängig voneinander, da über $\vec{r}$ eine Verbindung von beiden besteht, denn es gilt:

$$\vec{r} = \vec{r}_2 - \vec{r}_1 \tag{6-2}$$

und ebenso:

$$\ddot{\vec{r}} = \ddot{\vec{r}}_2 - \ddot{\vec{r}}_1 \tag{6-3}$$

Kombiniert man nun die Gleichungen (6-1) und (6-3), lässt sich schreiben:

$$\ddot{\vec{r}} = -\Upsilon \frac{m_1 + m_2}{r^2} \cdot \frac{\vec{r}}{r} \tag{6-4}$$

Häufig vereinfacht man diese Gleichung noch zu:

$$\begin{gathered} \ddot{\vec{r}} = -\frac{\mu}{r^2} \cdot \frac{\vec{r}}{r} \\ \Leftrightarrow \ddot{\vec{r}} + \frac{\mu}{r^3} \vec{r} = 0 \end{gathered} \tag{6-5}$$

wobei μ Gravitationsparameter genannt wird und für diesen gilt, dass $\mu = \Upsilon \cdot m$ ist. Nimmt man an, dass die eine Masse sehr viel größer ist als die andere, z.B. die Sonne im Vergleich zu einem ihrer Planeten, dann erhält man Gl. (6-5), da die Masse 2 wegfällt.

Gl. (6-4) (bzw. (6-5)) ist ein System von Differentialgleichungen (mit einer Anzahl je nach Dimension von $\ddot{\vec{r}}$, üblicherweise drei) zweiter Ordnung, da die zweite Ableitung verwendet wird. Außerdem sind die Differentialgleichungen gewöhnlich, da nur Ableitungen nach einer Variablen, hier der Zeit t auftauchen. Die Gleichungen sind nichtlinear (r^2) und explizit, denn man kann nach der höchsten Ableitung, die vorkommt, auflösen.

Eine analytische, geschlossene Lösung für diese Differentialgleichungen gibt es nicht, man findet also keine Funktion, mit der sich ein $\vec{r}(t)$ eindeutig beschreiben lässt. Da dieses Buch hier allerdings nicht zu Ende ist und Satelliten und Raumfahrtmissionen Realität sind, kann man sich vielleicht denken, dass dies trotzdem nicht der Weisheit letzter Schluss ist. Abschließend kommen wir zu diesem Thema in Abschnitt 6.8. Vorher schauen wir uns allerdings die Bahnform und die Eigenschaften der Bahnen noch genauer an.

6.3 Energieerhaltung im Zweikörperproblem

In einem konservativen System bleibt die Gesamtenergie konstant. Allerdings kann die Energie in verschiedene Energieformen umgewandelt werden. Im Fall der Orbitmechanik betrachtet man üblicherweise Umwandlungen zwischen kinetischer und potentieller Energie.

Mit Blick auf Gl. (6-5) und wenn man sich ins Gedächtnis ruft, dass die Beschleunigung nur die zeitliche Ableitung der Geschwindigkeit ist, kann man schreiben, dass:

$$\ddot{\vec{r}} = \dot{\vec{v}} = -\frac{\mu}{r^2} \cdot \frac{\vec{r}}{r}$$

Wenn man im Hinterkopf hat, dass man einen Term anstrebt in dem ein Geschwindigkeitsquadrat vorkommt, um die kinetische Energie zu beschreiben, dann kann man darauf kommen, diese Gleichung mit dem Geschwindigkeitsvektor zu multiplizieren und erhält:

$$\vec{v}\dot{\vec{v}} + \vec{v}\frac{\mu}{r^2} \cdot \frac{\vec{r}}{r} = 0 \tag{6-6}$$

Per Definition gilt für das Skalarprodukt $\vec{v} \cdot \vec{r} = v \cdot r \cos(\theta)$, wenn θ der Winkel zwischen den beiden Vektoren ist. Für Polarkoordinaten gilt für die Geschwindigkeit, dass die radiale Geschwindigkeit, d.h. $\dot{r}$, gerade gleich $v \cdot \cos(\theta)$ beträgt und die tangentiale Geschwindigkeit ist $v \cdot \sin(\theta)$, siehe auch Bild 6-2. Entsprechendes gilt für das erste Skalarprodukt in der Gleichung.

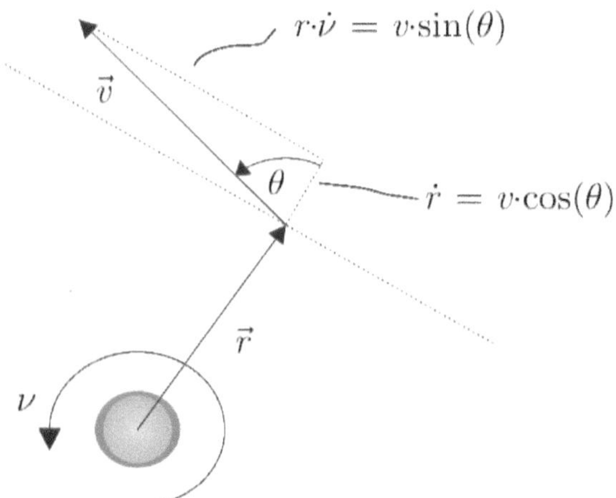

Bild 6-2
Radiale und tangentiale Geschwindigkeitskomponenten in Polarkoordinaten.

In Gl. (6-6) lassen sich die Skalarprodukte also ersetzen:

$$\begin{aligned} & v \cdot \dot{v} + r \cdot \dot{r}\frac{\mu}{r^3} = 0 \\ \Leftrightarrow\ & v \cdot \dot{v} + \dot{r}\frac{\mu}{r^2} = 0 \end{aligned} \tag{6-7}$$

Wenn wir uns jetzt an die Produkt- bzw. Kettenregel bei Ableitungen erinnern, dann bemerken wir, dass:

$$\frac{d}{dt}\left(\frac{v^2}{2}\right) = v \cdot \dot{v}$$

und

$$\frac{d}{dt}\left(-\frac{\mu}{r}\right) = \frac{\mu}{r^2}\dot{r}.$$

Die beiden Anteile von Gl. (6-7) entsprechen also den zeitlichen Änderungen der Energien, die wir beschreiben wollen. Also schreiben wir Gl. (6-7) nun als:

$$\frac{d}{dt}\left(\frac{v^2}{2}\right) + \frac{d}{dt}\left(-\frac{\mu}{r}\right) = 0 \tag{6-8}$$

$$\Leftrightarrow \int \left(\frac{d}{dt}\left(\frac{v^2}{2}\right) + \frac{d}{dt}\left(-\frac{\mu}{r}\right)\right) dt = \int dt$$

Letztlich erhalten wir dann:

$$\varepsilon = \frac{v^2}{2} - \frac{\mu}{r} + C \tag{6-9}$$

Dabei ist ε die gesamte, massenspezifische Energie (denn wir haben in Gl. (6-1) die Masse herausgekürzt) und C die Integrationskonstante. Der erste Term auf der rechten Seite ist klar erkennbar der kinetische Anteil und der zweite Term der potentielle Anteil der Energie. Dazu kann man auch Gl. (5-20) heranziehen.

Die potentielle Energie samt Integrationskonstante wird so gewählt, dass sie im Unendlichen gerade 0 ist. Der Grund dafür ist simpel: Dieser Punkt ist eindeutig zu bestimmen in dem man r gegen unendlich laufen lässt. Alle anderen möglichen Bezugspunkte sind nicht eindeutig festzulegen, denn z.B. ist weder die Oberfläche der Erde eindeutig – schließlich gibt es Berge, Täler, Wellen, etc. – noch z.B. die Oberfläche der Sonne, die nur ein Gasball ist und erst recht keine fest definierbare Grenze hat. Das Unendliche ist eindeutig und wird daher gewählt. Lässt man r nun gegen unendlich laufen, so muss $C = 0$ sein, damit der gesamte zweite Teil 0 ist.

Also schreiben wir für den Energiesatz des Zweikörperproblems:

$$\varepsilon = \frac{v^2}{2} - \frac{\mu}{r} \tag{6-10}$$

Wir werden später (Abschnitt 6.6) noch sehen, dass wir die Energie ε noch anders bestimmen und somit eine eindeutige Beziehung zu der Bahnform herstellen können. Für den Moment behalten wir einfach im Kopf, dass die Gesamtenergie konstant ist und auch nicht zwischen den Massen ausgetauscht wird, denn die Ableitung nach der Zeit ist 0.

6.4 Impulserhaltung im Zweikörperproblem

Genau wie die Energieerhaltung in einem konservativen System gilt, so gilt auch die Erhaltung des Impulses, bzw. Drehimpulses. Dieser lautet per Definition in der massenspezifischen Form:

$$\vec{h} = \vec{r} \times \vec{v} \tag{6-11}$$

Schauen wir uns wieder Gl. (6-5) noch einmal an, fällt auf, dass die Ableitung der Geschwindigkeit bereits in der Gleichung vorhanden ist. Also multiplizieren wir diese Gleichung erst einmal von links mit $\vec{r}$ als Vektorprodukt und erhalten:

$$\vec{r} \times \ddot{\vec{r}} + \vec{r} \times \vec{r}\frac{\mu}{r^3} = 0 \tag{6-12}$$

Aus der Definition des Vektorprodukts folgt sofort, dass ein Vektor mit sich selbst multipliziert 0 ist, d.h. es bleibt übrig:

$$\vec{r} \times \ddot{\vec{r}} = 0 \tag{6-13}$$

Hat man wieder einen Blick für die zeitlichen Ableitungen, dann kann man schreiben:

$$\frac{d(\vec{r} \times \dot{\vec{r}})}{dt} = \dot{\vec{r}} \times \dot{\vec{r}} + \vec{r} \times \ddot{\vec{r}} = 0 \tag{6-14}$$

Hier fällt auf der rechten Seite der erste Term wieder weg, aus dem gleichen Grund wie eben, d.h. wir können sehen, dass Gl. (6-13) gerade die gesuchte Ableitung ist:

$$\vec{r} \times \ddot{\vec{r}} = \frac{d(\vec{r} \times \dot{\vec{r}})}{dt} \tag{6-15}$$

Integrieren wir Gl. (6-15) so erhalten wir:

$$\vec{r} \times \vec{v} + C = \vec{h} \tag{6-16}$$

Jetzt legen wir noch fest, dass $\vec{h}$ für den Fall eines Radius von 0 oder einer Geschwindigkeit von 0 ebenfalls 0 ist und daraus ergibt sich dann, dass C auch 0 sein muss:

$$\vec{h} = \vec{r} \times \vec{v} \tag{6-17}$$

Die Gleichung mag auf den ersten Blick trivial sein, allerdings ist hier sofort zu erkennen, dass der spezifische Bahndrehimpuls im Zweikörperproblem zeitlich konstant ist und außerdem auch nicht zwischen den Massen ausgetauscht wird.

Einen vergleichbaren Zusammenhang kennen wir bereits aus dem zweiten Keplerschen Gesetz und der Drehimpulssatz ist auch die mathematische Formulierung des aus der Beobachtung entstandenen Gesetzes.

Im Gegensatz zur Energie handelt es sich außerdem um eine vektorielle Größe. Wie in Abschnitt 2.1.4 erklärt, spannen die beiden Vektoren $\vec{r}$ und $\vec{v}$ eine

Ebene auf, diese nennen wir *Orbitebene*. Senkrecht auf dieser Ebene steht dann immer der Drehimpulsvektor $\vec{h}$.

Wir werden, wenn wir uns die Umlaufperiode eines Orbits ansehen (s. Abschnitt 6.6.3), noch erkennen, dass für die Fläche, die ein Fahrstrahl überstreicht und den Drehimpuls gilt, dass:

$$\frac{dA}{dt} = \frac{1}{2} \cdot h$$

Wenn wir uns jetzt erinnern, dass der Drehimpuls konstant ist, ergibt sich aus diesem Zusammenhang, dass die Änderung der Fläche in einem bestimmten Zeitraum, ebenfalls konstant ist. Kommt ihnen das bekannt vor? Das ist eine mathematische Formulierung für Keplers zweites Gesetz.

6.5 Bahngeometrie im Zweikörperproblem

Eine erste Information über die Bahngeometrie erhalten wir bereits durch das erste Keplersche Gesetz. Allerdings beschreibt dieses nur die Bahnen von Planeten. Wie sieht es mit anderen Körpern aus? Und eine Ellipse würde einen Transfer von einem Planeten zum anderen ausschließen, wenn der Planet der Zentralkörper ist (z.B., wenn ich zuerst einen Parkorbit um diesen Planeten einnehme).

Eine Ellipse ist ein sogenannter Kegelschnitt und in diesem Kapitel werden wir herleiten, dass ein Körper unter dem Einfluss der Gravitation im Zweikörperproblem sich auf einem Kegelschnitt bewegt. Damit hätten wir dann Informationen über die Bahnform, wodurch sich schon einmal Aussagen über bestimmte Eigenschaften einer Mission treffen lassen.

Die allgemeine Kegelschnittgleichung lässt sich schreiben als:

$$r = \frac{p}{1 + e\cos(\nu)} \tag{6-18}$$

Dabei sind r der Bahnradius, p der sogenannte Halbparameter, e die Exzentrizität und ν die wahre Anomalie. Letztere ist der Winkel zwischen der jeweiligen Position r und dem Radius r_p im Perizentrum, d.h. dem Punkt der kürzesten Entfernung zum Brennpunkt der Bahn. Der Halbparameter entspricht gerade dem Radius für eine wahre Anomalie von 90°. Aber wie kommt man von Gl. (6-5) zu einer Form wie in Gl. (6-18)?

Zunächst multiplizieren wir von rechts mit dem Drehimpulsvektor:

$$\ddot{\vec{r}} \times \vec{h} + \frac{\mu}{r^3}\vec{r} \times \vec{h} = 0 \tag{6-19}$$

Wie schon zuvor nehmen wir die Ableitungen zur Hilfe, denn es gilt:

$$\frac{d(\dot{\vec{r}} \times \vec{h})}{dt} = \ddot{\vec{r}} \times \vec{h} + \dot{\vec{r}} \times \dot{\vec{h}} \tag{6-20}$$

Da die Ableitung des Drehimpulses 0 ist, denn dieser ist ja, wie wir gesehen haben, konstant, können wir also Gl. (6-19) umschreiben:

$$\frac{d(\dot{\vec{r}} \times \vec{h})}{dt} + \frac{\mu}{r^3}\vec{r} \times \vec{h} = 0 \tag{6-21}$$

Für den zweiten Teil der Gleichung gehen wir ähnlich vor und sehen uns zunächst die Definition von $\vec{h}$ an, so dass wir schreiben können:

$$\frac{\mu}{r^3}\vec{r} \times \vec{h} = \frac{\mu}{r^3}\vec{r} \times (\vec{r} \times \vec{v}) \tag{6-22}$$

Diese Verschachtelung von zwei Kreuzprodukten, lässt sich mit der Graßmann-Identität, welche lautet

$$\vec{a} \times (\vec{b} \times \vec{c}) = \vec{b}(\vec{a}\,\vec{c}) - \vec{c}\,(\vec{a}\,\vec{b})$$

und da außerdem gilt (siehe Abschnitt 6.3):

$$\vec{r} \cdot \dot{\vec{r}} = r \cdot \dot{r}$$

umschreiben zu:

$$\begin{aligned} \frac{\mu}{r^3}\vec{r} \times \vec{h} &= \frac{\mu}{r^3}\vec{r} \times (\vec{r} \times \vec{v}) \\ &= \frac{\mu}{r^3}\big(\vec{r}(\vec{r} \cdot \vec{v}) - \vec{v}(\vec{r} \cdot \vec{r})\big) \\ &= \frac{\mu}{r^3}(\vec{r}(\vec{r} \cdot \vec{v}) - \vec{v}r^2) \\ &= \mu\left(\frac{\dot{r}}{r^3}\vec{r} - \frac{1}{r}\vec{v}\right) \end{aligned} \tag{6-23}$$

Jetzt wenden wir wieder unseren geschulten Blick an und entdecken, dass der Klammerterm gerade die negative Ableitung des Positionsvektors geteilt durch seinen Betrag ist (siehe auch die Quotientenregel in Abschnitt 2.3.1):

$$\mu\left(\frac{\dot{r}}{r^3}\vec{r} - \frac{1}{r}\vec{v}\right) = \frac{\mu}{r^3}\vec{r} \times \vec{h} = -\mu\frac{d}{dt}\left(\frac{\vec{r}}{r}\right) \tag{6-24}$$

Also können wir nun den mittleren Term in Gl. (6-22) durch diese Ableitung ersetzen und erhalten:

$$\frac{d(\dot{\vec{r}} \times \vec{h})}{dt} - \mu \frac{d}{dt}\left(\frac{\vec{r}}{r}\right) = 0 \tag{6-25}$$

Diese Gleichung integrieren wir nun nach der Zeit und bekommen schließlich (mit $\vec{B}$ als vektorielle Integrationskonstante):

$$\dot{\vec{r}} \times \vec{h} - \mu \frac{\vec{r}}{r} = \vec{B} \tag{6-26}$$

Jetzt multiplizieren wir skalar mit dem Positionsvektor und bringen den Term mit dem Gravitationsparameter auf die andere Seite:

$$\vec{r}(\dot{\vec{r}} \times \vec{h}) = \vec{r} \cdot \vec{B} + \vec{r}\left(\mu \frac{\vec{r}}{r}\right) \tag{6-27}$$

Auf der linken Seite steht nun ein Ausdruck, den wir schon in Abschnitt 2.1.5 kennengelernt haben, ein Spatprodukt. Laut Rechenregel können wir dafür auch schreiben:

$$\vec{r}(\dot{\vec{r}} \times \vec{h}) = (\vec{r} \times \dot{\vec{r}}) \cdot \vec{h} \tag{6-28}$$

Man erkennt sofort, dass $\vec{r} \times \dot{\vec{r}}$ ebenfalls $\vec{h}$ ist und so ist dieses Spatprodukt gerade das Quadrat des Drehimpulses. Dies setzen wir nun in Gleichung (6-27) ein und lösen die jeweiligen Skalarprodukte noch auf, wobei ν der Winkel zwischen $\vec{B}$ und $\vec{r}$ sei:

$$h^2 = r \cdot B \cos\nu + \mu r \tag{6-29}$$

Diesen Term können wir nun endlich nach r auflösen und erhalten:

$$r = \frac{\frac{h^2}{\mu}}{1 + \frac{B}{\mu}\cos\nu} \tag{6-30}$$

Die Struktur ist identisch zu Gl. (6-18) und man erkennt, dass für p und e gilt:

$$p = \frac{h^2}{\mu}$$

$$e = \frac{B}{\mu}$$

Der Vektor zur Exzentrizität wird auch Laplacevektor genannt und lässt sich mithilfe von $\vec{B}$ schreiben als:

$$|\vec{e}| = \left|\frac{\vec{B}}{\mu}\right| = \left|\frac{\vec{v} \times \vec{h}}{\mu} - \frac{\vec{r}}{r}\right| \tag{6-31}$$

Der Vektor $\vec{B}$ zeigt in Richtung des sogenannten Perizentrums, ein Begriff, den wir später noch genauer betrachten werden. Für die Betrachtung hier genügt es zu wissen, dass dies der mininmale Abstand ist, welcher sich mit Gl. (6-30) für den Winkel $\nu = 0$ ergibt. Der Exzentrizität kommt eine wichtige Rolle zu, da sie festlegt, um welche Art von Kegelschnitt es sich handelt. Unterschieden werden vier Fälle:

1. $e = 0 \Leftrightarrow$ Kreis
2. $0 < e < 1 \Leftrightarrow$ Ellipse
3. $e = 1 \Leftrightarrow$Parabel
4. $e > 1 \Leftrightarrow$Hyperbel

Bild 6-3

Verschiedene Kegelschnitte: 1. Kreis, 2. Ellipse, 3. Parabel, 4. Hyperbel

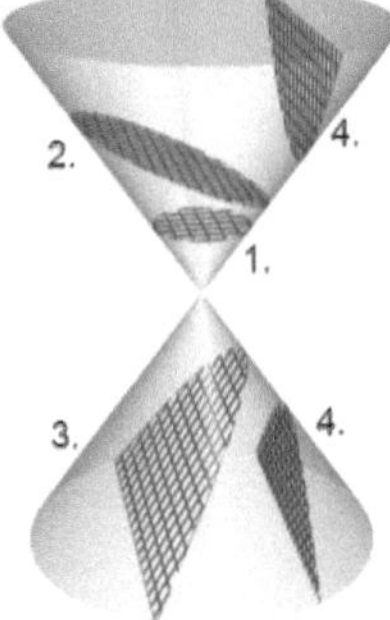

Diese sind in Bild 6-3 skizziert. Der Kreis ist ein Spezialfall der Ellipse und die Parabel stellt gerade den Übergang zwischen Ellipse und Hyperbel dar. Sie ist im Grunde eine halbe Ellipse, deren Mittelachse gerade im Unendlichen liegt. Parabel und Hyperbel sind offene Bahnarten, d.h. ein Körper kehrt auf diesen Bahnen nicht zu dem entsprechenden Zentralkörper zurück. Bahnen, die z.B. von der Erde weg oder aus dem Sonnensystem führen, haben diese Form.

Wie in Bild 6-3 zu sehen, ist der Kreis ein Schnitt parallel zur Grundfläche des Kegels. Die Ellipse ist schräg dazu, schneidet aber nicht die Grundfläche. Eine Parabel schneidet die Grundfläche, liegt aber parallel zur Mantelfläche und die Hyperbel schneidet die Grundfläche in einem beliebigen Winkel, der nicht gleich der Neigung der Seiten ist.

In den folgenden Abschnitten wollen wir uns die verschiedenen Kegelschnitte genauer ansehen.

6.5.1 Ellipse und Kreis

Die Ellipse ist die Bahn, die wir aus dem ersten Keplerschen Gesetz kennen. Sie ist die geschlossene Bahn, ein Orbit um einen Zentralkörper, wobei dieser Begriff missverständlich ist, denn dieser Zentralkörper liegt im Brennpunkt dieser Ellipse (wir werden uns am Ende des Kapitels noch mit den Grenzen dieser Betrachtungsweise auseinandersetzen).

Immer wenn ein Raumfahrzeug um einen Planeten im Orbit ist, sei es ein Satellit im Erdorbit, oder eine interplanetare Sonde, die z.B. Jupiter umkreist, dann handelt es sich bei der Bahn um eine Ellipse.

Der allgemeine Fall einer Elllipsenbahn ist für in Bild 6-4 gezeigt. Der Abstand vom Mittelpunkt zum am weitesten entfernten Punkt wird große Halbachse genannt, hier mit a abgekürzt. Zur schmalen Seite der Ellipse verwendet man den Begriff kleine Halbachse, hier b. Es gibt zwei Brennpunkte, F und F', wobei ersterer der besetzte Brennpunkt ist, d.h. hier befindet sich der Zentralkörper. Der andere hat keinen physikalischen, sondern lediglich geometrischen

Hintergrund und ist der unbesetzte Brennpunkt. Die Brennpunkte sind jeweils eine Strecke von $e \cdot a$ vom Mittelpunkt entfernt. Daran kann man schon erkennen, wo die Brennpunkte eines Kreises liegen. Da im Falle des Kreises $e = 0$ gilt, liegen die Brennpunkte im Mittelpunkt.

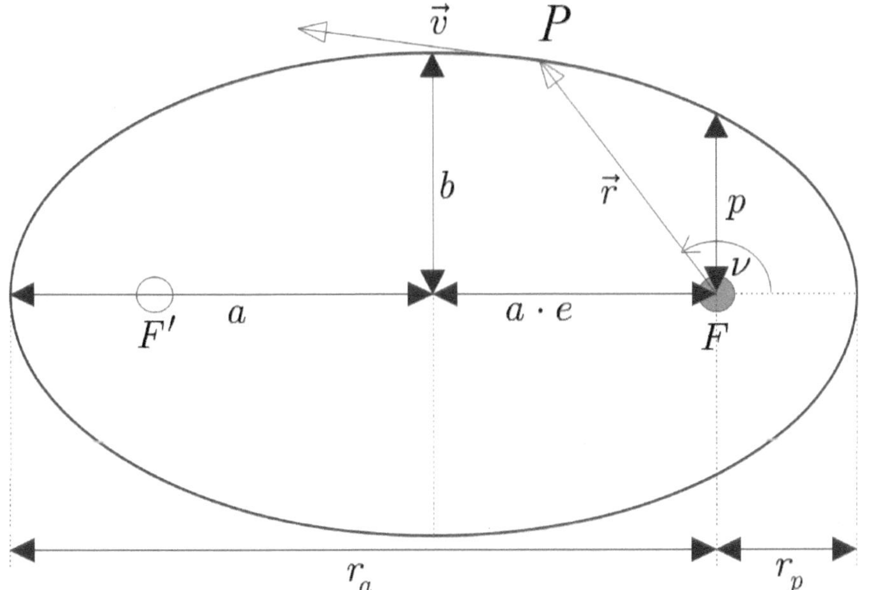

Bild 6-4

Skizze der relevanten Größen einer Ellipse mit *Positionsvektor* $\vec{r}$ des Punktes *P*, *Geschwindigkeitsvektor* $\vec{v}$, Halbparameter *p*, großer Halbachse *a*, kleiner Halbachse *b*, Exzentrizität e, Apozentrum r_a und Perizentrum r_p und besetztem Brennpunkt *F* sowie dem unbesetzten Brennpunkt *F'*.

Der am weitesten vom besetzten Brennpunkt entfernte Punkt der Bahn ist das sogenannte Apozentrum r_a, der nächste Punkt das Perizentrum r_p. Dies sind die sogenannten Apsiden. Sie sind durch die Apsidenlinie verbunden und haben häufig Endungen, die auf ihre jeweiligen Zentralkörper hinweisen. Eine kurze Übersicht über mögliche Endungen ist in Tabelle 6-1 gegeben.

Tabelle 6-1

Übersicht über verschiedene Apsidenbezeichnungen nach Himmelskörpern.

Zentralkörper	Bezeichnung der Apsiden	Ursprung
Sonne	Aphel, Perihel	Helios, griech. Sonnengott
Erde	Apogäum, Perigäum	Gaia, griech. Erdgöttin
Mond	Aposelen(um), Periselen(um)	Selene, griech. Mondgöttin
Mars	Apoareum, Periareum	Ares, griech. Kriegsgott
Jupiter	Apojovum, Perijovum	Iovis, lat. Genitiv des röm. Gottes Jupiter

Geometrisch gilt für die Strecken PF‘ und PF, dass:

$$\overline{PF'} + \overline{PF} = 2 \cdot a \tag{6-32}$$

Damit ergibt sich für die kleine Halbachse *b*:

$$b^2 + (ae)^2 = a^2$$

$$\Rightarrow b = a\sqrt{1-e^2} \qquad (6\text{-}33)$$

Aus Bild 6-4 kann man außerdem sofort ablesen, dass:

$$\frac{r_\mathrm{a} + r_\mathrm{p}}{2} = a \qquad (6\text{-}34)$$

und

$$r_\mathrm{a} = a(1+e) \qquad (6\text{-}35)$$

$$r_\mathrm{p} = a(1-e) \qquad (6\text{-}36)$$

Die Berechnung der Apsiden ist auch mit Gl. (6-18) möglich, wenn man die entsprechenden Winkelpositionen einsetzt:

$$r_\mathrm{a} = r(\nu = \pi) = \frac{p}{1-e} \qquad (6\text{-}37)$$

$$r_\mathrm{p} = r(\nu = 0) = \frac{p}{1+e} \qquad (6\text{-}38)$$

Sind die Apsiden über Gl. (6-35) und (6-36) bekannt, kann man über Gl. (6-37) oder (6-38) stattdessen den Halbparameter bestimmen. Alternativ kann man auch aus Gl. (6-36) und (6-38) aus der Geometrie herleiten, dass:

$$p = a(1-e^2) = \frac{b^2}{a} \qquad (6\text{-}39)$$

Der Kreis ist, wie erwähnt, nur ein Spezialfall der Ellipse. Der Radius ist konstant, d.h. die Exzentrizität ist 0. Daraus folgt sofort, dass die große Halbachse a gerade dem Kreisradius entspricht und ebenso der Halbparameter p. Gleiches gilt für die Apsiden, die eigentlich undefiniert sind und nur ggf. als festgelegte Winkelposition existieren.

6.5.2 Parabel

Die Parabel, für einen allgemeinen Fall links in Bild 6-5 gezeigt, erhält man, wenn man eine Ellipse bis ins Unendliche streckt, so dass die kleine Halbachse im Unendlichen liegt. Die wahre Anomalie beträgt für diesen Extremfall im Unendlichen dann 180°. Auch die Parabel ist eigentlich ein Spezialfall. Sie stellt den Übergang zwischen geschlossenen Bahnen (Ellipsen) und offenen Bahnen (Hyperbeln) dar.

In der Rolle dieses Übergangs werden wir sie als Grenzfälle in weiteren Betrachtungen verwenden. Ein Einsatz in der Raumfahrt an sich ist in der Regel selten.

Eine Parabel hat nur einen Brennpunkt und dieser ist immer besetzt. Der nächste Punkt der Annäherung entlang der Bahn ist auch hier das Perizentrum und durch r_p gekennzeichnet. Da das Apozentrum im Unendlichen liegt, existiert keine große Halbachse, daher bleibt nur die Nutzung von p, um den Perizentrumsabstand zu berechnen:

$$r_\mathrm{p} = \frac{p}{2} \tag{6-40}$$

Dies ergibt sich aus Gl. (6-38), wenn man für die Exzentrizität 1 einsetzt. Andere Werte sind für die Parabel nicht definiert. Der Halbparameter hängt über seine Definition, siehe Gl. (6-30), mit dem Drehimpuls der jeweiligen Bahn zusammen.

Per Definition ist bei einer Parabel im Unendlichen die Geschwindigkeit gerade 0. Das bedeutet, dass man sich auf einer Parabel nicht aus dem Unendlichen einem Himmelskörper annähern kann.

6.5.3 Hyperbel

Die Hyperbel ist die zweite offene Bahnart und stellt einen Vorbeiflug an dem jeweiligen Zentralkörper dar. Man verbleibt nicht bei diesem Körper, wird aber im Zweikörperfall auch nicht von diesem nachhaltig beeinflusst, so dass es keine Änderung der Energie oder des Impulses gibt. Lediglich die Richtung verändert sich durch den Einfluss des jeweiligen Gravitationsfeldes. Ein allgemein gehaltenes Beispiel für eine Hyperbel ist rechts in Bild 6-5 gegeben.

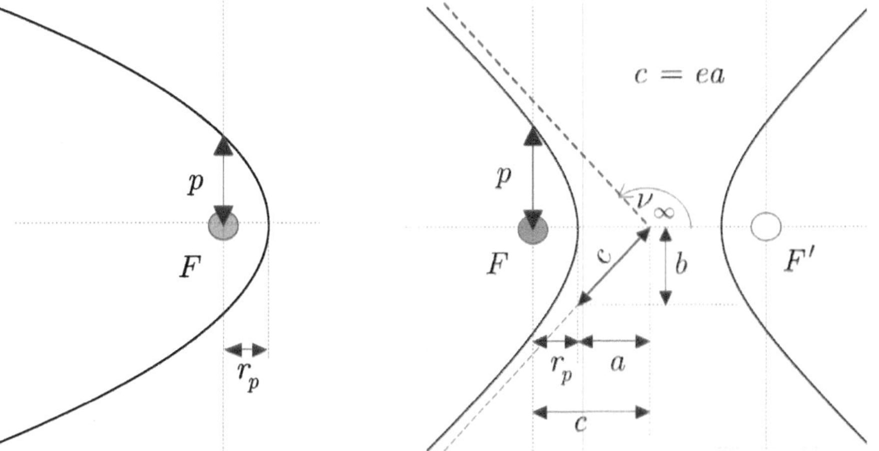

Bild 6-5

Links: Skizze einer Parabel mit wesentlichen Punkten und Größen, d.h. Halbparameter p, Perizentrum r_p und besetztem Brennpunkt F.

Rechts: Skizze einer Hyperbel mit wesentlichen Punkten und Größen, d.h. reeller Halbachse a, Halbachse b, Brennweite c, und Perizentrum r_p und besetztem Brennpunkt F sowie dem unbesetzten Brennpunkt F'.

Formal wird die Hyperbel durch einen Kegelschnitt erzeugt, der durch die Grundfläche des Kegels reicht. Wie in Bild 6-3 dargestellt, entstehen dabei paarweise zwei Hyperbeln. Allerdings ist dabei nur eine relevant, welche dann einen besetzten Brennpunkt besitzt. Zwar kann man mathematisch eine weitere Hyperbel erzeugen, allerdings gibt es keine bahnmechanische Bedeutung dafür.

Bei einer Hyperbel existiert auch ein Äquivalent zur großen Halbachse, welche man hier allerdings reelle Halbachse nennt. Es ist üblich, sie auch mit a zu kennzeichnen. Bei der reellen Halbachse gibt es dabei eine Besonderheit. Man findet in verschiedenen Büchern verschiedene Vereinbarungen. Wir werden später noch sehen, dass sich die von der Halbachse a abhängige Gesamtenergien zwischen Ellipse und Hyperbel durch das Vorzeichen unterscheiden. Daher kommt es, dass man mitunter a negativ definiert, um dann die Formel für die Gesamtenergie nicht zu ändern. Allerdings ist eine messbare Länge mit negativem Vorzeichen nicht sehr eingängig. Je nach Vorliebe findet man beide Fälle in der Literatur. Die Formeln müssen entsprechend angepasst werden. Im Folgenden werden wir von einer positiven Größe ausgehen.

Eine Hyperbel läuft im Unendlichen gegen zwei Asymptoten, welche sie definieren. Gekennzeichnet sind sie durch eine wahre Anomalie ν_∞.

Für einen beliebigen Punkt P auf einer der paarweise existierenden Hyperbeln, gilt, dass:

$$\overline{PF} - \overline{PF'} = 2 \cdot a \tag{6-41}$$

Wie zuvor bei der Ellipse lassen sich daraus ggf. weitere geometrische Eigenschaften ableiten.

Der Abstand des Mittelpunktes, bzw. des Punktes, wo sich die Asymptoten treffen, und des Brennpunktes wird Brennweite genannt, mitunter auch linerare Exzentrizität. In Bild 6-5 (rechts) ist sie mit c markiert. Das Verhältnis zwischen Brennweite und reeller Halbachse ist dann gerade die uns bekannte Exzentrizität e (stets > 1 für eine Hyperbel):

$$e = \frac{c}{a} \tag{6-42}$$

Die übrigen Größen ergeben sich ähnlich wie zuvor bei der Ellipse. Das Perizentrum der jeweiligen Bahn hat einen Radius von:

$$r_\mathrm{p} = a(e-1) \tag{6-43}$$

Ein Apozentrum existiert bei dieser offenen Bahn nicht. Die kleine Halbachse b errechnet sich zu:

$$b = a\sqrt{e^2 - 1} \tag{6-44}$$

Für den Halbparameter p gilt analog:

$$p = a(e^2 - 1) = \frac{b^2}{a} \tag{6-45}$$

Aus der Definition unserer Kegelschnittgleichung, erhält man für die wahre Anomalie im Unendlichen:

$$\cos\nu_\infty = \lim_{r\to\infty}\left(\frac{p}{e\cdot r} - \frac{1}{e}\right) = -\frac{1}{e} \tag{6-46}$$

$$\Leftrightarrow \nu_\infty = \cos^{-1}\left(-\frac{1}{e}\right)$$

Man kann an Gl. (6-46) sofort erkennen, dass für Exzentrizitäten nahe 1 die Asymptote ca. 180° geneigt ist, was gerade dem Grenzfall der Parabel entspricht. Für sehr große Exzentrizitäten erhält man dagegen eine Asymptote mit der Neigung 90°.

6.6 Gesamtenergie, Geschwindigkeiten und Umlaufperiode

Bisher haben wir uns nur mit der Bahnform auseinandergesetzt, von der wir wissen, dass sie für das Zweikörperproblem immer eine Variante eines Kegelschnitts ist. Wie man an Gl. (6-10) sehen kann, ist für die Beschreibung des Energiezustands allerdings nicht nur die Position (in Form von r) relevant, sondern auch die Geschwindigkeit. Wie berechnet man diese? Wir können Gl. (6-10) nicht einfach nach der Geschwindigkeit auflösen, da uns ε fehlt.

Wir wissen allerdings, dass der Impuls für das Zweikörperproblem konstant ist, d.h. für jeden Zustand auf einer festgelegten Bahn ist der Drehimpuls h gleich (wenn wie per Definition im Zweikörperproblem keine äußeren Kräfte wirken). Zwei Zustände kennen wir etwas genauer, nämlich diejenigen in den Apsiden. Dort ist der Winkel zwischen Geschwindigkeits- und Positionsvektor gerade 90°. Das ergibt sich daraus, dass die Position jeweils das Extremum bzgl. des Radius ist, d.h. die radiale Komponente der Geschwindigkeit muss 0 sein. Also gibt es nur eine tangentiale Komponente. Es gilt demnach:

$$h = r_a \cdot v_a = r_p \cdot v_p \tag{6-47}$$

Nach der Geschwindigkeit aufgelöst und in Gl. (6-10) eingesetzt, erhält man:

$$\varepsilon = \frac{h^2}{2\, r_p{}^2} - \frac{\mu}{r_p} \tag{6-48}$$

Mit der Definition des Halbparameters in Gl. (6-36) und des Perizentrumsradius in Gl. (6-36), erhält man dann:

$$\begin{aligned} \varepsilon &= \frac{\mu\, p}{2\, r_p{}^2} - \frac{\mu}{r_p} \\ &= \frac{\mu\ r_p\,(1+e)}{2\, r_p{}^2} - \frac{\mu}{r_p} \\ &= \frac{\mu\ (1+e)}{2\, a(1-e)} - \frac{2\,\mu}{2\, a(1-e)} \\ &= -\frac{\mu}{2\, a} \end{aligned} \tag{6-49}$$

Damit haben wir die Gesamtenergie der Ellipse berechnet. Für eine Parabel geht a gegen unendlich, daher ist die Gesamtenergie 0. Für die Hyperbel lässt sich analog zur Ellipse die Energie herleiten und man erhält:

$$\varepsilon = \frac{\mu}{2\, a} \tag{6-50}$$

Mitunter findet man in der Literatur auch eine negative Formulierung gleich Gl. (6-49), allerdings muss man dann eine negative Halbachse annehmen. Merken sie sich vor allem, dass die Gesamtenergie bei der Hyperbel immer positiv ist.

Am Vorzeichen der Energie lässt sich also der Bahntyp bestimmen und die Gesamtenergie ist ausschließlich von der Halbachse abhängig (für einen gegebenen Zentralkörper, d.h. einem Wert von μ). Die Form oder Lage der Bahn haben keinen Einfluss auf die Energie.

Lediglich die Halbachse bestimmt den Energiezustand, den ein Körper, auch ein Raumfahrzeug, haben muss, um einer bestimmten Bahn bezüglich des jeweiligen Zentralkörpers zu folgen, welche sich dann durch eine Folge von Positions- und Geschwindigkeitsvektoren kennzeichnet. Die Aufteilung in kinetische und potentielle Energie ergibt sich dann aus der Position auf der jeweiligen Bahn, was man an Gl. (6-10) erkennen kann.

6.6.1 Vis-Viva-Gleichung und Bahngeschwindigkeit

Kombiniert man nun Gl. (6-10) und Gl. (6-49) erhält man die vollständige Energiegleichung:

$$\frac{v^2}{2} - \frac{\mu}{r} = -\frac{\mu}{2\,a} = const \qquad (6\text{-}51)$$

Diese Energiegleichung beschreibt den kompletten Energiezustand. Spannend ist, dass man anhand dieser Gleichung jeder Geschwindigkeit für eine gegebene Bahn sofort eine bestimmte Position als Abstand r vom Hauptkörper zuordnen kann. Der Energiezustand, definiert durch eine Position r und eine Geschwindigkeit v, muss dabei mit der Gesamtenergie korrespondieren, die je Bahn konstant ist. Sie liefert also die Beschränkung, die die linke Seite erfüllen muss.

Man kann diese Gleichung nach dem Geschwindigkeitsquadrat auflösen:

$$v^2 = \mu\left(\frac{2}{r} - \frac{1}{a}\right) \qquad (6\text{-}52)$$

und erhält so die sogenannte Vis-Viva-Gleichung, die „lebendige Kraft". Auch sie ist eine Energiegleichung, um die Geschwindigkeit passend zu einer bestimmten Position auf der jeweiligen Bahn zu berechnen, muss man noch die Wurzel ziehen:

$$v = \sqrt{\mu\left(\frac{2}{r} - \frac{1}{a}\right)} \qquad (6\text{-}53)$$

Für Hyperbeln gilt die Gleichung analog mit einem veränderten Vorzeichen für a.

Für jeden Kegelschnitt kann mit Gl. (6-53) die Geschwindigkeit entlang der Bahn auf den jeweiligen Positionen berechnet werden und zwar eindeutig, da der Energiezustand ja auch eindeutig ist. Zu jeder Position passt nur eine Geschwindigkeit, um diese Gleichung zu erfüllen, d.h. ein Energiezustand.

Eine Vereinfachung von Gl. (6-53) erhält man für den Fall der Kreisgeschwindigkeit. In diesem Fall ist $a = r$ und die Gleichung lautet:

$$v_c = \sqrt{\frac{\mu}{r}} \qquad (6\text{-}54)$$

Der Energiezustand ist für den Fall der Kreisbahn an jedem Ort gleich.

6.6.2 Kosmische Geschwindigkeiten

Geschwindigkeiten wie sie bei Himmelskörpern und ihren Bahnen auftreten, sind für den Menschen in der Regel selten im Alltag erfahrbar, wenn man nicht gerade Astronaut ist. Mitte des 19. Jahrhunderts definierte man sogenannte Kosmische Geschwindigkeiten, die auch heute noch eine sinnvolle Hilfestellung liefern. Man kann mit ihnen eine Vorstellung erhalten bzgl. einiger wichtiger Größenordnungen gewinnen und Abschätzungen zur Plausibilität treffen.

Die 1. Kosmische Geschwindigkeit, entspricht der Kreisgeschwindigkeit, die ein Körper auf einem Orbit hätte, dessen Radius genau dem mittleren Erdradius entspricht. Mit einem spezifischen Gravitationsparameter von $\mu_E = 3.986 \cdot 10^5$ $\mathrm{km}^3/\mathrm{s}^2$ und einem Erdradius von 6.378,1 km, erhält man:

$$v_{1.\mathrm{KG}} = \sqrt{\frac{3{,}986 \cdot 10^5 \mathrm{km}^3/\mathrm{s}^2}{6.378{,}1 \mathrm{~km}}} = 7{,}9 \ \frac{\mathrm{km}}{\mathrm{s}} \tag{6-55}$$

Es lässt sich leicht erkennen, dass dieser Orbit in der Realität aufgrund der bremsenden Wirkung der Atmosphäre, den Abweichungen der Erdform vom mittleren Erdradius und den internationalen Bestimmungen zur Regelung des Luftraums, die verbieten, dass man so schnell in so geringer Höhe unterwegs ist, niemals realisiert werden kann. Nichtsdestotrotz eignet er sich sozusagen als untere Grenze für (theoretisch) mögliche Orbits. Wie man an Gl. (6-54) erkennt, sinkt mit steigendem Radius die Geschwindigkeit. Damit muss also die Geschwindigkeit eines jeden Kreisorbits[3] um die Erde kleiner sein als die 1. Kosmische Geschwindigkeit.

Die 1. Kosmische Geschwindigkeit liefert ein Gefühl für die zu erwartende Größenordnung der Geschwindigkeiten im niedrigen Erdorbit.

Die 2. Kosmische Geschwindigkeit ist die sogenannte Fluchtgeschwindigkeit von der Erde, also die Geschwindigkeit, die man erreichen muss, um gerade nicht mehr zur Erde zurückzukehren, d.h. eine Parabel abzufliegen. Dafür lassen wir in Gl. (6-54) die Position gegen unendlich laufen. Energetisch bedeutet dies, dass die potentielle Energie gerade der kinetischen entsprechen soll. Im Unendlichen angekommen, folgt daraus, dass die Geschwindigkeit 0 sein muss, da per Definition im Unendlichen die potentielle Energie auch 0 ist (siehe auch Abschnitt 6.3).

Berücksichtigen wir dies in Gl. (6-53) erhalten wir:

$$v_{\mathrm{f}} = \sqrt{2\frac{\mu}{r}} = \sqrt{2} \cdot v_{\mathrm{c}} \tag{6-56}$$

Wenn wir nun wieder die Werte für die Erde einsetzen, erhalten wir für die 2. Kosmische Geschwindigkeit:

$$v_{2.\mathrm{KG}} = \sqrt{2} \cdot v_{1.\mathrm{KG}} = 11{,}18 \mathrm{~km/s} \tag{6-57}$$

[3] Einzige Ausnahme: Sehr schnelle Raketenwürmer, die sich unterhalb der Erdoberfläche bewegen dürfen.

Was bedeutet die 2. Kosmische Geschwindigkeit nun anschaulich? Erreicht ein Objekt genau Fluchtgeschwindigkeit, bleibt es im Bezugssyszem der Erde im Unendlichen (was für uns erst einmal eine Position bedeutet, bei der die durch die Erde hervorgerufene Gravitationskraft für die Bahn des Objekts so klein geworden ist, dass wir sie vernachlässigen können) „stehen". Von „außen" gesehen landet das Objekt also in einem festen Abstand zur Erde auf der Erdbahn und bewegt sich dann auf dieser – ganz so wie die Erde – weiter, denn sie hat ja immer noch die gleiche Orbitgeschwindigkeit wie die Erde (nur die Relativgeschwindigkeit zur Erde ist 0). Um uns im Sonnensystem von der Erde wirklich weg zu bewegen, müssen wir also die 2. Kosmische Geschwindigkeit überschreiten.

Der Wert in Gl. (6-57) gilt natürlich nur unter der Annahme, dass die Gravitation die einzige wirkende Kraft bei der Bewegung des Körpers ist (Stichwort: Zweikörperproblem). Energetische Verluste durch Reibung und weitere Abweichungen vom Zweikörperproblem sind nicht berücksichtigt. Auch dieser Wert ist damit nicht realitätsnah. Anschaulich kann man aber die 2. Kosmische Geschwindigkeit als den Aufwand deuten, der von einem Antrieb aufgebracht werden muss, um das Bezugssystem Erde zu verlassen. Im Vergleich zu den Größenordnungen des Antriebsbedarfs für übliche Bahnänderungsmanöver wird dann auch gleich deutlich, warum es Bestrebungen gibt, Raumfahrzeuge im Weltall zusammenzusetzen und zu betanken, da in diesem Fall das Raumfahrzeug selber den Aufwand bis dahin nicht aufbringen muss und so deutlich effizienter entworfen werden kann.

Die 2. Kosmische Geschwindigkeit gibt wieder einen Grenzwert an. Dieser ermöglicht eine Prüfung auf Plausibilität. Erhält man im Zuge einer Berechnung einer Bahngeschwindigkeit einen Wert oberhalb der 2. Kosmischen Geschwindigkeit, so weiß man, dass man nicht richtig gerechnet haben kann, wenn man eine geschlossene Bahn betrachtet.

Die 3. Kosmische Geschwindigkeit ist die Fluchtgeschwindigkeit aus dem Sonnensystem auf mittlerer Höhe der Erdbahn. Sie lässt sich mit Gl. (6-56) bestimmen, wenn man die Parameter der Sonne, bzw. Erdbahn einsetzt. Der spezifische Gravitationsparameter der Sonne beträgt $1{,}327 \cdot 10^{11}\ \mathrm{km^3/s^2}$ und die mittlere Entfernung der Erde zur Sonne sind ungefähr 149,6 Millionen Kilometer. Man nennt diese Länge auch die Astronomische Einheit (AE oder häufiger AU abgekürzt). Daraus folgt:

$$v_{3.\mathrm{KG}} = \sqrt{2\frac{1{,}327 \cdot 10^{11}\ \mathrm{km^3/s^2}}{149{,}6 \cdot 10^6\ \mathrm{km}}} = 42{,}1\ \mathrm{km/s} \tag{6-58}$$

Eine Geschwindigkeit von 42 km/s, also 151.200 km/h, ist im Vergleich zu dem, was wir gewohnt sind natürlich sehr hoch, ca. 200 mal so schnell wie ein Passagierflugzeug. Im Vergleich zur Lichtgeschwindigkeit allerdings noch immer nur ein Bruchteil von ca. 300.000 km/s, gerade einmal 0,015%. Wir sind also noch nicht in Geschwindigkeitsbereichen wo wir relativistische Effekte berücksichtigen müssen.

Bedenkt man nun weiter, dass die Erde auf ihrer Bahn bereits eine Geschwindigkeit von ca. 30 km/s aufweist, dann ist es gar nicht mehr so aufwendig das Sonnensystem zu verlassen. Und tatsächlich befinden sich bereits mehrere Sonden, z.B. *Pioneer 10* und *11* sowie *Voyager 1* und *2*, auf entsprechenden Flugbahnen.

6.6.3 Umlaufperiode

Eine erste Berührung hatten wir mit der Umlaufperiode schon bei den Keplerschen Gesetzen, denn das dritte setzt diese in die Beziehung mit dem mittleren Abstand, den wir als große Halbachse nutzen. Nun stellt sich ggf. die Frage, ob dieses Gesetz überhaupt stimmt. Also müssen wir eine Gleichung aufstellen, die die Umlaufperiode auf einer Bahn definiert. Natürlich kann es eine Umlaufperiode nur auf einer geschlossenen Bahn geben – diese für eine Parabel oder Hyperbel zu definieren macht keinen Sinn.

Der Umlauf entlang der Bahn lässt sich durch die Änderung der wahren Anomalie beschreiben, sie ist z.B. in Gl. (6-18) die Laufvariable. Der Drehimpuls einer Bahn ist laut Definition das Kreuzprodukt der Positions- und Geschwindigkeitsvektoren. Per Definition des Kreuzproduktes (siehe Abschnitt 2.1.4) wiederum und mit Blick auf Bild 6-2, können wir für den Betrag des Drehimpulses schreiben:

$$h = r \cdot v \sin \varphi \tag{6-59}$$

wenn φ der Winkel zwischen den beiden Vektoren ist. Relevant ist für den Drehimpuls nur die horizontale Komponente der Geschwindigkeit, die wir durch die Winkelgeschwindigkeit $\dot{\mathrm{v}}$ und den Hebelarm r ausdrücken können. Wir können also schreiben:

$$\begin{aligned} h &= r \cdot r \cdot \dot{\mathrm{v}} \\ &= r^2 \cdot \frac{d\mathrm{v}}{dt} \end{aligned} \tag{6-60}$$

Jetzt trennen wir die Variablen und erhalten:

$$d\mathrm{v} = dt \cdot \frac{h}{r^2} \tag{6-61}$$

Eine weitere Information, die wir über unsere Bahn haben, ist die Form und damit die resultierende Fläche, die zwischen zwei verschiedenen Positionen v vom Ortsvektor $\vec{r}$ überstrichen werden. Wir wissen wie diese geometrisch definiert ist. Wie aber ändert sie sich während die Bahn abgeflogen wird? Bild 6-6 stellt diese Flächenänderung in Zusammenhang mit der wahren Anomalie ν.

Für infinitesimal kleine Änderungen der wahren Anomalie lässt sich die Flächenänderung als Dreieck darstellen. Dieses kleine Dreieck $d\Delta$ kann man dann einfach geometrisch beschreiben als Flächeninhalt der beiden Schenkel miteinander multipliziert und das halbiert (bzw. ein halb mal der Höhe mal der Länge).

Bild 6-6

Die überstrichene Fläche für eine infinitesimal kleine Änderung der wahren Anomalie ν.

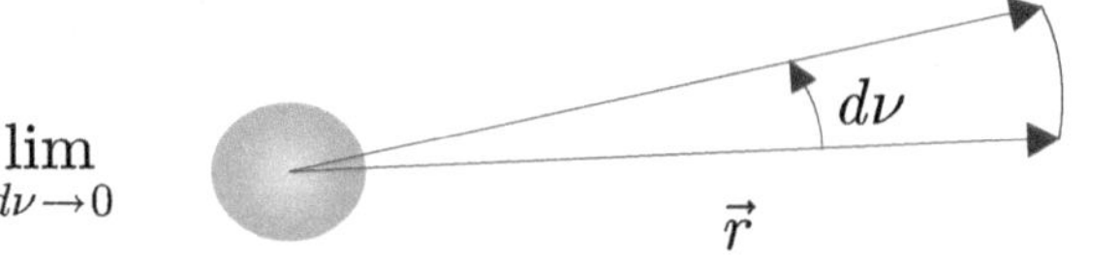

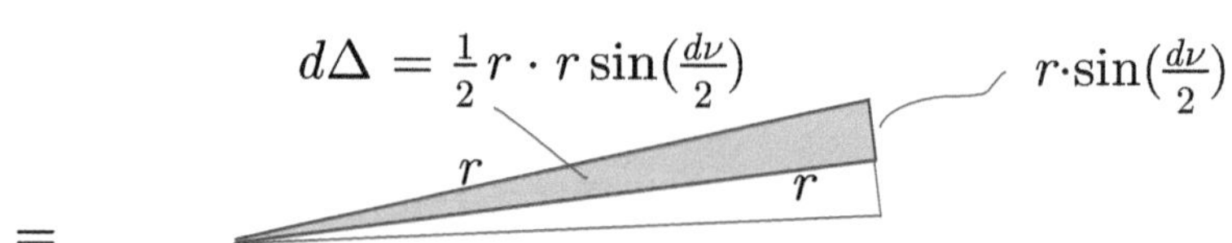

Die Änderung der Fläche ist dann:

$$dA = 2 \cdot d\Delta \tag{6-62}$$

$$= r^2 \cdot \sin\left(\frac{d\nu}{2}\right)$$

Da wir von infinitesimal kleinen Änderungen der wahren Anomalie ausgehen, können wir den Sinusterm linearisieren und erhalten:

$$dA = r^2 \cdot \frac{d\nu}{2} \tag{6-63}$$

Jetzt können wir Gl. (6-61) einsetzen:

$$dA = \frac{1}{2} \cdot h \cdot dt \tag{6-64}$$

Diese Gleichung ist besonders interessant, denn sie stellt die mathematische Formulierung des zweiten Keplerschen Gesetzes dar, basierend auf dem Zweikörperproblem. Da h konstant ist, ist also in gleichen Zeiten auch die Flächenänderung konstant.

Ist die Fläche der Bahn komplett überstrichen, muss zwangsläufig die gesamte Umlaufdauer abgelaufen sein, d.h. der Gesamtfläche steht die Umlaufperiode gegenüber. Die Fläche einer Ellipse lautet:

$$A = a \cdot b \cdot \pi \tag{6-65}$$

also gilt:

$$T = \frac{2 \cdot a \cdot b \cdot \pi}{h} \tag{6-66}$$

Wieder nutzen wir die Definition des Halbparameters, um h zu ersetzen und setzen auch die Definition von b ein. Damit ändert sich die Gleichung zu:

$$T = 2 \cdot \pi \frac{a \cdot \sqrt{a\,p}}{\sqrt{\mu\,p}} \tag{6-67}$$

$$= 2 \cdot \pi \cdot \sqrt{\frac{a^3}{\mu}}$$

Mit dieser Gleichung schließt sich dann auch der Kreis zu den Keplerschen Gesetzen, denn T^2 ist klar proportional zu a^3. Wie die Energie ist die Umlaufperiode nur eine Funktion der großen Halbachse und unabhängig von anderen Bahneigenschaften.

Gehen wir von einer Orbithöhe von ca. 400 km aus, wie sie z.B. die Internationale Raumstation aufweist, dann erhält man als Umlaufperiode:

$$T = 2 \cdot \pi \sqrt{\frac{(6828{,}1\ \mathrm{km})^3}{3{,}986 \cdot 10^5 \frac{\mathrm{km}^3}{\mathrm{s}^2}}} = 93{,}6\ \mathrm{min}$$

In rund 90 Minuten umkreisen typischerweise Satelliten die Erde in einem niedrigen Erdorbit und die ISS ist da keine Ausnahme.

Beispielaufgabe: *Welche Orbithöhe hat ein geostationärer Satellit, d.h. ein Satellit, der im Äquator stets über demselben Punkt positioniert ist? Welche Bahngeschwindigkeit hat er? Gehen sie von einer Kugelform der Erde aus.*

Lösung: *Da die Erde als Kugel angenommen wird und die Position stabil sein soll, muss die Geschwindigkeit konstant sein. Mit Gl. (6-53) bzw. (6-54) ist erkennbar, dass dies nur für eine Kreisbahn der Fall ist. Die Umlaufdauer des Satelliten muss gerade der Zeit entsprechen, die die Erde für eine Rotation um 360° benötigt, d.h. einem siderischen Tag (siehe Abschnitt 4.1). Mit Gl. (6-67) kann man daraus den Orbitradius berechnen (da es sich um eine Kreisbahn handelt, entspricht der Radius der Halbachse):*

$$a_{\mathrm{GEO}} = r_{\mathrm{GEO}} = \sqrt[3]{\frac{{T_{\mathrm{sid}}}^2 \cdot \mu_{\mathrm{Erde}}}{4 \cdot \pi^2}}$$

$$= \sqrt[3]{\frac{(23{,}934\ \mathrm{h})^2 \cdot 3{,}986 \cdot 10^5 \frac{\mathrm{km}^3}{\mathrm{s}^2}}{4 \cdot \pi^2}}$$

$$= 42.163{,}6\ \mathrm{km}$$

Dies entspricht noch nicht der Orbithöhe, denn diese wird oberhalb des Nullniveaus der Erde gerechnet, d.h. wir müssen noch den Erdradius abziehen: 42.163,6 km – 6378,1 km = 35.785,5 km.

Die Bahngeschwindigkeit ergibt sich mit Gl. (6-54) zu:

$$v_c = \sqrt{\frac{3{,}986 \cdot 10^5 \frac{\mathrm{km}^3}{\mathrm{s}^2}}{42.163{,}6\ \mathrm{km}}} = 3{,}075\ \mathrm{km/s}$$

Sie liegt, wie zu erwarten war, erheblich unterhalb der Geschwindigkeiten im niedrigen Erdorbit.

6.7 Die klassischen Orbitelemente

Bislang haben wir nur Bewegungen in der Orbitebene betrachtet. Um hier eine Position eindeutig angeben zu können, waren die Lage des Perizentrums, die Exzentrizität der Bahn, die große Halbachse und die wahre Anomalie nötig. Für den allgemeinen Fall im Raum kann die Bahnebene jedoch in zwei weiteren Achsen unabhängig rotiert werden. Damit benötigt man für die vollständige Beschreibung einer Bahn sechs unabhängige Größen und eine Zeitangabe, wann diese Größen gelten. Dazu kann man z.B. einen Positionsvektor, einen Geschwindigkeitsvektor und einen Zeitpunkt verwenden:

$$\vec{r}(t_0) = \begin{pmatrix} r_x(t_0) \\ r_y(t_0) \\ r_z(t_0) \end{pmatrix} \qquad \vec{v}(t_0) = \begin{pmatrix} v_x(t_0) \\ v_y(t_0) \\ v_z(t_0) \end{pmatrix}$$

Eine Alternative dazu stellen die sogenannten klassischen Orbitelemente dar, welche wir teilweise bereits verwendet haben. Theoretisch kann man jeden Satz von unabhängigen Größen verwenden, solange sie die Form, Größe und Lage der Bahn beschreiben.

6.7.1 Definition der klassischen Orbitelemente

Die klassischen Orbitelemente stammen aus der Himmelsmechanik, finden sich aber auch heute noch in vielen Anwendungen der Orbitmechanik und werden u.a. genutzt, um Bahndaten von Himmelskörpern oder Raumfahrzeugen anzugeben.

Sie bestehen aus:

- Der großen/ reellen Halbachse a,
- der Exzentrizität e,
- der Inklination i,
- der Rektaszension des aufsteigenden Knotens Ω,
- dem Argument des Perizentrums ω und
- der wahren Anomalie ν.

Da die wahre Anomalie zeitabhängig ist, ist der Zeitpunkt implizit in ihr enthalten. Weiter sind im Zweikörperproblem die Größen – mit Ausnahme der wahren Anomalie – konstant.

Die ersten beiden Parameter, d.h. a und e definieren die Geometrie der Bahn. Ihre Bedeutung haben wir schon in Bild 6-4 gesehen. Die Halbachse definiert dabei die Ausmaße der Bahn und die Exzentrizität ihre Stauchung, d.h. die Form.

Die nächsten drei Elemente definieren dann die Lage der Bahn in einem Bezugssystem. Dies ist in Bild 6-7 skizziert.

Die Inklination ist unmittelbar vorstellbar. Sie beschreibt die Neigung der Bahn zur Bezugsebene, d.h. sie ist der Winkel zwischen Bahnebene und Bezugsebene. Leichter mathematisch definieren lässt sie sich über den Drehimpulsvektor. Dieser steht senkrecht auf der Orbitebene, wie wir in Abschnitt 6.4 gesehen haben. Daher ist die Inklination auch gleichzeitig der Winkel zwischen dem Drehimpulsvektor $\vec{h}$ und der Z-Achse des Bezugssystems:

$$i = \cos^{-1}\left(\frac{h_z}{h}\right) \tag{6-68}$$

wobei hier h_z die Z-Komponente des Drehimpulses ist.

Die Inklination kann Werte zwischen 0 und 180° annehmen und über sie werden Erdorbits (bezogen auf die Äquatorebene) auch kategorisiert. Bei einer Inklination von 0° spricht man von äquatorialen Orbits, ebenso bei solchen von 180°, welche in der Realität aber eigentlich nicht vorkommen, da es sehr treibstoffaufwendig ist, solche Bahnen anzufliegen. Polare Orbits haben eine Inklination von 90° und Orbits mit einer Inklination von mehr als 90° werden retrograd genannt, da ihre Bewegung innerhalb der Äquatorebene bezogen auf die Erdrotation rückläufig ist (siehe auch Abschnitt 8.3).

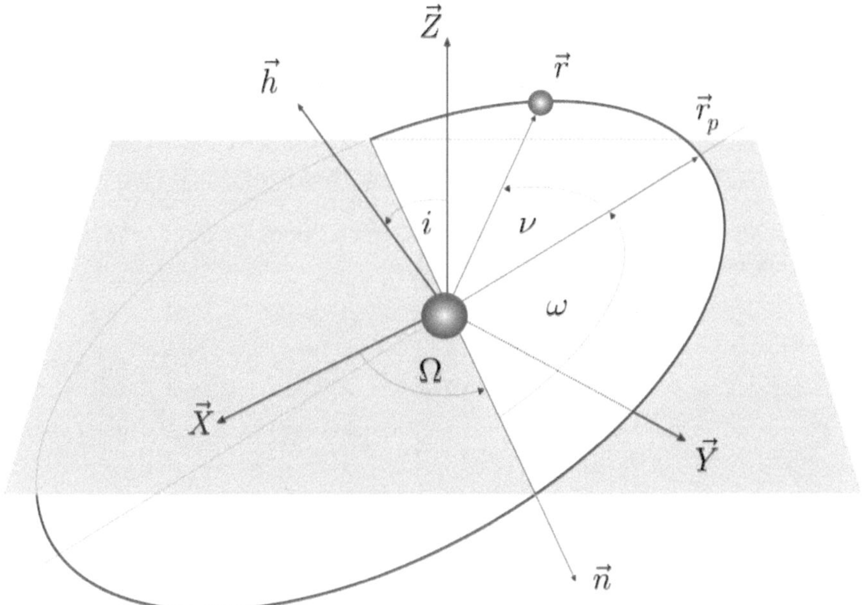

Bild 6-7

Skizze zur Lage einer Bahn in Relation zu einer Bezugsebene innerhalb des Koordinatensystems X, Y und Z unter Verwendung der klassischen Orbitelemente der Halbachse a, Exzentrizität e, Inklination i, der Rektaszension des aufsteigenden Knotens Ω und dem Argument des Perizentrums ω sowie der wahren Anomalie ν. Der Vektor $\vec{n}$ beschreibt die Knotenlinie, d.h. die Schnittgerade der beiden Ebenen.

Wie in Bild 6-7 zu erkennen, liegt zwischen der Bezugsebene (grau) und der Orbitebene eine Schnittgerade. Diese ist mit dem Vektor $\vec{n}$ gekennzeichnet und wird Knotenlinie genannt. Der Vektor zeigt dabei immer in Richtung des aufsteigenden Knotens. Ein Knoten ist der Punkt an dem die Bahn die Bezugseben durchstößt und der aufsteigende Knoten ist der auf dem sich der Körper von unterhalb der Bezugsebene nach oberhalb bewegt. Sie können ja mal raten, was dann der sogenannte absteigende Knoten ist (Tipp: Es hat nicht mit einer Platzierung in der Fußballbundesliga zu tun).

Der Winkel zwischen diesem Vektor und der X-Achse der Bezugsebene ist die Rektaszension des aufsteigenden Knotens und wird mit Ω bezeichnet und RAAN abgekürzt (engl. für Right Ascension of the Ascending Node). Er kann zwischen 0 und 360° variieren.

Das Argument des Perizentrums ist der Winkel zwischen dem aufsteigenden Knoten $\vec{n}$ und der Richtung des Perizentrums. Ist er 0, dann liegt das Peri-zentrum in der Bezugsebene und ist gleichzeitig der aufsteigende Knoten. Er kann zwischen 0 und 360° variieren und die positive Drehrichtung wird auf den Drehimpulsvektor bezogen.

Die wahre Anomalie ist ja bereits bekannt. Ihre Werte liegen immer zwischen 0 und 360°, wobei 0° (und 360°) immer die Position des Perizentrums beschreibt und 180° die des Apozentrums.

Andere Beschreibungen sind denkbar, man könnte z.B. statt der großen Halbachse auch die kleine verwenden, oder statt der Exzentrizität eine Angabe über beide Halbachsen machen. Allerdings wäre dies nicht die klassische Formulierung.

6.7.2 Umrechnung zwischen Vektoren und Orbitelementen

Über die bis hier bekannten Formeln des Zweikörperproblems kann man aus einem Satz von Positions- und Geschwindigkeitsvektoren auch die klassischen Orbitelemente berechnen.

Gehen wir also davon aus, wir haben einen Positionsvektor $\vec{r}$ und einen Geschwindigkeitsvektor $\vec{v}$, dann folgt aus dem Kreuzprodukt nach Definition bereits der Drehimpulsvektor $\vec{h}$. Damit steht auch die Inklination (siehe Gl. (6-68)) fest.

Ebenfalls per Defintion muss die Knotenlinie senkrecht auf der Z-Achse und dem Drehimpulsvektor stehen, d.h. es gilt:

$$\vec{n} = \vec{Z} \times \vec{h} = \begin{pmatrix} 0 \\ 0 \\ 1 \end{pmatrix} \times \begin{pmatrix} h_x \\ h_y \\ h_z \end{pmatrix} = \begin{pmatrix} -h_y \\ h_x \\ 0 \end{pmatrix} \tag{6-69}$$

Gleichung (6-31) hat uns bereits die Definition für die Exzentrizität geliefert; sie kommt auch hier zur Anwendung:

$$|\vec{e}| = \left|\frac{\vec{B}}{\mu}\right| = \left|\frac{\vec{v} \times \vec{h}}{\mu} - \frac{\vec{r}}{r}\right|$$

Die große Halbachse können wir dann ebenfalls berechnen:

$$a = \frac{h^2/\mu}{1 - e^2} \tag{6-70}$$

Somit fehlen nur noch Ω, ω und ν. Da die trigonometrischen Funktionen periodisch sind, muss man, um die korrekten Werte für die Winkel zu erhalten, Fallunterscheidungen machen.

Die Rektaszension des aufsteigenden Knotens können wir analog zu Gl. (6-68) bestimmen, müssen aber zwei Fälle unterscheiden. Falls $n_y \geq 0$ (also $h_x \geq 0$), dann gilt:

$$\Omega = \cos^{-1}\left(\frac{n_x}{n}\right) \tag{6-71}$$

Andernfalls gilt:

$$\Omega = 360° - \cos^{-1}\left(\frac{n_x}{n}\right) \tag{6-72}$$

Da der Laplacevektor, d.h. $\vec{e}$, in Richtung des Perizentrums zeigt, können wir ihn nutzen, um die Winkel zu berechnen, die sich auf die Perizentrumslage beziehen, d.h. das Argument des Perizentrums und die wahre Anomalie. Dafür können wir die Definition des Skalarprodukts verwenden (siehe Abschnitt 2.1.3). Auch hier müssen wir allerdings wieder eine Fallunterscheidung vornehmen.

Für das Argument des Perizentrums gilt, wenn $e_z \geq 0$, dass:

$$\omega = \cos^{-1}\left(\frac{\vec{n} \cdot \vec{e}}{n \cdot e}\right) \tag{6-73}$$

Andernfalls lautet es:

$$\omega = 360° - \cos^{-1}\left(\frac{\vec{n} \cdot \vec{e}}{n \cdot e}\right) \tag{6-74}$$

Analog berechnet sich die wahre Anomalie. Sie ist der Winkel zwischen Perizentrumsrichtung und der Position des Körpers. Wenn $\vec{r} \cdot \vec{v} \geq 0$, dann:

$$\nu = \cos^{-1}\left(\frac{\vec{e} \cdot \vec{r}}{e \cdot r}\right) \tag{6-75}$$

Ansonsten ist die wahre Anomalie:

$$\nu = 360° - \cos^{-1}\left(\frac{\vec{e} \cdot \vec{r}}{e \cdot r}\right) \tag{6-76}$$

Beispielaufgabe: *Gegeben sind die Vektoren $\vec{r}$ und $\vec{v}$ zu einem Zeitpunkt t für eine Umlaufbahn um die Erde:*

$$\vec{r} = \begin{pmatrix} -4.538 \text{ km} \\ -2.253 \text{ km} \\ 5.047 \text{ km} \end{pmatrix} \quad \vec{v} = \begin{pmatrix} -4.4 \text{ km/s} \\ -2.9 \text{ km/s} \\ -5.2 \text{ km/s} \end{pmatrix}$$

Wie lauten die dazugehörigen klassischen Orbitelemente der Bahn?

Lösung: *Aus der Definition des Drehimpulses erhalten wir:*

$$\vec{h} = \vec{r} \times \vec{v} = \begin{pmatrix} 26.352 \\ -45.804 \\ 3.247 \end{pmatrix} \frac{\text{km}^2}{\text{s}}$$

Daraus folgt dann sofort mit Gl. (6-69):

$$\vec{n} = \begin{pmatrix} -h_y \\ h_x \\ 0 \end{pmatrix} = \begin{pmatrix} 45.804 \\ 26.352 \\ 0 \end{pmatrix} \frac{\text{km}^2}{\text{s}}$$

und entsprechend auch die Inklination:

$$i = \cos^{-1}\left(\frac{3.247}{52.943}\right) = 86{,}4°$$

Aus dem Knotenvektor erhalten wir auch die Rektaszension. Da n_y = 26.352> 0, gilt:

$$\Omega = \cos^{-1}\left(\frac{45.804}{52.843{,}5}\right) = 29.9°$$

Die Exzentrizität ergibt sich als Laplace-Vektor zu:

$$e = \frac{\vec{v} \times \vec{h}}{\mu} - \frac{\vec{r}}{r} = \begin{pmatrix} 0.0134 \\ 0.0071 \\ -0.0084 \end{pmatrix}$$

Ihr Betrag lautet somit:

$$e = 0{,}0173$$

Da die Z-Komponente der Exzentrizität < 0, können wir das Argument des Perizentrums mit Gl. (6-74) berechnen:

$$\omega = 360° - \cos^{-1}\left(\frac{800{,}87}{914{,}2}\right) = 331{,}17°$$

Ähnlich gehen wir für die wahre Anomalie vor. Da das Skalarprodukt von $\vec{r}$ und $\vec{v}$ den Wert 256,5 hat, d.h. > 0 ist, erhalten wir für die wahre Anomalie:

$$\nu = \cos^{-1}\left(\frac{-119{,}2}{123{,}7}\right) = 164{,}5°$$

Mit der Exzentrizität können wir über Gl. (6-71) die große Halbachse berechnen:

$$a = 7.034 \text{ km}$$

und haben damit alle klassischen Orbitelemente dieser Bahn bestimmt.

6.8 Die Keplergleichung

Ursprünglich wollten wir bei bekannter Position und Geschwindigkeit eines Körpers, der sich um einen anderen bewegt (bzw. die beiden um das gemeinsame Baryzentrum), die Position und Geschwindigkeit zu jedem beliebigen anderen Zeitpunkt berechnen.

In Abschnitt 6.2 haben wir gemerkt, dass es keine analytische Lösung für die Differentialgleichung der Bewegung gibt, die es ermöglichen würde ein $r(t)$ zu definieren und so die Zeitabhängigkeit der Position und Geschwindigkeit explizit anzugeben.

Inzwischen haben wir aber mehr Wissen über unsere Bahnform und auch eine Aussage über die Umlaufperiode und die Geschwindigkeit auf einer Bahn.

Wir werden am Ende dieses Kapitels eine Gleichung hergeleitet haben, die die Zeit und Position eines Körpers im Zweikörperproblem verknüpft, wenn auch nicht explizit.

Die Herleitung werden wir über zwei Herangehensweisen vornehmen und uns dabei über zwei Referenzsysteme an die Bewegung herantasten. Wir definieren dazu die Exzentrische (E) und mittlere Anomalie (M) und außerdem einen Referenzzeitpunkt.

Wir setzen dafür beim zweiten Keplerschen Gesetz an, welches wir „unabsichtlich" in Gl. (6-64) mathematisch formuliert haben. Am Ende möchten wir eine Gleichung haben, die die Zeit als Funktion der Position ausdrückt: $t = f(r)$.

6.8.1 Grafische Herleitung über die Bahnform

In Bild 6-6 haben wir uns mit dem Zusammenhang zwischen Fläche und Zeit befasst, was in Gl. (6-64) mündete. Dort wird die überstrichene Fläche mit der Zeit in Verbindung gebracht und so das zweite Keplersche Gesetz mathematisch formuliert:

$$dA = \frac{1}{2} \cdot h \cdot dt \qquad (6\text{-}64)$$

Integrieren wir nun Gl. (6-64) von einem Startzeitpunkt t_0 bis zu einem beliebigen Zeitpunkt, erhalten wir:

$$A - A_0 = \int_{t_0}^{t} \frac{1}{2} \cdot h \cdot dt = \frac{1}{2} \cdot h(t - t_0) \qquad (6\text{-}77)$$

Damit gilt für den Drehimpuls:

$$\frac{h}{2} = \frac{A - A_0}{t - t_0} \qquad (6\text{-}78)$$

Wählt man nun als Referenzpunkt den Zeitpunkt des Perizentrumsdurchgangs, dann ist die Fläche zu diesem Zeitpunkt 0 und wir erhalten:

$$\frac{h}{2} = \frac{A}{t - t_p} \qquad (6\text{-}79)$$

Dieses Verhältnis muss konstant sein, da der Drehimpuls konstant ist. Es muss also auch dann gelten, wenn wir die komplette Fläche und die komplette Umlaufperiode in Relation zueinander setzen:

$$\frac{A}{t - t_{\mathrm{p}}} = \frac{A_{\mathrm{Ellipse}}}{T_{\mathrm{Ellipse}}} \tag{6-80}$$

Wir können die entsprechende Fläche nun einsetzen und erhalten für A:

$$A = (t - t_{\mathrm{p}}) \frac{\pi \cdot a \cdot b}{T_{\mathrm{Ellipse}}} \tag{6-81}$$

Daraus lässt sich zusammen mit Gl. (6-67) formulieren, dass:

$$A = \left(t - t_{\mathrm{p}}\right) \frac{\pi \cdot a \cdot b}{2 \cdot \pi \cdot \sqrt{\frac{a^3}{\mu}}} = \left(t - t_{\mathrm{p}}\right) \frac{a \cdot b}{2} \sqrt{\frac{\mu}{a^3}} \tag{6-82}$$

Den eigentlichen Zusammenhang kennen wir allerdings noch nicht, denn wie die Zeit mit der Fläche verknüpft ist, ist noch immer verborgen. Wir schauen uns deshalb den Verlauf der Fläche einmal genauer an.

Zuerst definieren wir einen Kreis um unsere Ellipse, welcher sie komplett einschließt, d.h. dessen Radius der großen Halbachse a entspricht. Dies ist links in Bild 6-8 gezeigt. Für die Fläche A lässt sich also schreiben:

$$A = A_{\mathrm{PBS}} - A_{\mathrm{FBS}} \tag{6-83}$$

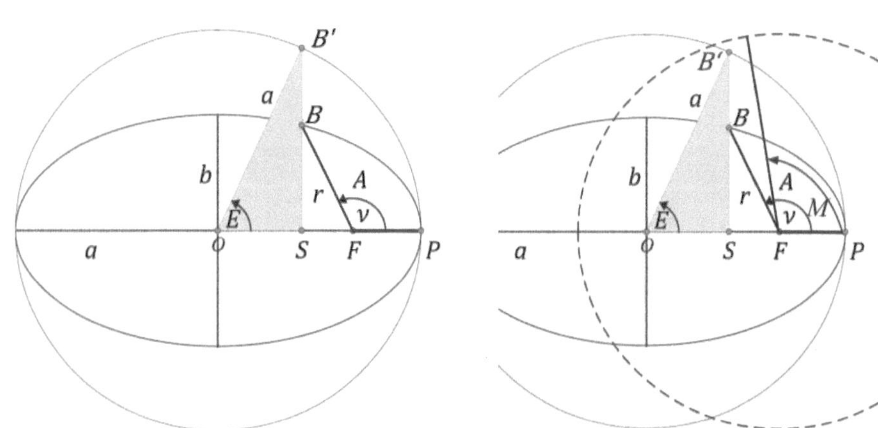

Bild 6-8

Links: Die verschiedenen Flächen innerhalb einer Ellipse und ein Hilfskreis um die Ellipse herum zur Definition der Keplergleichung. Die Winkel ν und E sind die wahre bzw. exzentrische Anomalie.

Rechts: Die linke Seite überlagert mit dem Hilfskreis zur Definition der mittleren Anomalie M.

Außerdem können wir aus dem Diagramm einfach ablesen, welche Strecken zwischen welchen Punkten welcher Eigenschaft der Ellipse entsprechen:

$$\overline{OB'} = a$$

$$\overline{FB} = r$$

$$\overline{OS} = a \cdot \cos E$$

$$\overline{OF} = a \cdot e$$

$$\overline{OP} = a$$

$$\overline{SF} = -r \cdot \cos \nu = a \cdot e - a \cdot \cos E$$

$$\overline{SB'} = a \cdot \sin E$$

$$\overline{SB} = r \cdot \sin \nu = \frac{b}{a}\overline{SB'} = b \cdot \sin E$$

Damit können wir nun beide Flächen ausdrücken. Zuerst A_{FBS}:

$$A_{FBS} = \frac{1}{2}(\overline{SF} \cdot \overline{SB}) \tag{6-84}$$

$$A_{FBS} = \frac{1}{2}(a \cdot e - a \cdot \cos E)\frac{b}{a} \cdot a \sin E$$

$$A_{FBS} = \frac{a\,b}{2}(e \cdot \sin E - \cos E \sin E)$$

Per Definition der Ellipse gilt für das Verhältnis des Kreis- und Ellipsensektors:

$$A_{PBS} = \frac{b}{a}A_{PB'S} \tag{6-85}$$

Weiter können wir schreiben:

$$A_{PB'S} = A_{PB'O} - A_{SB'O} \tag{6-86}$$

Also gilt:

$$A_{PBS} = \frac{b}{a}\left(\frac{a^2\,E}{2} - \frac{1}{2}(a \cdot \cos E) \cdot (a \cdot \sin E)\right) \tag{6-87}$$

$$A_{PBS} = \frac{ab}{2}(E - \cos E \cdot \sin E)$$

Die Gleichungen (6-84) und (6-87) setzen wir nun in Gl. (6-83) ein und erhalten so:

$$A = \frac{ab}{2}(E - e \cdot \sin E) \tag{6-88}$$

Jetzt haben wir für die (veränderliche, überstrichene) Fläche der Ellipse einen Ausdruck bzgl. der Form und der exzentrischen Anomalie, welche ja die Position definiert, und einen Ausdruck bzgl. der Zeit. Setzt man die Gl. (6-82) und (6-88) gleich, erhält man die Keplergleichung mit der Größe M, genannt mittlere Anomalie:

$$M = E - e \cdot \sin E = \left(t - t_{\mathrm{p}}\right)\sqrt{\frac{\mu}{a^3}} = 2\pi\frac{\left(t - t_{\mathrm{p}}\right)}{T} \tag{6-89}$$

Über den Umweg der exzentrischen Anomalie haben wir nun einen Zusammenhang zwischen Position und Zeit. Wenn wir Gl. (6-89) lösen, können wir nun bei bekannter Zeit die Position bestimmen oder bei bekannter Position berechnen wie lange es dauert, um diese auf einer bestimmten Bahn zu erreichen. Als Referenzpunkt dient uns dafür das Perizentrum der jeweiligen Bahn.

Die mittlere Anomalie ist eine Hilfsgröße und rechts in Bild 6-8 qualitativ skizziert. Definiert man einen Kreis, dessen Radius gerade der großen Halbachse der Ellipse entspricht, dann wäre die Umlaufzeit auf diesem Kreis gleich der auf der Ellipse. Die mittlere Anomalie, entspräche der wahren Anomalie auf diesem Kreis. Da die Exzentrizität aber 0 ist, wäre die Winkelgeschwindigkeit konstant und entspräche der mittleren Winkelgeschwindigkeit n, der Ellipse, für die gilt:

$$n = \sqrt{\frac{\mu}{a^3}} \tag{6-90}$$

Die Geschwindigkeit n ist somit interpretierbar als eine Art „mittlere Geschwindigkeit" auf der Ellipse.

In der Nähe des Perizentrums ist die Winkelgeschwindigkeit auf der Ellipse sehr viel größer als die des Hilfskreises, so dass die wahre Anomalie der mittleren davonläuft. Am Apozentrum treffen sich beide Fahrstrahle wieder und danach läuft der Fahrstrahl der mittleren Anomalie der wahren Anomalie voraus. Da sich die wahre Anomalie allerdings in der Nähe des Perizentrums wieder schneller verändert, treffen beide Fahrstrahle erneut gleichzeitig in dieser Apside ein.

Der Geometrie geschuldet, lassen sich diese Winkel ineinander umrechnen:

$$\cos E = \frac{\overline{OS}}{a} = \frac{\overline{OF} - \overline{SF}}{a} = \frac{(a \cdot e + r\cos\nu)}{a} \tag{6-91}$$

Unter Verwendung von Gl. (6-18) bzw. (6-30) ergibt sich für den Zusammenhang zwischen wahrer und exzentrischer Anomalie:

$$\cos E = \frac{e + \cos\nu}{1 + e \cdot \cos\nu} \tag{6-92}$$

$$\cos\nu = \frac{\cos E - e}{1 - e \cdot \cos E} \tag{6-93}$$

Die Hilfswinkel der exzentrischen und mittleren Anomalien sind leichter zu handhaben, als die wahre Anomalie in diesem Fall und erst recht leichter als die Position r.

6.8.2 Analytische Herleitung

Für die Herleitung auf analytischem Weg beginnen wir mit der Definition des Bahndrehimpulses, wie in Gl. (6-60) formuliert:

$$h = r \cdot r \cdot \dot{\nu} = r^2 \cdot \frac{d\nu}{dt} \tag{6-60}$$

Diese Gleichung kann umgestellt werden, um nach der Zeit aufzulösen. Dies beginnen wir mit einer Trennung der Variablen:

$$dt = r^2 \cdot \frac{d\nu}{h} \tag{6-94}$$

Diese Form kombinieren wir nun mit der Kegelschnittgleichung, Gl. (6-18), und setzen diese für r^2 ein:

$$dt = \frac{p^2}{h\,(1 + e \cdot \cos\nu)^2}\,d\nu \tag{6-95}$$

Wenn man diesen Ausdruck integriert, erhält man eine Gleichung für die Zeit:

$$t = \sqrt{\frac{p^3}{\mu}} \int_0^{\nu} \frac{d\nu}{(1 + e \cdot \cos\nu)^2} \tag{6-96}$$

$$= \sqrt{\frac{a^3}{\mu}} \left[2 \cdot \arctan\left(\sqrt{\frac{1-e}{1+e}} \cdot \tan\frac{\nu}{2} \right) - \frac{e\sqrt{1-e^2} \cdot \sin\nu}{1 + e \cdot \cos\nu} \right]$$

Nun bringen wir wieder die exzentrische Anomalie ins Spiel sowie ein paar Hilfsgrößen, wie sie in Bild 6-9 skizziert sind. Zuerst stellen wir einen Zusammenhang zwischen Zeit und exzentrischer Anomalie her indem wir die Zeit nach E ableiten:

$$\frac{dt}{dE} = \frac{dt}{dr}\frac{dr}{dE} = \frac{dt/d\nu}{dr/d\nu} \cdot \frac{dr}{dE} \tag{6-97}$$

Um den rechten Term zu lösen, benötigen wir die Ableitungen der Zeit und der Position nach der wahren Anomalie. Dazu stellen wir einerseits Gl. (6-95) um und andererseits leiten wir Gl. (6-18) nach der wahren Anomalie ab. Für Ersteres erhalten wir:

$$\frac{dt}{d\nu} = \sqrt{\frac{p^3}{\mu}} \frac{1}{(1 + e \cdot \cos\nu)^2} \tag{6-98}$$

Für Letzteres:

$$\frac{dr}{dv} = \frac{p \cdot e \cdot \sin v}{(1 + e \cdot \cos v)^2} \tag{6-99}$$

Um die Ableitung der Position nach der exzentrischen Anomalie zu formulieren, brauchen wir ein paar Schritte mehr. Wir fangen an in dem wir die Hilfsgröße d mit Bild 6-9 (links) definieren. Es ist leicht abzulesen, dass gilt:

$$d = a \cdot \cos E \tag{6-100}$$

Weiter kann man für die Position r schreiben:

$$r \cdot \cos v = d - e \cdot a = a \cdot \cos E - e \cdot a \tag{6-101}$$

Stellt man die Kegelschnittgleichung um, dann erhält man einen Term von r und $\cos v$:

$$r = \frac{a(1 - e^2)}{1 + e \cdot \cos v} \tag{6-102}$$

$$\Leftrightarrow r + r \cdot e \cdot \cos v = a(1 - e^2) \tag{6-103}$$

Dieser Term ergibt zusammen mit Gl. (6-101):

$$r = a(1 - e^2) - e \cdot a \cdot \cos E + e^2 \cdot a \tag{6-104}$$

$$= a(1 - e \cdot \cos E)$$

Setzt man nun Gl. (6-102) mit (6-104) gleich, kann man nach dem Kosinus der wahren Anomalie auflösen und erhält den Zusammenhang mit der exzentrischen Anomalie:

$$r = \frac{a(1 - e^2)}{1 + e \cdot \cos v} = a(1 - e \cdot \cos E) \tag{6-105}$$

$$\Leftrightarrow \frac{a(1 - e^2)}{a(1 - e \cdot \cos E)} = 1 + e \cdot \cos v$$

$$\Rightarrow \cos v = \frac{\cos E - e}{1 - e \cdot \cos E}$$

Das entspricht gerade wieder der Gl. (6-93), hergeleitet auf einem analytischen Weg.

Die lässt sich stattdessen auch umformen zu:

$$\tan \frac{v}{2} = \sqrt{\frac{1 + e}{1 - e}} \tan \frac{E}{2} \tag{6-106}$$

Mit Gl. (6-104) folgt auch die Ableitung von *r* nach *E*, wie wir sie für Gl. (6-97) benötigen:

$$\frac{dr}{dE} = a \cdot e \cdot \sin E \tag{6-107}$$

Wenn wir nun alle bekannten Terme in Gl. (6-97) einsetzen, dann bekommt man folgenden Ausdruck:

$$\frac{dt}{dE} = \sqrt{\frac{a^3(1-e^2)}{\mu}} \frac{\sin E}{\sin \nu} \tag{6-108}$$

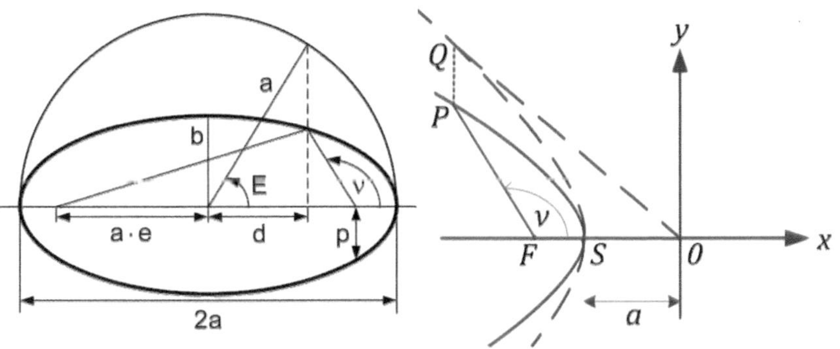

Bild 6-9

Links: Skizze mit Hilfskreis und Hilfsgrößen zur analytischen Definition der Keplergleichung für die Ellipse.

Rechts: Skizze mit Hilfskreis und Hilfsgrößen zur analytischen Definition der Keplergleichung für die Hyperbel. Die Hyperbel mit $e = 2$ ist gestrichelt dargestellt. Für H gilt, dass es zweimal der Fläche von $QS0/a^2$ ist.

Jetzt benötigen wir noch einmal die geometrischen Ausdrücke hinter den Winkelfunktionen. Dazu ziehen wir die linke Seite von Bild 6-9 heran, wo wir ablesen können, dass gilt (siehe auch die Beziehungen folgend Gl. (6-83)):

$$\frac{\sin E}{\sin \nu} = -\frac{r}{b} \tag{6-109}$$

Aus dieser Beziehung folgt mit den Gl. (6-104) und (6-33) für *r* und *b*:

$$\frac{\sin E}{\sin \nu} = \frac{1 - e \cdot \cos E}{\sqrt{1-e^2}} \tag{6-110}$$

Damit ersetzen wir nun das Verhältnis der Sinusterme in Gl. (6-108):

$$\frac{dt}{dE} = \sqrt{\frac{a^3(1-e^2)}{\mu}} \cdot \frac{1 - e \cdot \cos E}{\sqrt{1-e^2}} \tag{6-111}$$

$$= \sqrt{\frac{a^3}{\mu}} \cdot (1 - e \cdot \cos E)$$

Für diesen Term trennen wir nun die Variablen und integrieren ihn, um wie gehabt die Keplergleichung zu erhalten, wenn wir die exzentrische Anomalie im Perizentrum als 0 definieren:

$$M = E - e \cdot \sin E = (t - t_\mathrm{p})\sqrt{\frac{\mu}{a^3}} \qquad (6\text{-}89)$$

mit M wieder als die mittlere Anomalie.

Abschließend sei bemerkt, dass im Falle des Kreises aufgrund der konstanten Kreisgeschwindigkeit (und damit auch konstanten Winkelgeschwindigkeit) der Zusammenhang zwischen Position und Zeit trivial ist. Gl. (6-89) vereinfacht sich dann, da $e = 0$ gilt und ebenso $a = r_\mathrm{Kreis}$.

6.8.3 Zusammenhang zwischen Position und Zeit für Hyperbel und Parabel

Für Bahnen, die keine Ellipsen sind, gibt es ebenfalls Formulierungen, die Position und Zeit in Zusammenhang bringen. Auch für diese gilt das zweite Keplersche Gesetz, so dass auf dieser Basis die Herleitung sehr ähnlich wie bei Ellipsen verläuft. Diese Herleitungen seien deswegen hier ausgelassen. Details finden sie in den Literaturhinweisen.

Für Hyperbeln gilt:

$$M = e \cdot \sinh H - H = (t - t_\mathrm{p})\sqrt{\frac{\mu}{a^3}} \qquad (6\text{-}112)$$

Die Größe H ist die hyperbolische exzentrische Anomalie. Analog wie die exzentrische Anomalie für einen Hilfskreis definiert ist, so definiert sich die hyperbolische, exzentrische Anomalie über eine Hilfshyperbel der Exzentrizität 2. Das ist rechts in Bild 6-9 dargestellt. Zur zugehörigen wahren Anomalie kann man einen Punkt P auf die Hilfshyperbel projezieren und erhält den Punkt Q. Die Fläche, die die Hilfshyperbel mit dem Perizentrumspunkt S und dem Ursprung 0 einschließt, nutzt man für die Definition von H:

$$H = 2\frac{\mathit{Fläche}\ QS0}{a^2} \qquad (6\text{-}113)$$

Genau wie zuvor gibt es im Fall der Hyperbel auch wieder die Möglichkeit zwischen exzentrischer und wahrer Anomalie umzurechnen:

$$\tanh\frac{\nu}{2} = \sqrt{\frac{e+1}{e-1}}\tanh\frac{H}{2} \qquad (6\text{-}114)$$

Für die Parabel ist die Herleitung zwar ähnlich, das Ergebnis ist jedoch einfacher. Grund dafür ist der besondere Fall der Exzentrizität = 1. Deswegen entfällt die Hilfsgröße und der Zusammenhang kann sofort zwischen Zeit und wahrer Anomalie formuliert werden. Für die Herleitung verwendet man erneut die Kegelschnittgleichung, Gl. (6-18), und die Definition des Bahndrehimpulses.

Das Ergebnis lautet:

$$(t - t_\mathrm{p})\sqrt{\frac{\mu}{2\,r_\mathrm{p}{}^3}} = \frac{1}{3}\tan^3\frac{\nu}{2} + \tan\frac{\nu}{2} \tag{6-115}$$

Diese Gleichung wird *Barkersche Gleichung* genannt. Man kann sie auch substituieren und erhält dann vereinfacht:

$$(t - t_\mathrm{p})\sqrt{\frac{\mu}{2\,r_\mathrm{p}{}^3}} = \frac{1}{3}P^3 + P \tag{6-116}$$

In diesem Fall gilt für P:

$$P = \tan\frac{\nu}{2} \tag{6-117}$$

Lösungswege für kubische Gleichungen sind bekannt, weswegen Gl. (6-116) gelöst werden und anschließend mittels Gl. (6-117) der Zusammenhang mit der wahren Anomalie hergestellt werden kann. Ist die wahre Anomalie bekannt kann P ebenfalls berechnet werden und dann folgt damit aus Gl. (6-116) sofort der Wert für den benötigten Zeitraum.

6.8.4 Anwendung der Keplergleichung

Wir haben die Keplergleichung über zwei Wege hergeleitet, die Anwendung allerdings bisher nicht diskutiert.

Zuerst einmal haben wir zwei neue Winkel eingeführt und das mag auf den ersten Blick merkwürdig erscheinen. Statt der wahren Anomalie wird nun die exzentrische Anomalie verwendet, außerdem kommt noch die mittlere Anomalie hinzu, die das Verhältnis zwischen mittlerer Winkelgeschwindigkeit und der verstrichenen Zeit darstellt. Sie ist daher die Referenz für die Zeit. Die exzentrische Anomalie ist nützlich, da sie weniger sensitiv auf Veränderungen im Verlauf der Bahn reagiert und eine einfache Gleichung erlaubt.

Wir könnten in Gl. (6-89) über Gl. (6-92) eine Formulierung der wahren Anomalie einfügen, allerdings wäre die weit komplexer und damit aufwendiger zu berechnen und auch weit weniger anschaulich. Wie unterschiedlich die Verläufe der mittleren Anomalie über exzentrischer und wahrer Anomalie sind, können wir in Bild 6-10 bzw. Bild 6-11 sehen. Deutlich kann man erkennen, dass die Auswirkungen im Falle der wahren Anomalie stärker sind.

Der Keplergleichung (Gl. (6-89)) kann man entnehmen, dass der Zusammenhang zwischen Zeit und exzentrischer Anomalie nicht explizit ist, man kann die Gleichung nicht nach E auflösen, das macht die Anwendung etwas anspruchsvoll.

Ist die exzentrische Anomalie gegeben, z.B. durch eine Vorgabe der wahren Anomalie, welche mittels Gl. (6-92) unmittelbar in einem Wert für die exzentrische Anomalie resultiert, kann man direkt die verstrichene Zeit berechnen. Will man beispielsweise wissen, wieviel Zeit zwischen den Positionen ν=60° und ν=120° vergeht, so berechnet man zunächst die zugehörigen exzentrischen Anomalien, mittels der Keplergleichung dann die jeweiligen

Zeiträume zwischen dem Perizentrumsdurchgang und den gewünschten Positionen, ausgedrückt durch die jeweiligen wahren Anomalien, und zieht diese Zeiten dann voneinander ab.

Bild 6-10

Verlauf der mittleren Anomalie über die exzentrische Anomalie für drei verschiedene Exzentrizitäten.

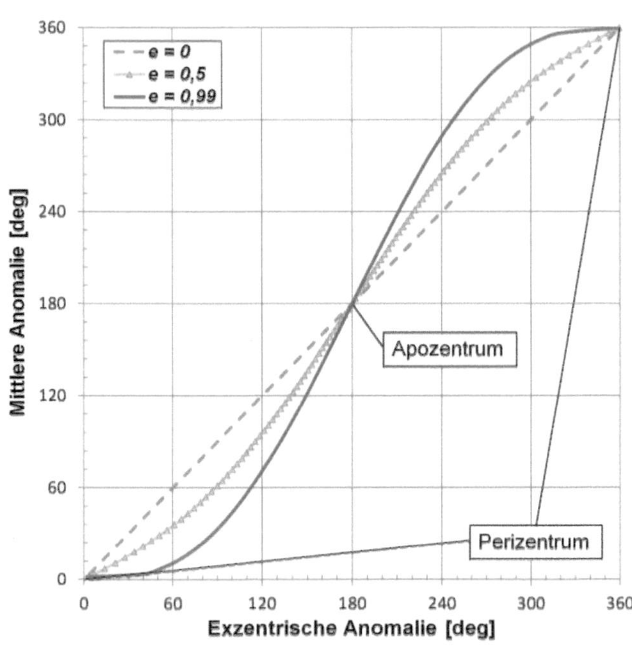

Bild 6-11

Verlauf der mittleren Anomalie über die wahre Anomalie für drei verschiedene Exzentrizitäten.

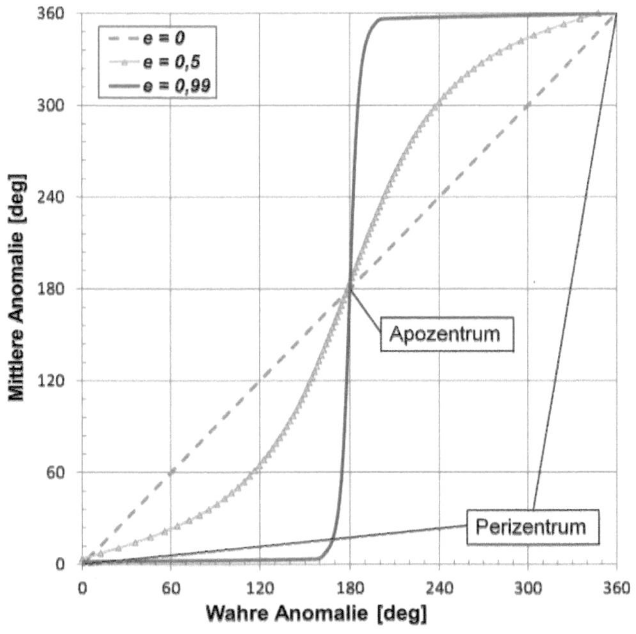

Andersherum ist die Lösung allerdings weniger trivial, da eine Zeitvorgabe, nicht sofort in eine Position umgerechnet werden kann. Dazu verwendet man üblicherweise iterative Lösungsverfahren, z.B. das Newtonverfahren, um damit *E* zu berechnen. Über Gl. (6-93) folgt daraus die entsprechende wahre Anomalie. Allgemein gilt als Näherung für eine stetige Funktion nach dem Newton-verfahren (wobei diese Formulierung von Thomas Simpson stammt):

$$x_{k+1} = x_k - \frac{f(x_k)}{f'(x_k)} \tag{6-118}$$

Dabei ist „k" der Index der Lösungskandidaten und $f(x)$ ist eine Funktion, deren Nullstelle man sucht. Das Newtonverfahren ist ein Verfahren, um Näherungslösungen x_k für die Gleichung $f(x_k) = 0$ zu finden. D.h. in diesem Fall muss man die Keplergleichung so umformen, dass die wahre Anomalie vom Term, der die exzentrische Anomalie enthält, abgezogen wird, damit eine Gleichung für eine Nullstelle entsteht:

$$E_{k+1} = E_k - \frac{E_k - e \cdot \sin E_k - M}{1 - e \cos E_k} \tag{6-119}$$

Beide genannten Fälle wollen wir uns in zwei Beispielen etwas genauer ansehen und üben. Die Anwendung ist identisch für Ellipsen und Hyperbeln. Die Berechnung für Parabeln ist trivial und im vorherigen Abschnitt erklärt.

***Beispielaufgabe Teil 1**: Es sei für einen Erdsatelliten die Exzentrizität e = 0.0345 und die große Halbachse a= 7.250 km. Um 0:00 hat er das Perigäum das letzte Mal durchflogen. Wo ist er eine halbe Stunde später, d.h. wie lauten die wahre Anomalie und der Bahnradius r zu diesem Zeitpunkt? Für den Gravitationsparameter der Erde gilt* $\mu = 3{,}98 \cdot 10^{14}\ \mathrm{m^3/s^2}$.

***Lösung:** Wir berechnen zuerst die Umlaufdauer auf der entsprechenden Bahn und erhalten dafür mit Gl. (6-67) sofort 6.148,16 s, bzw. 102,5 min. Außerdem wissen wir, dass die gefragte Zeitdifferenz 30 min beträgt. Dies setzen wir in die Keplergleichung ein und bestimmen damit die mittlere Anomalie:*

$$E - e \cdot \sin E = 2\pi \frac{1800\ \mathrm{s}}{6.148{,}16\ \mathrm{s}} = 1{,}84\ \mathrm{rad}$$

Hier ist darauf zu achten, dass die mittlere Anomalie immer im Bogenmaß berechnet wird, denn der Sinus ergibt immer eine Zahl und eine Zahl in Grad minus einer einfachen Zahl ist nicht definiert.

Mit diesem Wert beginnen wir nun unsere Iteration und berechnen unsere Werte mit dem Newtonverfahren. Als Startwert E_0 *wählen wir die 1,84 also gerade die mittlere Anomalie. Für wenig exzentrische Bahnen ist dies ein guter Anfangswert der Iteration. Aber selbst mit Exzentrizitäten größer 0,5 liegt man damit noch häufig richtig. Für sehr exzentrische Bahnen, sollte man allerdings einen anderen Wert wählen, je nach Vorgaben der wahren Anomalie.*

Wir setzen die Werte ein und erhalten:

$$E_1 = E_0 - \frac{E_0 - e \cdot \sin E_0 - M}{1 - e \cos E_0}$$

$$= 1{,}84 - \frac{1{,}84 - 0{,}0345 \cdot \sin 1{,}84 - 1{,}84}{1 - 0{,}0345 \cos 1{,}84}$$
$$= 1{,}84 + 0{,}032955$$

$$= 1{,}87296 \text{ rad}$$

$$E_2 = E_1 - \frac{E_1 - e \cdot \sin E_1 - M}{1 - e \cos E_1}$$
$$= 1{,}8730 \text{ rad}$$

$$E_3 = E_2 - \frac{E_2 - e \cdot \sin E_2 - M}{1 - e \cos E_2}$$
$$= 1{,}8730 \text{ rad}$$

Wir sehen, dass wir bereits im dritten Schritt hinreichend konvergiert sind. Auch das kann man sich merken. Häufig konvergieren die Lösungen relativ zügig. Dies gilt ebenfalls für Lösungen mit nicht sehr großen Werten für die Exzentrizität.

Dieses Ergebnis für E verwenden wir nun in Gl. (6-93), um die wahre Anomalie zu berechnen:

$$\nu = \arccos\left(\frac{\cos(1{,}873 \text{ rad}) - 0{,}0345}{1 - 0{,}0345\ \cos(1{,}873 \text{ rad})}\right) = 1{,}9058 \text{ rad} = 109{,}16°$$

Mittels Gl. (6-18) folgt dann sofort der Radius an dieser Position:

$$r = \frac{a(1 - 0{,}0345^2)}{1 + 0{,}0345\ \cos 109{,}16°} = 7.324{,}3 \text{ km}.$$

So ist die Position des Satelliten 30 min nach Perigäumsdurchgang eindeutig bestimmt.

Beispielaufgabe Teil 2: *Nun sei für den gleichen Satelliten gefragt, wieviel Zeit er vom Perigäum bis zu einer wahren Anomalie von 190° benötigt.*

Lösung: *Zuerst verwenden wir Gl. (6-92), um die exzentrische Anomalie zu berechnen:*

$$E = \arccos\left(\frac{0{,}0345 + \cos 190°}{1 + 0{,}0345 \cdot \cos 190°}\right) = 169{,}65°$$

Und hier taucht eine kleine Hürde auf. Kann das sein? Kann die exzentrische Anomalie für eine Position nach dem Apozentrum ($\nu > 180°$) kleiner als 180° sein? Die Antwort ist natürlich nein, denn gerade in den Apsiden, also auch im Apozentrum treffen sich die beiden Winkel und sind gleich. Was also ist passiert?

Der Grund dafür liegt in der Symmetrie des Kosinus. Der Kosinus von 170° ist gleich dem von 190° und daher können wir bei der Rechnung nicht dazwischen unterscheiden und üblicherweise geben uns Taschenrechner diesen Umstand nicht an. Aber wir können uns leicht behelfen.

Wir wissen, dass der Verlauf der exzentrischen Anomalie um die Apsidenlinie symmetrisch ist, d.h. wir nehmen einfach die Differenz zu 180°, also hier 10.35° und addieren sie zu 180° dazu, um unseren richtigen Wert zu erhalten, da wir hinter dem Apozentrum liegen.

Also müssen wir mit einer exzentrischen Anomalie von:

$$E = 190{,}35°$$

rechnen. Über die Keplergleichung können wir nun den dazugehörigen Wert der mittleren Anomalie bestimmen (oder gleich nach der Zeit auflösen) und dann unseren Zeitpunkt t_x berechnen:

$$M = E - e \sin E = 3{,}3202 \text{ rad}$$

$$\Rightarrow t_x - t_p = \frac{T}{2 \cdot \pi} M = 3.248{,}85 \text{ s} = 0{,}9025 \text{ h}$$

Unser Satellit braucht also, um diese Position vom Perizentrum aus zu erreichen eine knappe Stunde.

6.9 Das Zweikörperproblem und die Realität

Wir haben uns in diesem Kapitel sehr ausführlich mit der mathematischen Beschreibung und Lösung des Zweikörperproblems beschäftigt. Allerdings besteht unser Sonnensystem ja eindeutig aus mehr als zwei Körpern.

Tatsächlich haben wir in mehreren Gleichungen sogar explizit angenommen, dass ein Körper um den anderen kreist, weil die Masse des Hauptkörpers dominiert. Natürlich ist dies eine Vereinfachung und wir sollten uns einmal ansehen, inwieweit dies wirklich stimmt.

Das können wir mit einer einfachen Abschätzung machen. Wir prüfen, wo der Schwerpunkt des Erde-Mond-Systems liegt, gerechnet vom Erdmittelpunkt. Dazu gehen wir als erste Näherung davon aus, dass die Bahnen jeweils Kreise sind und r_1 der Abstand des Baryzentrums vom Erdmittelpunkt ist und r der Abstand zwischen Mond und Erde, welchen wir hier als im Mittel 385.000,0 km annehmen. Die Masse des Mondes beträgt $7{,}349 \cdot 10^{22}$ kg, die der Erde $5{,}974 \cdot 10^{24}$ kg. Damit ergibt sich laut Schwerpunktsatz, resp. Drallsatz:

$$r \cdot m_{\text{Mond}} = r_1 \cdot (m_{\text{Erde}} + m_{\text{Mond}}) \tag{6-120}$$

$$\Rightarrow r_1 = \frac{r \cdot m_{\text{Mond}}}{(m_{\text{Erde}} + m_{\text{Mond}})} = 4.678{,}6 \text{ km}.$$

Wie man sieht, liegt der Schwerpunkt nur ca. 1.700 km unterhalb der Erdoberfläche und deutlich verschoben vom Erdzentrum. Gemessen auf den Abstand zwischen den beiden Himmelskörpern ist der Unterschied allerdings dennoch überschaubar. Das Masseverhältnis zwischen Erde und Mond liegt übrigens bei ca. 1:81,3 was sehr hoch ist. Unser Mond ist für einen natürlichen Satelliten sehr schwer im Vergleich zu seinem Hauptkörper.

Das Verhältnis zwischen dem Abstand des Baryzentrums vom Erdmittelpunkt zum Abstand der beiden Himmelskörper voneinander ist entsprechend. Zwar taugt das Zweikörpersystem nicht für eine akkurate Beschreibung der Mondbahn, aber für einfache Rechnungen ist es genau genug.

Wenn wir die gleiche Untersuchung für das Sonne-Erde-System anstellen, dann erhalten wir für eine Masse der Sonne von $1{,}989 \cdot 10^{30}$ kg und eine Entfernung zwischen den beiden von $149{,}6 \cdot 10^{6}$ km einen Abstand des Baryzentrums vom Zentrum der Sonne von 449,33 km. Also marginal gemessen am Abstand zwischen den beiden Körpern und auch gemessen am Durchmesser der Sonne, welcher ca. $1{,}4 \cdot 10^{6}$ km beträgt.

Natürlich haben auch die übrigen Planeten einen Einfluss und verschieben das Baryzentrum des Sonnensystems. Da die Planeten auch unterschiedlich schnell um die Sonne kreisen und sich auch gegenseitig beeinflussen, kann man sich vorstellen, dass das Zweikörperproblem nur in erster Näherung Bahnberechnungen erlaubt.

Aber genau dafür ist es gut. Es erlaubt eine Vorstellung der Verhältnisse zu bekommen und eine erste Abschätzung über die Bahn, die Flugzeiten und z.B. Treibstoffbedarfe von Manövern (damit befassen wir uns im nächsten Kapitel). Auch wenn es nicht ausreicht, um eine Mission zum Mond exakt zu planen, so ist es doch ein erster Schritt in die richtige Richtung.

Wir haben in den Abschätzungen die Massen der Planeten und der Sonne verwendet. Da stellt sich die Frage: Woher kennt man diese eigentlich? Einmal kann man über Schätzungen der Dichte und der Größe eines Himmelskörpers natürlich die Masse berechnen – allerdings ist das immer ungenau. Tatsächlich kannte man lange Zeit die Masse von Planeten, die keine Monde haben auch nur ungefähr. Für die Planeten mit Monden waren die Massen leichter zu berechnen und das liegt am dritten Keplerschen Gesetz, bzw. der Gleichung für die Umlaufperiode, Gl. (6-67). Schauen wir uns das einmal näher an.

Beispielaufgabe: *Gegeben sind die Umlaufzeiten T_P und T_M eines Planeten der Masse m_P um seine Sonne mit Masse m_s und eines Mondes der Masse m_M um den Planeten. Beide bewegen sich auf elliptischen Bahnen. Wie ist das Verhältnis der Planeten- zur Sonnenmasse?*

Lösung: *Mit dem 3. Keplerschen Gesetz lässt sich näherungsweise das Verhältnis zwischen Planeten- und Sonnenmasse bestimmen. Es gilt zunächst:*

$$T = 2\pi\sqrt{\frac{a^3}{\mu}} \tag{6-67}$$

$$\Leftrightarrow T_P{}^2 = 4\pi^2 \frac{a_P{}^3}{\Upsilon\, m_S}$$

Hier ist Υ wieder die Gravitationskonstante. Es ist zu bedenken, dass hier die Masse des kleineren Körpers bereits vernachlässigt ist.

Analog lässt sich die Gleichung für T_M bestimmen:

$$\Leftrightarrow T_M{}^2 = 4\pi^2 \frac{a_M{}^3}{\Upsilon\, m_p}$$

Die beiden Terme stellen wir nun so um, dass die Massen auf der einen Seite und die Zeiten und Halbachsen auf der anderen Seite sind und teilen sie durcheinander. Wir erhalten:

$$\frac{T_P{}^2}{T_M{}^2} \cdot \frac{a_M{}^3}{a_P{}^3} = \frac{\Upsilon m_P}{\Upsilon m_K}$$

Die Gravitationskonstante kürzt sich weg, so dass wir erhalten:

$$\frac{T_P{}^2}{T_M{}^2} \cdot \frac{a_M{}^3}{a_P{}^3} = \frac{m_P}{m_S}$$

Damit ist das gesuchte Massenverhältnis gefunden.

Die Halbachsen und die Umlaufzeiten sind messbar und so lässt sich die jeweilige Masse des Planeten berechnen als Verhältnis zur Sonnenmasse. Diese wiederum, ergibt sich über Gl. (6-67) und die Bahndaten der Erde, die leicht zu bestimmen sind. Tatsächlich wurden über diese Art zu Beginn der Erforschung des Sonnensystems die Massen der Planeten bestimmt. Bei solchen, die keine Monde hatten, war dies dann erst möglich, als man Sonden zu den Planeten geschickt hat und diese dann die künstlichen Monde darstellten, um die gleiche Rechnung zu machen.

Die genauen Mess- und Rechenmethoden der heutigen Zeit erlauben über Bahnänderungen die Gravitationsfelder und damit nicht nur die ungefähre Masse, sondern auch deren Verteilung innerhalb eines Himmelskörpers zu bestimmen.

Literaturhinweise

Steiner, W., Schagerl, M.; Raumflugmechanik – Dynamik und Steuerung von Raumfahrzeugen; Springerverlag, 2004

Murray, C.D., Dermott, S.F.; *Solar System Dynamics*; Cambridge University Press, 2008

7 Bahnänderung und Missionsplanung im Zweikörperproblem

Im letzten Kapitel haben wir uns angesehen, wie Bahnen in der Raumfahrt mathematisch beschrieben werden können und wie wir bestimmen können, wann ein Raumfahrzeug sich wo auf einer Bahn befindet.

Offen ist die Frage, wie ein Satellit oder eine Sonde auf die Bahn gelangt, die für ihre jeweilige Mission gewünscht ist. Wir wissen zwar, wie eine Bahn aussieht mit der man sich von einem Körper entfernt, d.h. eine Bahn, die nicht geschlossen ist – also eine Hyperbel oder eine Parabel – aber wie erreicht ein Raumfahrzeug eine solche Bahn?

Einen ersten Ansatz dazu haben wir schon gesehen, als wir berechnet haben, was eine Fluchtgeschwindigkeit darstellt (siehe Abschnitt 6.6.2). Aber in diesem Kapitel gehen wir noch weiter und setzen uns damit auseinander, wie wir beliebige (Kepler-)Bahnen einnehmen können und welchen Treibstoff wir dafür benötigen.

7.1 Energiezustand und Änderung der Bahnenergie

Wir haben im Abschnitt 6.6 die Gesamtenergie und die Energiegleichung bestimmt. Dabei haben wir festgestellt, dass die Gesamtenergie einer Bahn ausschließlich vom Zentralkörper der Bahn abhängt und von den Ausmaßen dieser Bahn, d.h. der großen (resp. reellen) Halbachse a.

Die Gesamtenergie beschreibt die Bahn als Ganzes und ist die Beschränkung für die Anteile in kinetischer und potentieller Energie, deren Summe natürlich nie die Gesamtenergie überschreiten darf. Schauen wir uns die Energiegleichung noch einmal an:

$$\frac{v^2}{2} - \frac{\mu}{r} = -\frac{\mu}{2\,a} = const \tag{6-51}$$

Die Gleichung beschreibt allgemein das Zusammenspiel der einzelnen Energieanteile und muss für jeden Punkt auf einer Bahn erfüllt sein. Anders herum bedeutet das auch, wenn an einem Punkt einer Bahn die Energieaufteilung in kinetische und potentielle Energie festliegt, also über spezifische Werte für r und

v, dann liegt auch die Gesamtenergie und damit die vollständige Bahn fest. Es muss gelten:

$$\frac{v_a^2}{2} - \frac{\mu}{r_a} = -\frac{\mu}{2\,a} = \frac{v_b^2}{2} - \frac{\mu}{r_b} \tag{7-1}$$

für den Fall, dass die Indizes a und b verschiedene Punkte einer bestimmten Bahn beschreiben. Jeder Punkt einer Bahn entspricht einer Paarung von r und v, die einen expliziten Energiezustand festlegt, da über diese beiden Größen die potentielle bzw. die kinetische Energie ausgedrückt werden.

Sehen wir uns Gl. (7-1) noch einmal an und überlegen uns, was passiert, wenn wir einen Ort 0 festlegen, z.B. das Perizentrum der Bahn. Dazu gehört eine Geschwindigkeit mit dem Index „0,1". Damit liegt die Bahn fest. Wir können nun mittels der Gleichung sofort die Gesamtenergie ausrechnen und haben eine ganz bestimmte Bahn.

Wenn wir jetzt annehmen, dass wir an der Stelle 0 eine andere Geschwindigkeit haben, die den Index „0,2" trägt, dann folgt daraus auch eine andere Bahn. Zwar ist die potentielle Energie gleich, da $r_{0,1} = r_{0,2} = r_0$, allerdings ist $v_{0,1} \neq v_{0,2}$. Die ist nur möglich, wenn auch die Gesamtenergie unterschiedlich ist, d.h. $a_1 \neq a_2$. Diese Situation ist in Bild 7-1 illustriert. Deutlich ist der Bahnunterschied bedingt durch die unterschiedlichen Geschwindigkeiten zu erkennen. Die unterschiedliche Bahnenergie resultiert mit Gl. (7-1) auch umgehend in unterschiedlichen Halbachsen a.

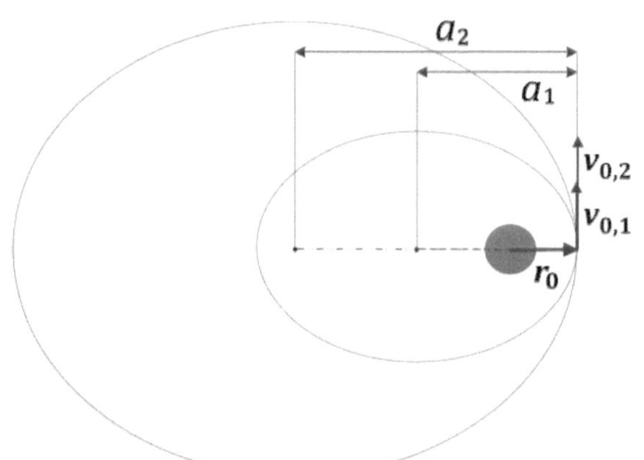

Bild 7-1

Skizze von zwei verschiedenen Bahnen mit den Halbachsen a_1 bzw. a_2 als Kombination von verschiedenen Energiezuständen bedingt durch Differenzen in den Geschwindigkeiten.

Dies lässt sich vergleichen mit einem Ball, den man im Schwerefeld der Erde nach oben wirft. Davon ausgehend, dass der Ball immer beim gleichen Abstand vom Boden nach oben geworfen wird, entscheidet die Geschwindigkeit bei Abwurf darüber, welche Höhe der Ball erreicht, d.h. auch welchen maximalen Wert an potentieller Energie. Ein Beispiel für eine ähnliche Energiegleichung und deren Anwendung ist die Bernoulli-Gleichung in der Strömungsmechanik.

Aber wie ändert man die Bahnenergie? Energie kann nicht erzeugt, sondern nur von einer Form in die andere umgewandelt werden. Wir haben zwei Energieanteile in unserer Gleichung für die Bahnenergie, d.h. wir können entweder die kinetische Energie über die Geschwindigkeit v ändern oder die potentielle Energie über die Position r, wenn wir davon ausgehen, dass μ, also der Gravitationsparameter des Problems unveränderlich ist.

Die Natur ist stetig und es ist nicht möglich, plötzlich eine Position zu ändern und so sprunghaft eine andere Bahn einzunehmen. Aber wir können die Geschwindigkeit eines Raumfahrzeugs tatsächlich kontrolliert ändern und damit auch unsere Bahn.

Kennt man die angestrebte Zielbahn, dann kann man über das bekannte r und die bekannte große Halbachse a, sofort berechnen, welche Geschwindigkeit im gesuchten Energiezustand vorhanden sein muss, damit die Bahn wie gewünscht aussieht. Im obigen Beispiel heißt das, ich muss also das gewünschte a_2 kennen, woraus für bekanntes r_0 sofort ein $v_{0,2}$ folgt, dank Gl. (6-51). Man muss beachten, dass Gl. (7-1) nicht für einen Bahnwechsel gilt, da in diesem Falle die Energie ja gerade nicht erhalten bleibt, denn $a_1 \neq a_2$. Das Schubmanöver verändert die Gesamtenergie des Systems.

Ein Maß für die Energie, die notwendig ist, um eine bestimmte Bahn-änderung zu bewirken, ist demnach der Unterschied zwischen den Geschwindigkeiten der Energiezustände *1* und *2*. Man spricht daher auch von einem Δv. Diese Größe beschreibt den Geschwindigkeitsunterschied (bzw. die Impulsänderung) zwischen Ist- und Soll-Zustand während einer Bahnänderung am Startort:

$$\Delta \vec{v} = \vec{v}_{\text{Soll}} - \vec{v}_{\text{Ist}} \tag{7-2}$$

Für viele Fälle gehen wir davon aus, dass die Geschwindigkeitsvektoren parallel zueinander sind. In diesem Fall, kann man auch eine skalare Formulierung vornehmen:

$$\Delta v = v_{\text{Soll}} - v_{\text{Ist}} \tag{7-3}$$

Bei dieser Definition ist auf das Vorzeichen zu achten, welches dann die Richtung des Impulses angibt. In diesem Fall wird davon ausgegangen, dass der Pfeil von Δv in die gleiche Richtung weist, wie die beiden Geschwindigkeiten. Dies kann man auch anders handhaben, dann ändern sich aber ggf. die Vorzeichen. Für unsere Anwendungen gehen wir immer von gleichen Richtungen aus und davon, dass ein negatives Vorzeichen dann die Gegenrichtung kennzeichnet. Für das gesamte Δv rechnet man mit Beträgen, denn der Energieaufwand addiert sich unabhängig vom Vorzeichen.

7.2 Flucht von einer Kreisbahn

Wenn wir Gl. (7-3) auf die Flucht von einem Kreisorbit anwenden, dann gilt für die Sollgeschwindigkeit, dass sie der Geschwindigkeit zum Anfang auf einer Parabel (v_p) entsprechen muss und die Ist-Geschwindigkeit entspricht der Kreisgeschwindigkeit (v_k). Beides soll für den Fall gelten, dass sich das Raumfahrzeug zum Zeitpunkt des Manövers auf der Position r_k befindet (es gibt keinen Sprung in der Position):

$$\Delta v = v_p - v_k \tag{7-4}$$

$$= \sqrt{\frac{2 \cdot \mu}{r_k}} - \sqrt{\frac{\mu}{r_k}}$$

$$= \sqrt{\frac{\mu}{r_k}}(\sqrt{2} - 1)$$

Diese Situation ist links in Bild 7-2 gezeigt, inkl. der Vektorpfeile, die das Δv kennzeichnen. Ein größeres Δv würde dann zu einer Hyperbelbahn führen.

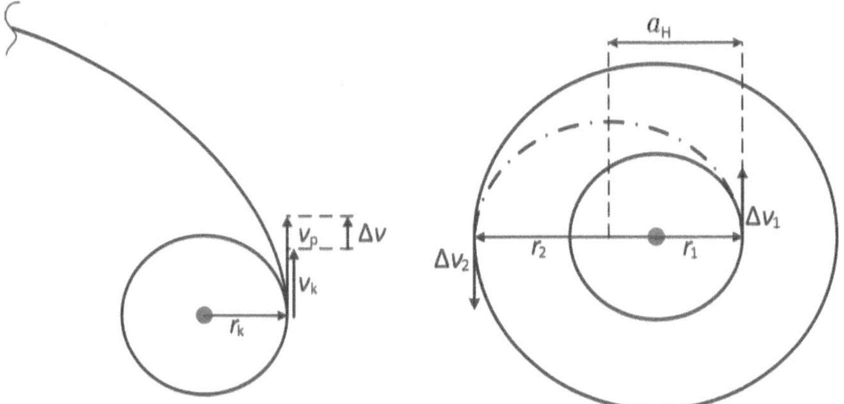

Bild 7-2

Links: Manöver für den Übergang von einer Kreisbahn auf eine Parabelbahn durch ein Δv.

Rechts: Eine Transferbahn (gestrichelt) von einem Kreisorbit zum anderen mit eingezeichneten Bahngrößen und Manövern ausgeführt als Hohmanntransfer.

7.3 Hohmanntransfer

Der Bauingenieur Walter Hohmann veröffentlichte 1925 das Buch *Die Erreichbarkeit der Himmelskörper* in dem er unter anderem analysierte, wie Raumfahrzeuge Bahnänderungen vornehmen können. Er war auf der Suche nach dem energieoptimalsten Übergang zwischen zwei Bahnen.

Noch heute ist seine Idee relevant und stellt für viele Probleme eine Näherungslösung dar, bzw. erlaubt das Berechnen des minimal notwendigen Δv.

Der Hohmanntransfer ist (mit Einschränkungen, siehe Abschnitt 7.5) der günstigste Transfer zwischen zwei Bahnen, wenn gilt:

1. *Die Bahnen sind kreisförmig (also e = 0),*
2. *koplanar (in derselben Ebene liegend) und*
3. *konzentrisch (mit gleichem Mittelpunkt).*
4. *Das Manöver erfolgt impulsiv.*

Er stellt immer eine halbelliptische Bahn dar, deren Perizentrum und Apozentrum die Berührpunkte mit den Kreisbahnen sind. Dies gilt unabhängig davon, ob der Transfer von einem größeren zu einem kleineren Orbit erfolgt oder anders herum.

Die rechte Seite von Bild 7-2 zeigt die Situation eines Hohmanntransfers für einen Transfer von innen nach außen. Für den umgekehrten Fall müssen die

Manöver entgegen der Flugrichtung zeigen. Die Richtung des Transfers, d.h. vom kleinen zum großen Bahnradius, ist ansonsten unerheblich. Maßgeblich ist lediglich der Radiusunterschied. Die Schubmanöver sind durch die jeweiligen Δv gekennzeichnet. Erfolgt der Flug von innen nach außen, so muss Energie aufgebaut werden und die Manöver zeigen in Flugrichtung (bzw. Geschwindigkeitsrichtung auf der jeweiligen Kreisbahn). Im umgekehrten Fall, muss Energie abgebaut werden und die Manöver zeigen entgegen der Flugrichtung. Weiter können wir sofort ablesen, dass für die Transferbahn gilt:

$$a_\mathrm{H} = \frac{r_1 + r_2}{2} \tag{7-5}$$

Im Perizentrum der Transferbahn muss nach Gl. (7-3) zudem gelten, dass:

$$\Delta v_1 = v_\mathrm{p} - v_\mathrm{k1} \tag{7-6}$$

wobei v_p die Geschwindigkeit im Perizentrum der Hohmannbahn ist und v_k1 die Geschwindigkeit auf der Kreisbahn mit dem Radius r_1, denn um auf die Transferellipse zu gelangen benötigen wir am Punkt r_1 die Geschwindigkeit für das Perizentrum der Ellipse und wir haben vor dem Manöver bereits die Geschwindigkeit des Kreises an diesem Punkt (unser Raumfahrzeug kann ja nicht einfach still im Weltraum stehen).

Ähnlich sieht die Situation für das Apozentrum der Hohmannbahn aus:

$$\Delta v_2 = v_\mathrm{k2} - v_\mathrm{a} \tag{7-7}$$

mit v_k2 als Geschwindigkeit auf der Kreisbahn 2 und v_a als Geschwindigkeit im Apozentrum der Hohmannbahn.

Das Vorzeichen ändert sich, wenn man die Flugrichtung stattdessen von außen nach innen wählt, d.h. der entsprechende Vektor wird entgegen der Flugrichtung gedreht. Der Betrag bleibt unverändert und dieser ist relevant, um z.B. die benötigte Treibstoffmenge zu bestimmen (siehe Abschnitt 7.9).

Der gesamte Δv-Bedarf für den Hohmanntransfer lautet also:

$$\Delta v_\mathrm{H} = \Delta v_1 + \Delta v_2 \tag{7-8}$$

Aber schauen wir uns die einzelnen Geschwindigkeiten genauer an. Beginnen wir mit v_p. Mittels Gl. (6-53) folgt mit (7-5) sofort:

$$v_\mathrm{p} = \sqrt{\mu\left(\frac{2}{r_\mathrm{p}} - \frac{1}{a_\mathrm{H}}\right)} = \sqrt{\mu\left(\frac{2}{r_1} - \frac{2}{r_1 + r_2}\right)} \tag{7-9}$$

$$v_\mathrm{p} = \sqrt{\mu\left(\frac{2 \cdot r_1 + 2 \cdot r_2}{r_1(r_1 + r_2)} - \frac{2 \cdot r_1}{r_1(r_1 + r_2)}\right)}$$

$$v_\mathrm{p} = \sqrt{\mu\left(\frac{2 \cdot r_2}{r_1(r_1 + r_2)}\right)}$$

Mit Gl. (7-6) und (6-54) können wir dann für Δv_1 schreiben:

$$\Delta v_1 = \sqrt{\mu\left(\frac{2 \cdot r_2}{r_1(r_1 + r_2)}\right)} - \sqrt{\frac{\mu}{r_1}} \tag{7-10}$$

$$\Delta v_1 = \sqrt{\frac{\mu}{r_1}}\left(\sqrt{\frac{2 \cdot r_2}{(r_1 + r_2)}} - 1\right)$$

Analog können wir Δv_2 herleiten und erhalten:

$$\Delta v_2 = \sqrt{\frac{\mu}{r_2}}\left(1 - \sqrt{\frac{2 \cdot r_1}{(r_1 + r_2)}}\right) \tag{7-11}$$

Das gesamte Δv des Hohmanntransfers lässt sich also zusammenfassen zu:

$$\Delta v_H = \sqrt{\frac{\mu}{r_1}}\left(\sqrt{\left(\frac{2 \cdot r_2}{(r_1 + r_2)}\right)} - 1\right) + \sqrt{\frac{\mu}{r_2}}\left(1 - \sqrt{\frac{2 \cdot r_1}{(r_1 + r_2)}}\right) \tag{7-12}$$

Oder vereinfacht mit $k = r_2/r_1$:

$$\Delta v_H = \sqrt{\frac{\mu}{r_1}}\left(\left(\sqrt{\left(\frac{2 \cdot k}{(1 + k)}\right)} - 1\right) + \sqrt{\frac{1}{k}}\left(1 - \sqrt{\left(\frac{2}{(1 + k)}\right)}\right)\right) \tag{7-13}$$

In Bild 7-3 ist der Δv-Bedarf der einzelnen Manöver im Apozentrum (Index „a") und Perizentrum (Index „p") sowie deren Summe für einen Hohmanntransfer in Abhängigkeit des Radienverhältnisses k und für die Erde zu sehen.

Deutlich ist der zuerst starke und danach nachlassende Anstieg zu erkennen. Für ein k von 6 kann man ein Maximum Geschwindigkeitsbedarfs für das Manöver im Apozentrum erkennen. Danach sinkt der Bedarf für dieses Manöver wieder.

Die Voraussetzungen für einen Hohmanntransfer sind nur bedingt realistisch. Die Orbits der Planeten sind keine exakten Kreise und weisen auch Neigungen zueinander auf. Allerdings kann man den Δv-Bedarf für die notwendigen Inklinationsänderungen ebenfalls berechnen (siehe Abschnitt 7.8) und die Orbits sind oft nur wenig exzentrisch. Der Hohmanntransfer kann daher eine erste Abschätzung für den Δv-Bedarf liefern und in jedem Fall ein unteres Limit.

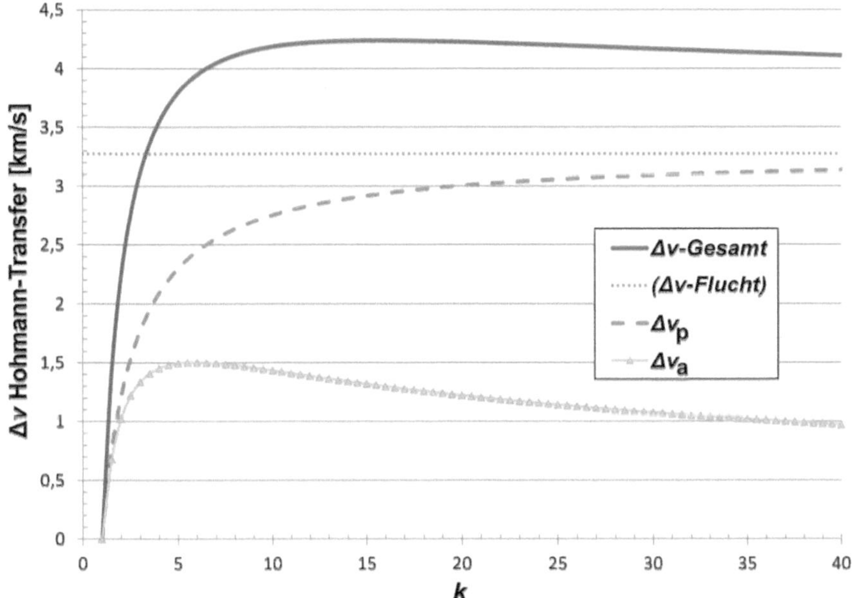

Bild 7-3

Δv-Bedarf für den gesamten Hohmanntransfer und die einzelnen Manöver für erdzentrische Bahnen am Perizentrum (Index „p") und Apozentrum (Index „a") in Abhängigkeit des Verhältnisses der Orbitradien $k = r_2/r_1$. Der Radius r_1 ist 6378 km (also ca. Erdoberfläche).

7.4 Sternfeldtransfer (Bielliptischer Transfer)

Ein weiterer Transfer ist der sogenannte biellipitische Transfer, bzw. Sternfeldtransfer. Diese Transferart ist ab einem bestimmten Radienverhältnis günstiger als der Hohmanntransfer, was wir uns noch genauer ansehen werden. Erdacht wurde diese Transferart von Ary Sternfeld und 1934 publiziert.

Das Prinzip ist ähnlich, wie bei Hohmann und die Voraussetzungen sind die gleichen, d.h. dieser Transfer gilt nur, wenn die Orbits kreisförmig, konzentrisch und koplanar sind.

Anders als beim Hohmanntransfer geht man hier noch einen Zwischenschritt und fliegt vor dem endgültigen Flug zum Zielorbit auf eine Zwischenposition, die auf einem elliptischen Orbit liegt. Allerdings wird auf diesem Orbit nicht verweilt, sondern sofort durch ein weiteres Manöver der Transfer zum Zielorbit durchgeführt, wo dann ein drittes Manöver die gewünschte Bahn erzeugt.

Bild 7-4 zeigt einen solchen Übergang mit Kennzeichnung der notwendigen Manöver und Transferellipsen. Die Skizze ist für den Fall eines Transfers von einem inneren zu einem äußeren Orbit zutreffend und auch für den umgekehrten Fall. Zu beachten ist die Richtung der jeweiligen Manöver.

Bild 7-4

Eine Transferbahn (gestrichelt) von einem Kreisorbit zum anderen mit eingezeichneten Bahngrößen und Manövern ausgeführt als Sternfeldtransfer.

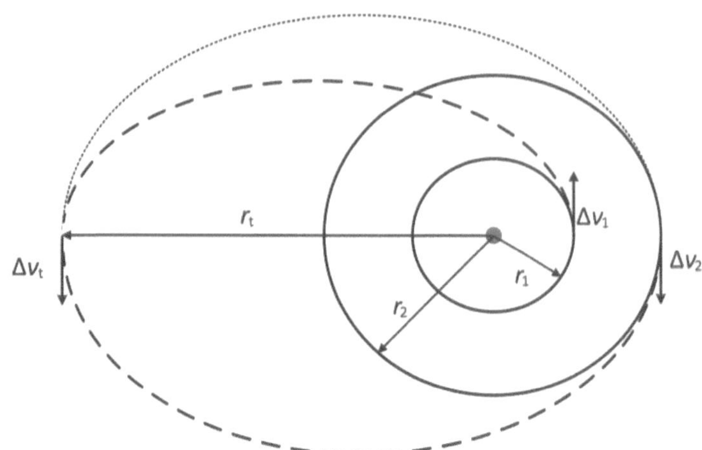

Im Falle, dass von innen nach außen geflogen wird, zeigen die ersten beiden Manöver in Flugrichtung, da das Raumfahrzeug zur Erhöhung der Orbitenergie jeweils beschleunigen muss. Danach folgt eine Abbremsung, d.h. das Manöver erfolgt entgegen der Flugrichtung. Für den zweiten Fall, d.h. es wird von außen nach innen geflogen, ist die Richtung jeweils umgedreht.

Das gesamte Δv des Sternfeldtransfers ist analog zum Hohmanntransfer die Summe der Einzelmanöver:

$$\Delta v_S = \Delta v_1 + \Delta v_t - \Delta v_2 \tag{7-14}$$

Auch hier gilt wieder Gl. (7-3), so dass die einzelnen Manöver wie beim Hohmanntransfer auch über die Ist- und Sollzustände ermittelt werden können. Werden die Beträge verwendet, so entfällt das negative Vorzeichen.

Das Δv_1 lässt sich ausdrücken als Differenz zwischen der Geschwindigkeit auf der Ellipse, die sich an den Kreis 1 anschmiegt, (v_{p1}) und der Geschwindigkeit auf Kreis 1:

$$\Delta v_1 = v_{p1} - v_{k1} \tag{7-15}$$

Dabei gilt für erstere:

$$v_{p1} = \sqrt{\mu\left(\frac{2}{r_1} - \frac{2}{r_1 + r_t}\right)} \tag{7-16}$$

Somit folgt für Δv_1:

$$\Delta v_1 = \sqrt{\frac{\mu}{r_1}}\left(\sqrt{\frac{2 \cdot r_t}{r_1 + r_t}} - 1\right) \tag{7-17}$$

Der Wert für das Manöver beim Übergang zwischen den beiden Transferellipsen lautet:

$$\Delta v_{\mathrm{t}} = v_{\mathrm{t2}} - v_{\mathrm{t1}} \tag{7-18}$$

wobei v_{t1} und v_{t2} gerade den Apozentrumsgeschwindigkeiten auf den Transferellipsen entspricht. Für sie gilt:

$$v_{\mathrm{t1}} = \sqrt{\mu\left(\frac{2}{r_{\mathrm{t}}} - \frac{2}{r_1 + r_{\mathrm{t}}}\right)} \tag{7-19}$$

$$= \sqrt{\frac{\mu}{r_{\mathrm{t}}}\left(\frac{2 \cdot r_1}{r_1 + r_{\mathrm{t}}}\right)}$$

bzw.:

$$v_{\mathrm{t2}} = \sqrt{\mu\left(\frac{2}{r_{\mathrm{t}}} - \frac{2}{r_2 + r_{\mathrm{t}}}\right)} \tag{7-20}$$

$$= \sqrt{\frac{\mu}{r_{\mathrm{t}}}\left(\frac{2 \cdot r_2}{r_2 + r_{\mathrm{t}}}\right)}$$

Daraus folgt dann für Δv_t:

$$\Delta v_{\mathrm{t}} = \sqrt{\frac{\mu}{r_{\mathrm{t}}}}\left(\sqrt{\frac{2 \cdot r_2}{r_1 + r_{\mathrm{t}}}} - \sqrt{\frac{2 \cdot r_1}{r_1 + r_{\mathrm{t}}}}\right) \tag{7-21}$$

Bleibt zuletzt Δv_2, welches analog zu Δv_1 gebildet werden kann, denn es gilt:

$$\Delta v_2 = v_{\mathrm{k2}} - v_{\mathrm{p2}} \tag{7-22}$$

Für die Geschwindigkeit auf der Ellipse können wir schreiben:

$$v_{\mathrm{p2}} = \sqrt{\mu\left(\frac{2}{r_2} - \frac{2}{r_2 + r_{\mathrm{t}}}\right)} \tag{7-23}$$

Und das führt zu:

$$\Delta v_2 = \sqrt{\frac{\mu}{r_2}}\left(1 - \sqrt{\frac{2 \cdot r_{\mathrm{t}}}{r_2 + r_{\mathrm{t}}}}\right) \tag{7-24}$$

Somit haben wir nun einen Ausdruck für jedes der Manöver. Für den Sternfeldtransfer ist vorgesehen, dass der Übergangsorbit ins Unendliche reicht, denn auf diese Weise kann er für bestimmte Radienverhältnisse (siehe Abschnitt

7.5) optimal werden. Für den Grenzfall, dass r_t gegen unendlich geht, vereinfachen sich die unterschiedlichen Δv:

$$\lim_{r_t \to \infty} \Delta v_1 = \sqrt{\frac{\mu}{r_1}} \left(\sqrt{2} - 1\right) \tag{7-25}$$

$$\lim_{r_t \to \infty} \Delta v_t = 0$$

$$\lim_{r_t \to \infty} \Delta v_2 = \sqrt{\frac{\mu}{r_2}} \left(1 - \sqrt{2}\right)$$

Führen wir wieder $k = r_2/r_1$ ein, können wir für das Gesamt-Δv schreiben:

$$\Delta v_S(r_t \to \infty) = \sqrt{\frac{\mu}{r_1}} \left(\sqrt{2} - 1\right) - \sqrt{\frac{\mu}{r_2}} \left(1 - \sqrt{2}\right) \tag{7-26}$$

$$\Leftrightarrow \Delta v_S(r_t \to \infty) = \sqrt{\frac{\mu}{r_1}} \left(\left(\sqrt{2} - 1\right) + \sqrt{\frac{1}{k}} \left(\sqrt{2} - 1\right) \right) \tag{7-27}$$

$$= \sqrt{\frac{\mu}{r_1}} \left(\sqrt{2} - 1\right) \left(1 + \sqrt{\frac{1}{k}} \right)$$

Dabei fällt auf, dass der erste Teil dem Übergang zur Fluchtgeschwindigkeit entspricht (siehe Abschnitt 7.2) – das ist zu erwarten, da die Fluchtgeschwindigkeit ebenfalls für eine Bahn definiert ist, die bis ins Unendliche reicht, d.h. für den Fall, das r_t gegen unendlich geht, berechnet man eigentlich den Transfer auf eine Parabel und von dort wieder zurück auf einen anderen Kreisorbit.

7.5 Anwendung der energieoptimalen Transferarten

Sowohl Sternfeld- als auch Hohmanntransfer erlauben eine Abschätzung des minimal erforderlichen Δv für ein gegebenes Missionsszenario. Dabei ist zu beachten, dass sie jeweils für ein bestimmtes Radienverhältnis optimal sind.

Weiter sind ihre Voraussetzungen in einer realistischen Mission nur bedingt gegeben, da das Sonnensystem die Voraussetzungen nur ungenau erfüllt, z.B. sind die Planetenbahnen inkliniert zueinander und keine exakten Kreise.

Ein weiteres Manko, das bei beiden Transfers auftritt, insbesondere aber beim Sternfeldtransfer, ist die große Flugzeit. Im Falle dieses bielliptischen Transfers ist die große Halbachse der Transferellipse unendlich groß, was zwangsläufig bedeutet, dass die Flugzeit unendlich ist. Selbst wann man die unendlich große Halbachse mit finiten Größen annähert, ist die Flugzeit dennoch sehr groß.

Ähnlich sieht es beim Hohmanntransfer aus. Dazu wollen wir uns ein Beispiel ansehen.

Beispielaufgabe: *Der Neptun hat eine mittlere Entfernung von* $4{,}501 \cdot 10^9$ *km von der Sonne, die Erde von* $149{,}6 \cdot 10^6$ *km. Wenn man annimmt, dass beide Planeten auf Kreisbahnen um die Sonne kreisen, wie lange wäre die reine Flugzeit für einen Transfer von der Erdbahn zum Jupiter unter Verwendung eines Hohmanntransfers?*

Der Gravitationsparameter der Sonne beträgt $\mu = 1{,}327 \cdot 10^{20}\ m^3/s^2$.

Lösung: *Für den Hohmanntransfer müssen wird zuerst die große Halbachse der Transferbahn bestimmen. Diese entspricht gerade der Hälfte der beiden addierten Radien, siehe Gl. (7-5). Mit den gegebenen Entfernungen erhalten wir:*

$$a_{\text{Transfer}} = \frac{4{,}501 \cdot 10^9\ \text{km} + 149{,}6 \cdot 10^6\ \text{km}}{2}$$

$$= 2.325{,}25 \cdot 10^6\ \text{km}$$

Wir verwenden nun die Gleichung für die Umlaufperiode auf einer Ellipse. Die Hohmannellipse wird nur halb abgeflogen, denn in ihrem Apozentrum erfolgt das zweite Manöver. Mit Gl. (6-67) ergibt sich also:

$$T_{\text{Transfer}} = \frac{1}{2} \cdot T_{\text{Ellipse}} = \frac{1}{2} \cdot 2\pi \sqrt{\frac{{a_{\text{Transfer}}}^3}{\mu}} = 30{,}64\ \text{a}$$

Diese lange Flugzeit ist nicht praktikabel. Die Kosten durch den Betrieb wären immens, die Betriebsfähigkeit der Sonde wäre nur sehr schwer sicherzustellen, zumal nach der Flugzeit noch die eigentliche Mission durchgeführt werden muss.

Wie man an diesem Beispiel erkennen kann, ist der Preis für einen optimalen Energiebedarf des Transfers seine hohe Flugdauer. Für interplanetare Missionen ist der Hohmanntransfer daher nur begrenzt geeignet. Aber er wird näherungsweise bei Transfers zwischen Erdorbits eingesetzt, z.B. von niedrigen Erdorbits in geostationäre Orbits. Dazu finden Sie mir mehr in Kapitel 8.2.3, inklusive eines Videos.

7.5.1 Δv-Bedarf und günstigster Transfer

Wenn man untersuchen möchte, wann ein Hohmanntransfer günstiger als ein bielliptischer Sternfeldtransfer ist, dann kann man einfach die Nullstelle der Differenz der beiden Δv-Gleichungen bilden, bzw. prüfen, wo sie sich ggf. schneiden.

Das ist in Bild 7-5 gezeigt. Man erkennt, dass der Hohmanntransfer ein Maximum bei einem Radienverhältnis von ca. 16 hat und in der Tat an einem Punkt die Kurve des bielliptischen Transfers schneidet. Dies geschieht an der Stelle $k = 11{,}94$.

Für diesen Wert wechselt welcher Transfer der günstigste bezogen auf das benötigte Δv ist. Ab dem Radienverhältnis 11,94 ist der bielliptische Transfer günstiger als der Hohmanntransfer.

Dies kann man natürlich auch rechnerisch ermitteln indem man die Δv-Bedarfe für Hohmann- und Sternfeldtransfer gleichsetzt und nach k auflöst:

$$\Delta v_S(r_t \to \infty) = \Delta v_H$$

Wenn wir nach Einzeltermen auflösen erhalten wir mit Gl. (7-13) und Gl. (7-27):

$$\sqrt{\frac{2}{k}} - \sqrt{\frac{1}{k}} + \sqrt{2} = \sqrt{\frac{2}{k+1}}\left(\sqrt{k} - \sqrt{\frac{1}{k}}\right) + \sqrt{\frac{1}{k}}$$

$$\Leftrightarrow \sqrt{k} + 1 = \sqrt{\frac{1}{k+1}}(k-1) + \sqrt{2}$$

$$\Leftrightarrow \sqrt{2} - 1 = \sqrt{k} + \frac{1-k}{\sqrt{k+1}}$$

Diese Form muss man nun iterativ lösen, z.B. mit dem schon erwähnten Newtonverfahren und erhält dann ebenfalls die Lösung $k = 11.94$. Sie können dies natürlich auch hier schon einsetzen und werden feststellen, die Gleichung stimmt.

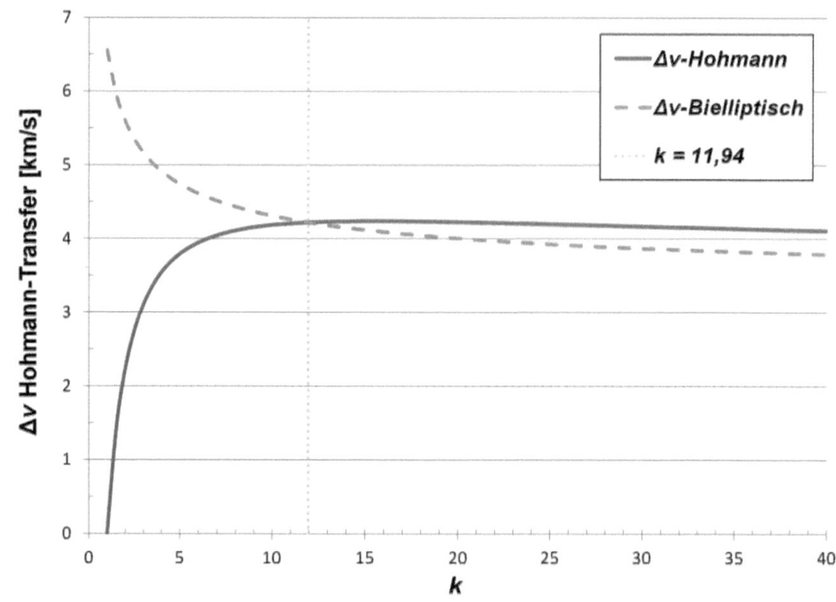

Bild 7-5

Vergleich des Δv-Bedarfs für Hohmann- und bielliptischen Transfer am Beispiel r_1 = 6.378 km und für die Erde, als Funktion des Radienverhält-nisses $k = r_2/r_1$.

7.5.2 Rendezvous mittels Hohmanntransfer

Schauen wir uns nun noch einmal die rechte Seite von Bild 7-2 an. Die Transferbahn des Hohmanntransfers ist immer eine halbe Ellipse und das Ziel wird im Apozentrum dieser Ellipse erreicht, denn nach dem zweiten Manöver entspricht die Geschwindigkeit der auf dem Zielorbit. Das bedeutet, dass ein Objekt, was sich ebenfalls auf diesem Orbit befindet, seine relative Position zu dem Raumfahrzeug, das den Hohmanntransfer durchgeführt hat, nicht mehr verändern wird. Wollen wir also mit dem Hohmanntransfer nicht nur einen bestimmten Orbit, sondern einen exakten Punkt auf diesem Orbit erreichen, weil sich dort z.B. ein Zielkörper befindet, so muss dies bei der Planung des Manövers mit einbezogen werden. Dies gilt insbesondere, da sich während des Transfers der Zielkörper auf dem Zielorbit weiterbewegt.

Unter Berücksichtigung der erforderlichen Flugzeit und der gewünschten Ankunftsposition, muss der Startzeitpunkt (und damit die Startposition) so gewählt werden, dass sich nach Verstreichen der Transferzeit das Ziel gerade an dem Punkt auf der Zielkreisbahn befindet an dem dann auch das Raumfahrzeug ist. Durch das zweite Manöver des Hohmanntransfers wird dann noch die Geschwindigkeit angepasst, so dass danach sowohl Geschwindigkeit als auch Position gleich sind. Das sind die Bedingungen, die für ein Rendezvous erfüllt sein müssen.

Die Flugzeit ist in diesem Fall fest, denn auf der Transferellipse bewegt man sich mit der zur Bahn gehörenden Geschwindigkeit, d.h. eine Änderung der Geschwindigkeit würde die Bahn ebenfalls verändern und damit auch den Punkt des Zusammentreffens. Da die Flugzeit bekannt ist, kann man so das Manöver vorausplanen.

Aber schauen wir uns das genauer an, siehe Bild 7-6. Sei θ der Winkel zwischen dem Raumfahrzeug und dem Zielkörper, dann gibt es genau einen Winkel θ_H, der exakt in der vorgesehenen Flugzeit überstrichen wird, so dass der Zielkörper danach an der benötigten Position ist. Zum Zeitpunkt des ersten Manövers muss das Ziel eine Position haben, die einen Winkelabstand von θ_H hat. Dieser ist die Differenz zwischen den 180° (also π), die das Raumfahrzeug entlang der Halbellipse überstreichen muss und dem Winkel, den das Ziel in dieser Flugzeit überstreicht.

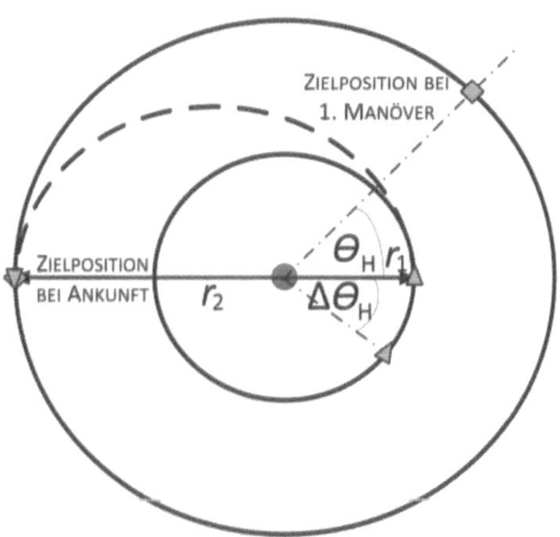

Bild 7-6

Hohmanntransfer als Rendezvous mit dem erforderlichen Winkel Θ_H und der Winkeldifferenz $\Delta\Theta_H$, die vor dem Manöver ausgeglichen werden muss. Das Ziel ist mit einer Raute markiert, das Raumfahrzeug mit einem Dreieck.

Die Flugzeit auf der Hohmannellipse haben wir schon im Beispiel von eben formuliert. Das Ziel überstreicht in dieser Flugzeit gerade eine wahre Anomalie von (da wir Kreisbahnen annehmen gilt diese Vereinfachung):

$$\Delta \nu_{\text{Ziel}} = \frac{2\,\pi}{T_{\text{Ziel}}} T_{\text{H}} \tag{7-28}$$

Diese ist also ein Verhältnis von der Zeit, die das Raumfahrzeug für den Hohmanntransfer benötigt und der Winkelgeschwindigkeit. Mit dem, was wir eben über θ_{H} gesagt haben, bedeutet dies (die Halbachse der Zielbahn entspricht, da es ein Kreis ist, gerade deren Radius):

$$\begin{aligned} \theta_{\text{H}} &= \pi - \Delta \nu_{\text{Ziel}} = \pi \left(1 - \frac{2}{T_{\text{Ziel}}} T_{\text{H}}\right) \\ &= \pi \left(1 - \frac{1}{\sqrt{r_2{}^3}} \cdot \sqrt{\left(\frac{r_1 + r_2}{2}\right)^3}\right) \\ &= \pi \left(1 - \sqrt{\left(\frac{r_1/r_2 + 1}{2}\right)^3}\right) \\ &= \pi \left(1 - \left(\frac{1/k + 1}{2}\right)^{3/2}\right) \end{aligned} \tag{7-29}$$

mit k wieder als dem Radienverhältnis r_2/r_1. Wenn wir uns nun den Fall ansehen, dass $k < 1$, d.h. der Transfer zu einer inneren Bahn erfolgt, dann ist $\theta_{\text{H}} < 0$, d.h. negativ. Der Zielkörper liegt also hinter dem Raumfahrzeug. Für einen Transfer zu einer äußeren Bahn ist dies genau anders herum. Das hängt damit zusammen, dass die Geschwindigkeit auf der äußeren Bahn kleiner ist als auf der inneren. Für reale Missionen ist es leider oftmals so, dass uns der Zielkörper nicht den Gefallen tut genau in dem Moment, in dem wir auf die Idee kommen unser Raumfahrzeug starten zu wollen bei der gewünschten Position θ_{H} zu sein.

Wie in Bild 7-6 ebenfalls zu sehen, wird es in den meisten Fällen vielmehr so sein, dass es vor Manöverbeginn eine Abweichung zu der benötigten Winkelposition θ_{H} gibt, welche wir als $\Delta\theta_{\text{H}}$ bezeichnen wollen. Da die Winkelgeschwindigkeiten des Raumfahrzeugs auf dem Startorbit und des Zielkörpers auf dem Zielorbit unterschiedlich sind, kann diese einfach durch Abwarten überwunden werden, also sozusagen durch das „Überholen" des Orts des Ziels auf dem langsamen, äußeren Orbit vom Raumfahrzeug auf dem schnelleren inneren Orbit. Die Wartezeit t_w lässt sich schreiben als:

$$t_W = \frac{\Delta\theta_H}{\frac{2\pi}{T_1} - \frac{2\pi}{T_2}} = \frac{\Delta\theta_H}{\omega_1 - \omega_2} \tag{7-30}$$

Die gleiche Formulierung kann man verwenden, um zu berechnen, wann eine bestimmte Konstellation wieder auftritt (z.B. wann der Winkel θ_H wieder erreicht wird). Dieser Zeitraum ist die synodische Periode (T_S) und sie tritt auf, wenn ein Winkel von 360°, also 2 π überstrichen wurde:

$$T_S = \frac{2\pi}{\omega_1 - \omega_2} \tag{7-31}$$

Dies entspricht dann einer relativen Überrundung des Ziels. Der Hohmanntransfer kann so für die Berechnung von Rendezvous jeder Art verwendet werden, unabhängig davon, ob der Zielkörper ein Planet oder z.B. eine Raumstation ist. Eine noch tiefere Analyse von Rendezvousdynamik finden sie in *Raumfahrtsysteme*, s. Literaturhinweise.

7.6 Allgemeine Bahntransfers: Lamberts Problem

Bisher haben wir uns nur mit einem sehr eingeschränkten Portfolio von Bahntransfers beschäftigt. Diese haben stets nur eine ganz bestimmte Transferbahn erlaubt – jeweils Halbellipsen. Die damit verbundenen Nachteile haben wir ebenfalls kennengelernt: hohe Flugzeiten. Wie aber sehen Bahnen aus, die schneller sind, bzw. freier in ihrer Form?

Es ist schon intuitiv einsehbar, dass der Aufwand, um eine schnellere Bahn abzufliegen größer sein wird als für einen Hohmann- bzw. Sternfeldtransfer. Betrachten wir noch einmal Bild 7-6.

Wenn man nun das erste Manöver stärker macht, d.h. mehr Δv aufbringt, dann wird die Bahn über den Abstand r_2 hinaus vergrößert, d.h. die Transfer-ellipse berührt die Zielbahn nicht in ihrem Apozentrum, sondern schneidet sie an einem beliebigen Punkt zuvor. Dort wiederum sind die beiden Geschwindigkeiten nicht parallel zueinander, da es sich ja nicht um einen Berührpunkt, sondern einen Schnittpunkt handelt.

Schauen wir uns nun den allgemeinen Fall an, wie er links in Bild 7-7 gegeben ist. Gehen wir davon aus, wir kennen die Bahn des Startkörpers und die Bahn des Ziels, beides Ellipsen. Wir kennen außerdem die gewünschten Start- und Zielpositionen r_1 und r_2 sowie die Flugzeit (die wir z.B. aus Missionszielen vorgeben können). Die Frage ist, wie sieht die Transferbahn dann aus und wie lautet das dazugehörige Δv, also der Geschwindigkeitsänderungsbedarf? Diese Fragestellung nennt man Lamberts Problem, nach dem Schweizer Johann Heinrich Lambert, der es 1761 zuerst diskutierte. Im Jahr 1778 wurde das Problem von Joseph-Louis Lagrange analytisch gelöst.

Um die beiden Punkte zu verbinden ist eine Schar von Bahnen geeignet, allerdings gelten für sie bestimmte Randbedingungen, die das Finden einer idealen Lösung iterativ ermöglichen. Dieses Lamberts Problem ist eine Randwertaufgabe für Gl. (6-5). Liegen die beiden Positionsvektoren auf einer Achse, so ist die Bahnebene des Transfers nicht definiert. Für alle anderen Fälle jedoch wird die Bahnebene durch die beiden Positionsvektoren vorgeben.

7.6.1 Herleitung der Gleichungen von Lamberts Problem

Einen ersten Zusammenhang zwischen Zeit und Position haben wir bereits mit der Keplergleichung erhalten, deren Lösung war allerdings ein Anfangswertproblem. Wenn wir den Grenzen der Betrachtung als Zeitpunkte t_1 und t_2 sehen, können wir mit Gl. (6-89) schreiben:

$$t_2 - t_1 = \sqrt{\frac{a^3}{\mu}}[E_2 - E_1 - e \cdot (\sin E_2 - \sin E_1)] \tag{7-32}$$

Problematisch an dieser Formulierung ist, dass a und e unbekannt sind, ebenso E_1 und E_2. Um uns die Rechnung zu erleichtern, nehmen wir zuerst zwei Vereinfachungen vor:

$$E_\text{A} = \frac{1}{2}(E_2 + E_1) \tag{7-33}$$

$$E_\text{S} = \frac{1}{2}(E_2 - E_1) > 0 \tag{7-34}$$

Mit Gl. (6-105) lässt sich dann zusammenfassen, dass:

$$r_2 + r_1 = a[2 - e \cdot (\cos E_2 + \cos E_1)] \tag{7-35}$$

$$= 2a(1 - e \cdot \cos E_\text{A} \cos E_\text{S})$$

Wenn wir Bild 7-7 noch einmal heranziehen, dann können wir mittels des Kosinussatzes für die Sehne c schreiben:

$$c^2 = {r_2}^2 + {r_1}^2 - 2r_2r_1 \cos\delta \tag{7-36}$$

$$= (r_2 - r_1)^2 + 2r_2r_1\,(1 - \cos\delta)$$

wobei die Umformung einfach mittels binomischer Formel erfolgt.

Gehen wir nun davon aus, dass wir im Mittelpunkt der Transferbahn ein kartesisches Koordinatensystem verwenden, so gilt:

$$x = a\ \cos E \tag{7-37}$$

$$y = b\ \sin E \tag{7-38}$$

$$b = a\sqrt{(1 - e^2)} \tag{7-39}$$

Diese Gleichungen setzen diese zusammen mit Gl. (7-33) und (7-34) nun in Gl. (7-36) ein. Dadurch erhalten wir:

$$c^2 = (x_2 - x_1)^2 + (y_2 - y_1)^2 \tag{7-40}$$

$$= a^2[(\cos E_2 - \cos E_1)^2 + (1 - e^2)(\sin E_2 - \sin E_1)^2]$$

$$= 4a^2 \sin^2 E_\text{A}\,(1 - e^2 \cdot \cos^2 E_\text{S})$$

Wir definieren nun noch die Hilfsgröße D mit:

$$\cos D = e \cdot \cos E_S \tag{7-41}$$

Setzen wir die in Gl. (7-40) ein, gilt wegen ($\sin^2 x + \cos^2 x$) = 1, dass:

$$c = 2a \cdot \sin E_A \sin D \tag{7-42}$$

Ebenso lässt sich Gl. (7-35) umschreiben zu:

$$r_2 + r_1 = 2a(1 - \cos E_A \cos D) \tag{7-43}$$

Wir addieren nun diese geometrischen Größen zu, bzw. subtrahieren c:

$$r_2 + r_1 + c = 2a[(1 - \cos E_A \cos D) + \sin E_A \sin D] \tag{7-44}$$

$$r_2 + r_1 - c = 2a[(1 - \cos E_A \cos D) - \sin E_A \sin D] \tag{7-45}$$

Jetzt führen wir noch die Winkel α und β ein, um die Formeln weniger komplex zu machen:

$$\alpha = D + E_A \tag{7-46}$$

$$\beta = D - E_A \tag{7-47}$$

Damit lassen sich die Gl. (7-44) und (7-45) umformen zu:

$$\frac{r_2 + r_1 + c}{2a} = 1 - \cos\alpha = 2\ \sin^2\frac{\alpha}{2} \tag{7-48}$$

$$\frac{r_2 + r_1 - c}{2a} = 1 - \cos\beta = 2\ \sin^2\frac{\beta}{2} \tag{7-49}$$

Nun können wir diese Vereinfachungen in Gl. (7-32)einsetzen und erhalten:

$$t_2 - t_1 = \sqrt{\frac{a^3}{\mu}}[\alpha - \beta - (\sin\alpha - \sin\beta)] \tag{7-50}$$

mit

$$\sin^2\frac{\alpha}{2} = \frac{s}{2\,a} \tag{7-51}$$

$$\sin^2\frac{\beta}{2} = \frac{s - c}{2\,a} \tag{7-52}$$

$$s = \frac{r_2 + r_1 + c}{2} \tag{7-53}$$

Analog lassen sich diese Zusammenhänge auch für hyperbolische Transferorbits herleiten. Die Gleichungen lauten dann:

$$t_2 - t_1 = \sqrt{\frac{a^3}{\mu}}\left[\beta - \alpha + (\sinh\alpha - \sinh\beta)\right] \tag{7-54}$$

mit

$$\sinh^2\frac{\alpha}{2} = \frac{s}{2\,a} \tag{7-55}$$

$$\sinh^2\frac{\beta}{2} = \frac{s-c}{2\,a} \tag{7-56}$$

Die Größe s ist ebenso definiert wie zuvor. Damit haben wir einen Zusammenhang zwischen der Flugzeit und den geometrischen Größen a, c, und $r_1 + r_2$, für Transferwinkel kleiner 360°.

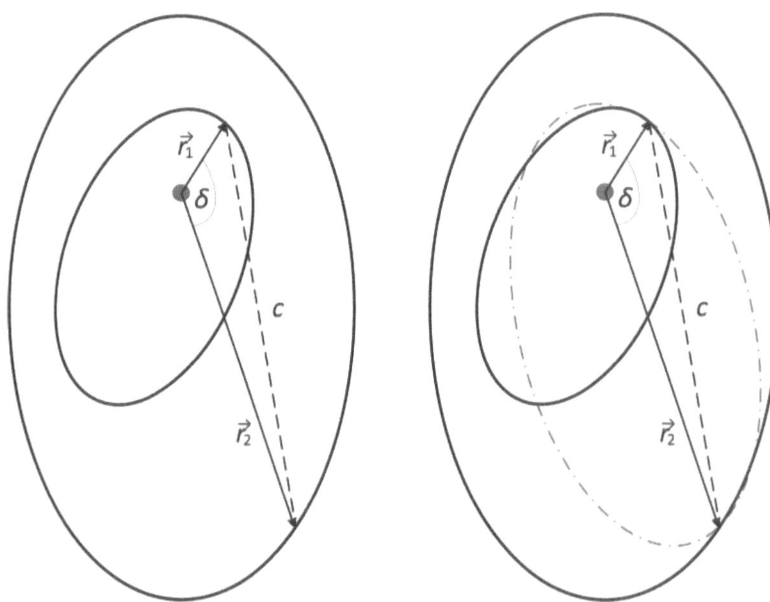

Bild 7-7

Links: Ausgangslage für Lamberts Problem: Bekannter Startort und Zielort bei bekannter Flugzeit, die Sehne c und der Transferwinkel δ.

Rechts: Eine mögliche Transferbahn (Strichpunktlinie) eines Lamberts-Transfers für bekannte Positionen r_1 und r_2 mit Start- und Zielbahn. Der (besetzte) Brennpunkt ist für alle Bahnen der gleiche.

7.6.2 Anwendung des Lamberts Problems

Die Lösung von Gl. (7-50) erfolgt iterativ und eine Möglichkeit ist rechts in Bild 7-7 gezeigt. Die Positionen r_1 und r_2 können über die Ephemeriden der beteiligten Körper bestimmt werden, wenn man z.B. ein Startdatum und eine Flugzeit festlegt. Der Winkel zwischen den Vektoren kann leicht über die Definition des Skalar- oder Kreuzprodukts berechnet werden.

Dieser entspricht gerade dem Winkel δ und liefert somit die letzte Information, um mittels Gl. (7-36) die Sehne c zu berechnen. Mit dieser kann über Gl. (7-53) s bestimmt werden.

Damit bleibt dann nur noch die Größe a übrig. Diese kann allerdings ähnlich wie bei der Keplergleichung nicht explizit berechnet werden, es bleibt nur eine iterative Lösung. Variiert man nun weiterhin die Flugzeit und ggf. das Start-datum kann man einen genauen Überblick über verschiedene Bahnen und den dazugehörigen Δv-Bedarf erhalten. Weitere Erläuterungen und Verfahren zur Anwendung finden sich in den Literaturhinweisen.

Ggf. gibt es keine Lösung, die einer Ellipse entspricht, da die Flugzeit zu knapp bemessen ist. In diesem Fall ist die Lösung eine hyperbolische Bahn und die entsprechenden Gl. (7-54) bis (7-56) müssen verwendet werden. Konzentrieren wir uns aber auf den ersten Fall. Die Halbachse für die Bahn der minimalen Energie ist:

$$a_{\min} = \frac{s}{2} = \frac{r_2 + r_1 + c}{4} \tag{7-57}$$

Dazu gehören ein $\beta_{\min}$ ($\alpha_{\min}$ ist π, analog zum Hohmanntransfer) und eine Transferzeit $t_{\min}$ für diese Bahn:

$$\sin\frac{\beta_{\min}}{2} = \sqrt{\frac{s-c}{s}} \tag{7-58}$$

$$t_{\min} = \sqrt{\frac{a^3}{\mu}}\,[\pi - \beta_{\min} + \sin\beta_{\min}] \tag{7-59}$$

Außerdem müssen wir noch eine Fallunterscheidung machen, die wir schon in Bild 7-7 sehen können. Wir können entweder den Pfad auf der rechten Seite verwenden, welcher kürzer ist, oder auf der linken Seite. Mathematisch macht dieses keinen Unterschied (wir können unsere Zeichnung einfach spiegeln), bahnmechanisch schon, da die Bahnwahl davon abhängt wie herum sich die Körper um den Zentralkörper drehen. Erfolgt die Drehung gegen den Uhrzeigersinn, würde es eine erhebliche größere Geschwindigkeitsänderung bedeuten den rechten Bahnverlauf zu wählen, da erst die komplette Eigengeschwindigkeit auf der ersten Bahn abgebaut werden müsste, dann die Geschwindigkeit auf der Teilellipse erreicht werden müsste, um diese dann wieder vollständig abzubauen und durch die Geschwindigkeit der Zielbahn zu ersetzen. Sinnvollerweise wählt man also für diesen Fall den linken Teil der Ellipse und fliegt diesen ebenfalls entgegen des Uhrzeigersinns ab. Der zu überstreichende Winkel entspricht dann also $2\,\pi - \delta$.

Mit Überlegungen ergibt sich folgende Fallunterscheidung für $2\,\pi > \delta > \pi$:

$$\beta' = -\beta \tag{7-60}$$

Ansonsten wird β mittels Gl. (7-52) berechnet. Ebenso gilt, falls $t_2 - t_1 > t_{\min}$:

$$\alpha' = 2\,\pi - \alpha \tag{7-61}$$

Treffen die hier benannten Fälle zu, werden β' und α' in Gl. (7-50) bzw. Gl. (7-54) verwendet.

Ist die Halbachse a bestimmt, wofür erst einmal jedes iterative Verfahren verwendet werden kann, allerdings gibt es spezielle Algorithmen, die sich besonders eignen (s. z.B. Bate in den Literaturhinweisen), so kann man daraus den Halbparameter p der Bahn berechnen. Für diesen gilt:

$$p = \frac{4a(s - r_1)(s - r_2)}{c^2} \sin^2\left(\frac{\alpha + \beta}{2}\right) \tag{7-62}$$

Daraus folgt dann mit Umformung von Gl. (6-39) die Exzentrizität e:

$$e = \sqrt{1 - \frac{p}{a}}$$

Damit sind die Eigenschaften der Transferbahn festgelegt. Die Positionen r_1 und r_2 sind ebenfalls bekannt, genau wie die jeweiligen Bahnen der Körper, d.h. wir können mithilfe von Gl. (6-53) die Geschwindigkeiten bestimmen, die auf der Transferbahn herrschen und auf der Start- und Zielbahn. Mit Gl. (7-3) ergibt sich dann für die beiden Bahnübergänge jeweils ein Δv. Somit ist der Transfer vollständig bestimmt, da die beiden Manöver festliegen.

Zur Missionsplanung kann man sogenannte *Porkchop (engl. Kotlett) Plots* verwenden, welche für verschiedene Startdaten und Flugzeiten die Δv-Werte auftragen und so erkennbar machen, wann ein Start günstig ist und wann nicht. Liegt z.B. der Δv-Wert fest, den ein Raumfahrzeug aufbringen kann, so kann man in solchen Plots ablesen, wo das Startfenster liegt. Diese Plots sind allerdings spezifisch für die beteiligten Planeten. Dabei ist natürlich zu beachten, dass man neben dem Abflug von der Position des Startkörpers auch noch von dessen Oberfläche in den Weltraum gelangen muss. Das Δv für den Aufstieg ist hier nicht enthalten.

7.6.3 Lamberts Problem und das Zweikörperproblem

Die Lösung des Lambert Problems haben wir mit unseren bekannten Gleichungen hergeleitet. Ein Blick auf Bild 7-7 zeigt uns allerdings eines sofort: es sind mehr als zwei Körper vorhanden.

Neben dem Zentralkörper und dem Raumfahrzeug gibt es noch den Start- und den Zielkörper, insgesamt also mindestens vier Körper. Bei der Anwendung des Lamberts Problems nimmt man üblicherweise an, dass die Start- und Zielkörper masselos sind und die Bahn des Raumfahrzeugs jeweils nicht beeinflussen. Das ist nur in hinreichend großer Entfernung eine adäquate Annahme (siehe Abschnitt 7.7), kann aber durch Korrekturen der berechneten Manöver und (kleine) Korrekturmanöver noch während des Fluges ausgeglichen werden. Details dazu werden wir uns in Kapitel 9ff ansehen.

7.7 Zusammengesetzte Kegelschnitte

Wir haben uns bisher nur mit einzelnen Bahnabschnitten beschäftigt und dabei vor allem auf die Transferbahnen geschaut. Eine tatsächliche Mission beginnt aber nicht z.B. erst auf der Erdbahn, um von dort zum Jupiter zu fliegen, sondern sie beginnt auf der Erde, geht von dort in den Orbit. Danach verlässt das Raumfahrzeug den erdnahen Raum und begibt sich schließlich auf die interplanetare Reise, um ggf. an einem Zielkörper wiederum in einen Orbit einzutreten. Dies lässt sich alleine mit einem Hohmanntransfer nicht berechnen, auch nicht mit den übrigen bisher vorgestellten Methoden.

Das Zweikörperproblem mit dem wir bis hierher konfrontiert waren, lässt eine genaue Betrachtung naturgemäß nicht zu. Mit zwei Körpern kommt man bei einem interplanetaren Transfer nicht aus. Im oben genannten Beispiel kämen insgesamt vier Körper vor: zwei Planeten, die Sonne und das Raumfahrzeug. Die Gravitationsbeschleunigungen verursacht durch alle Planeten und übrigen Massen im Sonnensystem sind selbst darin noch nicht berücksichtigt.

Die Methode der zusammengesetzten Kegelschnitte bietet einen Ansatz, um vereinfachte Rechnungen machen zu können. Die Grundidee ist dabei, die Rechnung jeweils auf ein Zweikörperproblem zu reduzieren, so dass für einen bestimmten Abschnitt der Flugbahn der dominante Körper zusammen mit dem Raumfahrzeug einen von den zwei Körpern bildet. Um das obige Beispiel aufzugreifen, wäre es z.B. möglich erst das Zweikörperproblem für die Flugbahn von der Erde zu verwenden, dann die Betrachtungsweise zu verändern und die Sonne als Hauptkörper zu wählen und die Erde zu vernachlässigen. Bei ausreichender Nähe zum Jupiter, wird er dann zusammen mit dem Raumfahrzeug für das Zweikörperproblem berücksichtigt.

Wie aber entscheidet man, wo welcher Körper das Problem dominiert und wie wechselt man die Bezugssysteme? Den Antworten zu diesen Fragen widmen wir uns in den folgenden Abschnitten.

7.7.1 Planetare Einflusssphären

Um nun trotz seiner Beschränkungen weiter das Modell des Zweikörperproblems benutzen zu können, wollen wir annehmen, dass die Näherung des Zweikörperproblems immer in gewissen Bereichen, einer virtuellen Kugel rund um den jeweiligen bahnbestimmenden Zentralkörper, gut funktioniert. Diese Bereiche nennen wir Einflusssphären. Nun können wir eine Gesamtbahn zusammensetzen, wenn wir geschickt das Referenzsystem immer dann wechseln, wenn der bestimmende Zentralkörper z.B. von der Erde auf die Sonne wechselt. Mit dieser Betrachtung kommen wir zur Formulierung der Methode der zusammengesetzten Kegelschnitte. Sie ist eine Aneinanderreihung von Zweikörperproblemen. Für die Betrachtung des Übergangs ist es allerdings notwendig zu verstehen, wo die Grenze zwischen den Systemen ist. Im Detail werden wir uns dies noch in Kapitel 9 ansehen, allerdings kann man sich mit Kenntnis des newtonschen Gravitationsgesetzes leicht vorstellen, dass alle Körper in einem System eine Gravitationskraft auf die jeweils übrigen bewirken.

Nimmt man die Gl. (6-5) nun als Beispiel, so kann man sich auch ohne genaue Kenntnis der Beschleunigungen vorstellen, dass auch ein über-geordneter Körper einen Beschleunigungsanteil in dieser Gleichung haben muss, wenn man mehr als zwei Körper beschreibt, also z.B. das System Sonne-Erde-Satellit. In oben genannter Gleichung könnte man diese Beschleunigung als Abweichung auf der rechten Seite der Gleichung berücksichtigen; sie wäre eine sogenannte Perturbation, also Störung:

$$\ddot{\vec{r}}_{\mathrm{Rfz,Pl}} + \frac{\mu}{r_{\mathrm{Rfz,Pl}}^{3}} \vec{r}_{\mathrm{Rfz,Pl}} = \vec{P}_{\mathrm{S}} \tag{7-63}$$

Die Details schauen wir uns später an, da sie hier nicht von Belang sind. Aber es ist festzuhalten, dass es eben eine Bewegung analog der Bewegung im Zweikörperproblem gibt, welche sich mit dem Abstand r zwischen Raumfahrzeug und Planet beschreiben lässt sowie durch Hinzufügen einer Störbeschleunigung P_S, welche die Abweichungen beschreibt, die durch den Einfluss der Sonne hinzukommen.

Genauso kann man aber auch ein Zweikörperproblem definieren, dass das Raumfahrzeug (oder auch einen beliebigen anderen Körper, z.B. einen Mond), in einem Zweikörperproblem mit der Sonne beschreibt und der Einfluss des jeweiligen Planeten dann als Störbeschleunigung berücksichtigt. Dies ist in Gl. (7-64) formuliert:

$$\ddot{\vec{r}}_{\mathrm{Rfz,S}} + \vec{B}_{\mathrm{Rfz,S}} = \vec{P}_{\mathrm{Pl}} \tag{7-64}$$

wobei $\vec{B}_{\mathrm{Rfz,S}}$ gerade die Beschleunigung im Zweikörperproblem Raumfahrzeug-Sonne darstellt und $\vec{P}_{\mathrm{Pl}}$ die Störung durch den Planeten beschreibt. Analog können wir auch Gl. (7-63) beschreiben:

$$\ddot{\vec{r}}_{\mathrm{Rfz,Pl}} + \vec{B}_{\mathrm{Rfz,Pl}} = \vec{P}_{\mathrm{S}} \tag{7-65}$$

Nun können wir das Verhältnis dieser Beschleunigungen definieren:

$$\frac{P_{\mathrm{Pl}}}{B_{\mathrm{Rfz,S}}} = \frac{P_{\mathrm{S}}}{B_{\mathrm{Rfz,Pl}}} \tag{7-66}$$

Die Definition muss nun lauten, dass ein Raumfahrzeug dann in der Einflusssphäre eines Planeten ist, wenn das Verhältnis der planetaren Störbeschleunigung zur Gravitationsbeschleunigung der Sonne größer ist als das Verhältnis der solaren Störbeschleunigung zur Gravitationsbeschleunigung des Planeten. Im Falle, dass sie gleich sind, ist gerade die Grenze erreicht.

Wenn man Gl. (7-66) unter Kenntnis der Störterme weiter modifiziert, dann erhält man schließlich eine Formulierung, für den Radius der Einflusssphäre r_{ES} vom Planetenmittelpunkt aus. Diese lautet:

$$r_{\mathrm{ES}} \approx \left(\frac{m_{\mathrm{Pl}}}{m_{\mathrm{S}}}\right)^{\frac{2}{5}} \cdot r_{\mathrm{S,Pl}} \tag{7-67}$$

wobei m_{Pl} und m_{S} die Massen des Planeten, bzw. der Sonne sind und $r_{\mathrm{S,Pl}}$ der Abstand zwischen Planet und Sonne sind. Für die Erde ergibt sich so z.B. eine Entfernung von mehr als neunhunderttausend Kilometern, also sehr groß im Vergleich zur Erde selbst.

Diese Grenze beschreibt, wo der Wechsel zwischen Planet und Sonne als Hauptkörper im Zweikörperproblem erfolgt. Verglichen mit der Erde und typischen Erdorbits sind neunhunderttausend Kilometer sehr viel. Im Vergleich zum Abstand zwischen Erde und Sonne z.B. allerdings eher wenig, nämlich weniger als ein einhundertfünfzigstel.

Als erste Näherung kann man nun annehmen, dass z.B. Bahnen vom Planeten weg im Unendlichen gerade die Einflusssphäre verlassen, d.h. der Radius der Einflusssphäre im Vergleich zu typischen Bahnradien gegen unendlich strebt, wie es z.B. für Fluchtbahnen relevant ist. Hat ein Raumfahrzeug die Einflusssphäre verlassen, wird angenommen, dass es im heliozentrischen System ist, bis es wieder die Einflusssphäre eines anderen Körpers erreicht.

Dieselben Überlegungen gelten analog für den Fall, dass man zwischen zwei anderen Systemen wechseln möchte, wie z.B. einem Satelliten, der um einen Mond kreist, welcher wiederum einen Planeten umrundet.

7.7.2 Umwandlung der Größen zwischen den Systemen

Jetzt wissen wir wo man die entsprechenden Vektoren zwischen zwei Systemen - näherungsweise - umwandelt, allerdings noch nicht wie. Der grundsätzliche Aufbau ist in Bild 7-8 gezeigt.

Ein möglicher Transfer wird so unterteilt, dass man zwischen den verschiedenen Bezugssystemen wechselt. Die planetenzentrischen Koordinatensysteme bilden die Basis für hyberbolische Abflugbahnen. Theoretisch können auch parabolische Bahnen verwendet werden, allerdings wäre in diesem Fall die Geschwindigkeit per Definition im Unendlichen gerade 0 und damit die heliozentrische Geschwindigkeit gleich der Planetengeschwindigkeit, d.h. ein Transfer zu einer anderen Position wäre nicht möglich.

Wie in Bild 7-8 zu sehen, bewegt sich ja der Planet selbst allerdings wiederum um den Zentralkörper ($v^{\mathrm{h}}_{\mathrm{Pl},1}$), in unserem Fall also die Sonne (bzw. um das gemeinsame Baryzentrum). Diese Eigenbewegung des Systems muss beim Übergang von einem System in das andere berücksichtigt werden.

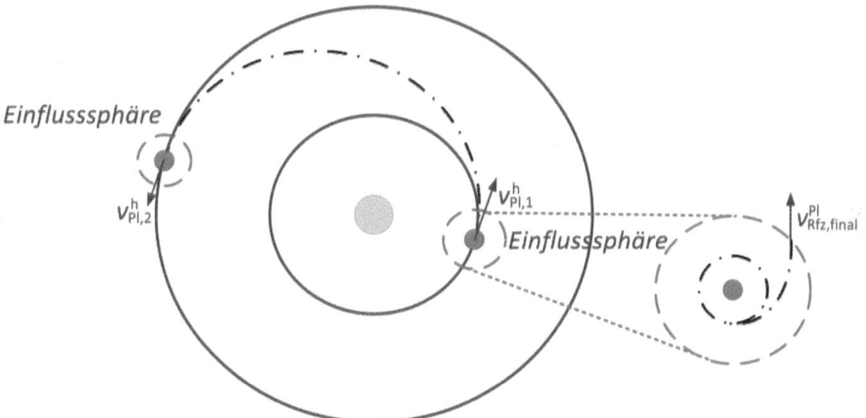

Bild 7-8 Skizze von zusammengesetzten Kegelschnitten mit Trajektorien (Strich-Punkt-Linien), Einflusssphären (gestrichelte Linien, nicht maßstabsgetreu) und den jeweiligen relevanten Geschwindigkeitsvektoren im heliozentrischen System (Index „h") und planetenzentrischen System (Index „Pl").

Dies erfolgt über die Addition der Geschwindigkeits- und ggf. Positionsvektoren (ggf. nach vorheriger Transformation des jeweiligen Koordinatensystems, so diese nicht deckungsgleich sind). Im Beispiel der Abbildung ließe sich die heliozentrische Geschwindigkeit beim Übergang zwischen der Einflusssphäre und dem heliozentrischen System schreiben als:

$$\vec{v}^{\mathrm{h}}_{\mathrm{Rfz},1} = \vec{v}^{\mathrm{Pl}}_{\mathrm{Rfz,final}} + \vec{v}^{\mathrm{h}}_{\mathrm{Pl},1} \tag{7-68}$$

Analog kann die Aufteilung beim Übergang am Ende des Transfers in das Koordinatensystem des Zielkörpers erfolgen, wo die entsprechenden Geschwindigkeiten auf gleiche Weise addiert werden:

$$\vec{v}^{\mathrm{h}}_{\mathrm{Rfz,2}} = \vec{v}^{\mathrm{Pl}}_{\mathrm{Rfz,An}} + \vec{v}^{\mathrm{h}}_{\mathrm{Pl,2}} \qquad (7\text{-}69)$$

Die ist vergleichbar damit, wenn sie durch einen fahrenden Zug laufen. Für sie selbst und die Mitinsassen, haben sie ungefähr Schrittgeschwindigkeit. Für einen äußeren Betrachter muss man die Geschwindigkeit des Zuges mit hinzuaddieren.

Zusammengesetzte Kegelschnitte sind besonders hilfreich, wenn man sogenannte Schwungholmanöver (engl. Gravity-Assist) abschätzen möchte, da sich durch den Vorbeiflug an z.B. einem Planeten während eines interplanetaren Transfers die helizentrische Bahnenergie verändert. Details dazu schauen wir uns in Abschnitt 9.8 an.

7.7.3 Zusammensetzen der Kegelschnitte

In den vorangegangenen beiden Abschnitten haben wir uns angesehen, wo wir die Kegelschnitte zusammensetzen müssen und wie. Jetzt können wir uns daran machen eine Bahn insgesamt zusammenzufügen.

Wie halten uns dabei wieder an Bild 7-8. Dort ist ein elliptischer Hohmanntransfer zu sehen, welchen wir bereits kennen. Wir wissen, dass für die Bahn (s. Abschnitt 7.3) bestimmte Voraussetzungen gelten müssen und zwar nicht zuletzt für die Geschwindigkeiten in den Apsidenpositionen. Aus Gl. (7-9) und (7-10) ergibt sich, welche Geschwindigkeiten vorhanden sein müssen, damit ein Hohmanntransfer möglich ist. Diese entsprechen gerade den Geschwindigkeiten, die das Raumfahrzeug nach Gl. (7-68) aufweisen muss. Es gilt:

$$\vec{v}^{\mathrm{h}}_{\mathrm{Hohmann,p}} = \vec{v}^{\mathrm{h}}_{\mathrm{Rfz,1}} = \vec{v}^{\mathrm{Pl}}_{\mathrm{Rfz,final}} + \vec{v}^{\mathrm{h}}_{\mathrm{Pl,1}} \qquad (7\text{-}70)$$

bzw.

$$\vec{v}^{\mathrm{h}}_{\mathrm{Hohmann,a}} = \vec{v}^{\mathrm{h}}_{\mathrm{Rfz,2}} = \vec{v}^{\mathrm{Pl}}_{\mathrm{Rfz,An}} + \vec{v}^{\mathrm{h}}_{\mathrm{Pl,2}} \qquad (7\text{-}71)$$

Für andere Transfers gilt der Aufbau analog. Häufig setzt man diese Methode jedoch ein, um einen Mindestbedarf an Δv zu bestimmen und verwendet daher einen Hohmanntransfer.

Für den Hohmanntransfer, bzw. auch für andere Transferarten, haben wir angenommen, dass in den Apsiden dann ein entsprechendes Manöver erfolgt, um die jeweilige erforderliche Geschwindigkeit auf der Ellipse, bzw. im Zielorbit zu erreichen. Man kann an den Gl. (7-70) und (7-71) erkennen, dass hier ebenfalls nur eine Komponente durch das Raumfahrzeug eingebracht wird, anstatt des Δvs als Manöver, aber eine Absolutgeschwindigkeit.

Das Manöver findet nun nicht mehr im heliozentrischen System statt, sondern im planetenzentrischen, also z.B. um aus einem Parkorbit auf die Hyperbel zu gelangen, welche genau die erforderliche Geschwindigkeit im Unendlichen erreicht, um Gl. (7-70) zu erfüllen.

Betrachten wir in Bild 7-8 den Parkorbit um den Startplaneten (Punkt-Strich-Kreis) und die Abflugbahn (Punkt-Strich-Hyperbel) zum Abflug-zeitpunkt, dann können wir für die Geschwindigkeiten schreiben:

$$\frac{\left(\vec{v}_{\text{Start}}^{\text{Pl}}\right)^2}{2} - \frac{\mu_{\text{Pl}}}{r_{\text{Park}}} = \frac{\left(\vec{v}_{\text{Rfz,final}}^{\text{Pl}}\right)^2}{2} \tag{7-72}$$

wobei der Index „Park" gerade den Parkorbit markiert, Start die Geschwindigkeit zu Beginn der Abflugbahn und μ_{Pl} den Gravitationsparameter des jeweiligen Planeten darstellt. Das Manöver muss also dafür sorgen, dass man vom Anfangszustand, also z.B. dem Startorbit oder sogar der Planeten-oberfläche, gerade die Startgeschwindigkeit erreicht, um am Ende der planeten-zentrischen Bahn $\vec{v}_{\text{Rfz,final}}^{\text{Pl}}$ zu erhalten, so dass es wie in Gl. (7-70) beschrieben zu der erforderlichen Geschwindigkeit der Transferbahn passt.

Es gilt für das Δv des Missionsstarts:

$$\Delta\vec{v}_{\text{Start}} = \vec{v}_{\text{Start}}^{\text{Pl}} - \vec{v}_{\text{Park}}^{\text{Pl}} \tag{7-73}$$

wobei $\vec{v}_{\text{Start}}^{\text{Pl}}$ hier die Geschwindigkeit auf dem jeweiligen Parkorbit, bzw. Ausgangszustand ist.

Analog sieht es für die Ankunft aus. Für die Ankunftsbahn, die wiederum nur eine Hyperbel darstellt, erhält man:

$$\frac{\left(\vec{v}_{\text{Ziel}}^{\text{Pl}}\right)^2}{2} - \frac{\mu_{\text{Pl}}}{r_{\text{Ziel}}} = \frac{\left(\vec{v}_{\text{Rfz,An}}^{\text{Pl}}\right)^2}{2} \tag{7-74}$$

Hier markiert der Index „An" die Werte der Ankunftsbahn, bei Eintreffen in der Einflusssphäre und „Ziel" die Situation auf der Höhe des Zielorbits. Dort erfolgt dann analog ein Manöver, um die erforderliche Geschwindigkeit des Zielorbits zu erreichen:

$$\Delta\vec{v}_{\text{Ziel}} = \vec{v}_{\text{final}}^{\text{Pl}} - \vec{v}_{\text{Ziel}}^{\text{Pl}} \tag{7-75}$$

Dies kann z.B. wieder eine Kreisgeschwindigkeit sein. Da das nun sehr viel auf einmal gewesen ist, üben wir das Vorgehen noch in einem Beispiel.

Beispielaufgabe: *Es soll ein Transfer von der Erde zum Jupiter mithilfe der zusammengesetzten Kegelschnitte berechnet werden, um eine erste Abschätzung für das mindestens erforderliche Δv zu erhalten. Angenommen werden Kreisbahnen für die Planeten (Bahnradien von 5,2 AU für Jupiter und 1 AU für die Erde). Ausgangspunkt ist ein Parkorbit mit einem Radius von 6678 km bei der Erde; Ziel ist ein Kreisorbit mit dem Radius 350.000 km um Jupiter. Wie groß sind die einzelnen Manöver (in Δv) und wie groß ist der gesamte Aufwand? Rechnen sie mit den Gravitationsparameteren der Sonne von $1{,}327 \cdot 10^{20}\,m^3/s^2$, des Jupiters von $1{,}2673 \cdot 10^{17}\,m^3/s^2$ und der Erde von $3{,}986 \cdot 10^{14}\,m^3/s^2$.*

Lösung: *Da die Planeten auf Kreisbahnen angenommen sind, kann der Mindest-Δv-Bedarf über einen Hohmanntransfer bestimmt werden. Dazu benötigen wir* *zuerst die Halbachse der Transferbahn. Diese ergibt sich mit den Bahnradien der Planeten zu:*

$$a_{\mathrm{H}} = \frac{5{,}2 + 1}{2}\mathrm{AU} = 3{,}1\ \mathrm{AU}$$

Die Geschwindigkeit auf Höhe der Erdbahn auf der Transferellipse ergibt sich mit dem Gravitationsparameter der Sonne und der Vis-Viva-Gleichung (bzw. Gl. (6-53)) zu:

$$v_{\mathrm{E,H}} = \sqrt{\mu_{\mathrm{S}}\left(\frac{2}{r_{\mathrm{E}}} - \frac{1}{a_{\mathrm{H}}}\right)} = 38.573{,}6\ \mathrm{m/s}$$

Dabei ist r_E gerade der Radius der Erdbahn von 1 AU. Analog lässt sich die Geschwindigkeit auf Höhe der Jupiterbahn auf der Transferellipse bestimmen:

$$v_{\mathrm{J,H}} = \sqrt{\mu_{\mathrm{S}}\left(\frac{2}{r_{\mathrm{J}}} - \frac{1}{a_{\mathrm{H}}}\right)} = 7.418{,}0\ \mathrm{m/s}$$

Die Kreisbahngeschwindigkeiten der Planeten ergeben sich mittels Definition der Kreisbahngeschwindigkeit (Gl. (6-54)) zu:

$$v_{\mathrm{E,K}} = \sqrt{\frac{\mu_{\mathrm{S}}}{r_{\mathrm{E}}}} = 29.783{,}1\ \mathrm{m/s}$$

$$v_{\mathrm{J,K}} = \sqrt{\frac{\mu_{\mathrm{S}}}{r_{\mathrm{J}}}} = 13.060{,}7\ \mathrm{m/s}$$

Mit den Gl. (7-70) und (7-71) können wir nun bestimmen, wie die hyperbolischen Exzessgeschwindigkeiten lauten müssen. Dazu gehen wir als erster Näherung davon aus, dass die hyperbolischen Exzessgeschwindigkeiten und die Planetengeschwindigkeiten parallel zueinander verlaufen, so dass die Gleichungen skalar werden. Für die Geschwindigkeit beim Verlassen der Erde gilt demnach:

$$v_{\mathrm{Rfz,final,E}}^{\mathrm{Pl}} = v_{\mathrm{E,H}} - v_{\mathrm{E,K}} = 8.790\ \mathrm{m/s}$$

Bei der Geschwindigkeit bei Ankunft am Jupiter ist zu beachten, dass das Raumfahrzeug von Jupiter eingeholt wird (zu erkennen an den Geschwindigkeitsbeträgen), daher ergibt sich für die Berechnung:

$$v_{\mathrm{Rfz,An,J}}^{\mathrm{Pl}} = v_{\mathrm{J,K}} - v_{\mathrm{J,H}} = 5.642{,}7\ \mathrm{m/s}$$

Auf Basis von Gl. (7-72) bzw. (7-74) können wir nun bestimmen, wie die Geschwindigkeiten auf Höhe des Start- bzw. Zielorbits sein muss, damit auf den jeweiligen Hyperbeln gerade die eben berechneten Exzessgeschwindigkeiten erreicht werden. Die Differenz dieser Geschwindigkeiten zu den Kreisgeschwin-

digkeiten der Orbits ist dann gerade das gesuchte Δv. Es gilt also zuerst einmal für die Abflughyperbel die Energiegleichung:

$$\frac{\left(v_{\text{Rfz,Ab,peri,E}}^{\text{Pl}}\right)^2}{2} - \frac{\mu_{\text{E}}}{r_{\text{Park}}} = \frac{\left(v_{\text{Rfz,final,E}}^{\text{Pl}}\right)^2}{2}$$

Damit folgt für das erste Δv:

$$\Delta v_{\text{Start}} = \sqrt{2 \cdot \frac{\mu_{\text{E}}}{r_{\text{Park}}} + \left(v_{\text{Rfz,final,E}}^{\text{Pl}}\right)^2} - \sqrt{\frac{\mu_{\text{E}}}{r_{\text{Park}}}} = 6.296{,}83\ \text{m/s}$$

Analog ergibt sich das Δv für die Ankunft aus:

$$\frac{\left(v_{\text{Rfz,An,peri,J}}^{\text{Pl}}\right)^2}{2} - \frac{\mu_{\text{J}}}{r_{\text{Ziel}}} = \frac{\left(v_{\text{Rfz,An,J}}^{\text{Pl}}\right)^2}{2}$$

$$\Delta v_{\text{An}} = \sqrt{2 \cdot \frac{\mu_{\text{J}}}{r_{\text{Ziel}}} + \left(v_{\text{Rfz,An,J}}^{\text{Pl}}\right)^2} - \sqrt{\frac{\mu_{\text{J}}}{r_{\text{Ziel}}}} = 8.467{,}1\ \text{m/s}$$

Insgesamt ist für dieses Missionsszenario daher ein Δv von:

$$\Delta v_{\text{Ges}} = \Delta v_{\text{An}} + \Delta v_{\text{Start}} = 14.763{,}93\ \text{m/s}$$

erforderlich.

7.7.4 Grenzen für zusammengesetzte Kegelschnitte

Zusammengesetzte Kegelschnitte sind keine exakte Rechnung, da sie die tatsächlichen Verhältnisse im realen Sonnensystem vernachlässigen. Aber sie erlauben eine erste Abschätzung für das erforderliche Δv.

Beim Einsatz werden Störungen durch Anwesenheit anderer Körper vernachlässigt, so dass z.B. auf einer realen Flugbahn Korrekturmanöver erforderlich sind. Mit entsprechenden Sicherheitsmargen, die z.B. im ECSS.[4] Standard festgelegt werden, kann man aber die tatsächlichen Manöverkosten in Δv bzw. Treibstoffmengen abschätzen und so erste Aussagen über eine Machbarkeit und Plausibilität eines Missionsentwurfs treffen.

7.8 Bahnänderungen außerhalb der Ebene

Bisher haben wir nur Änderungen der Bahnform betrachtet und diese lediglich in der Ebene. Auch die übrigen Bahnelemente können verändert werden. Die häufigsten Fälle sehen wir uns hier an.

[4] European Cooperation for Space Standardization, www.ecss.nl

7.8.1 Inklinationsänderung

Die Änderung der Inklination ist eine häufige Änderung einer Bahn. Für jeden interplanetaren Transfer zu einem anderen Planeten ist üblicherweise eine Änderung der Inklination notwendig, da die Bahnen der Planeten in Wirklichkeit nicht koplanar sind. Auch die Inklinationsänderung wird mittels eines Δv erzeugt.

Der Fall einer Inklinationsänderung auf einer Kreisbahn ist in Bild 7-9 gezeigt. Mit der Konfiguration von Start- und Zielorbit liegen zwei verschiedene Inklinationen vor, d.h. i_1 und i_2 und zwei zu den jeweiligen Orbits zugehörige Geschwindigkeitsvektoren mit den gleichen Indizes. Man kann hier bereits erkennen, dass das erforderliche Manöver zur Änderung des Startorbits in den Zielorbit nur an den Orten möglich ist, wo zwei Orbits sich gerade berühren, d.h. an den Knoten (s. Abschnitt 6.7). Das erforderliche Δv ergibt sich geometrisch.

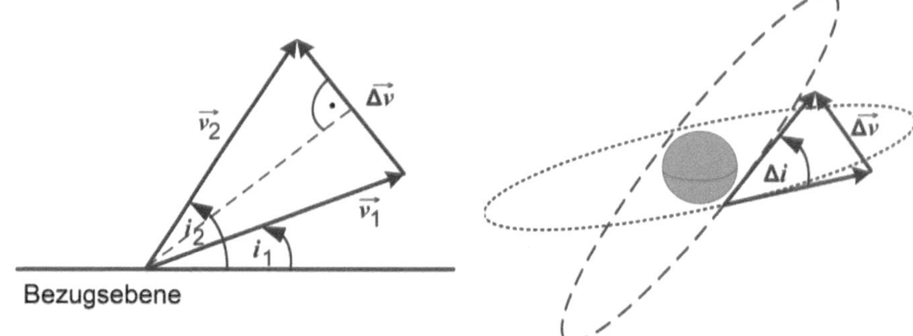

Bild 7-9 Geschwindigkeitsvektoren und Winkel im Bezug zu einer Inklinationsänderung auf einer Kreisbahn.

Zuerst einmal gehen wir davon aus, dass die Beträge der Orbitgeschwindigkeiten jeweils gleich sind (bei Ellipsen ist dies nicht zwangsläufig der Fall), andernfalls könnten sich die Kreisbahnen nicht in einem Punkt berühren (da die Geschwindigkeit ja eine Funktion des Bahnradius ist). Dann können wir geometrisch in der Abbildung ablesen, dass gilt:

$$\begin{aligned} \Delta v &= 2 \cdot v_1 \cdot \sin\left(\frac{i_2 - i_1}{2}\right) \\ &= 2 \cdot v_2 \cdot \sin\left(\frac{i_2 - i_1}{2}\right) \\ &= 2 \cdot v \cdot \sin\left(\frac{i_2 - i_1}{2}\right) \\ &= 2 \cdot v \cdot \sin\left(\frac{\Delta i}{2}\right) \end{aligned} \quad (7\text{-}76)$$

wobei v hier gerade die Kreisbahngeschwindigkeit für den entsprechenden Radius ist.

Ähnlich sieht das Vorgehen auch bei elliptischen Bahnen aus, allerdings muss man dabei beachten, dass die Geschwindigkeit auf der Ellipse eben nicht konstant ist. Mit Ausnahme des Falls, dass die Knotenlinie senkrecht zu der Apsidenlinie verläuft, bedeutet das, dass die Geschwindigkeiten in den Knoten unterschiedlich sind. Relevant ist dabei allerdings ohnehin nur die Geschwindigkeit senkrecht zur radialen Richtung, da nur diese Komponente ja aus der Orbitebene gedreht werden muss.

Aus Bild 7-10 ergibt sich, dass für die radiale Komponente gilt, dass sie aus dem Kosinus des Flugbahnwinkels -90° < ϕ < 90° zu bestimmen ist. Analog wie zuvor ergibt sich:

Da die

$$\Delta v = 2 \cdot v \cdot \cos \phi \cdot \sin\left(\frac{i_2 - i_1}{2}\right) \tag{7-77}$$

Geschwindigkeit davon abhängig ist an welchem Knoten die Inklination geändert werden soll, erhält man für die jeweiligen Knoten auch unterschiedliche Δv mit der zuvor genannten Ausnahme.

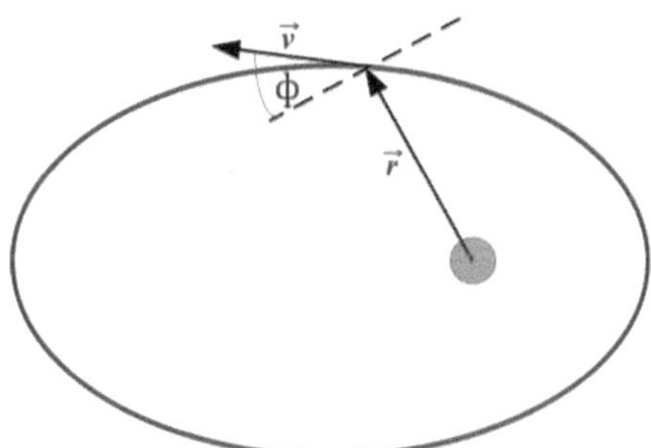

Bild 7-10 Geschwindigkeitsvektor und Flugbahnwinkel auf einer Ellipse.

7.8.2 Änderung der Knoten

Auch die Lage der Knoten einer Bahn lässt sich ggf. bei Bedarf ändern. Auch hier kann man geometrisch vorgehen, analog wie zur Inklinationsänderung. Dabei kommt sphärische Trigonometrie zum Einsatz. Man kann so herleiten, dass gilt:

$$\frac{d\Omega}{dt} = \frac{\sin(\omega + \nu)}{h \cdot \sin i} \cdot r \cdot b_{\mathrm{n}} \tag{7-78}$$

wobei die Zeichen für die Bahnelemente hier wie üblich verwendet sind und b_n die Normalkomponente der die Änderung verursachenden Beschleunigung ist (z.B. eine Schubbeschleunigung oder eine Störbeschleunigung). Das entsprechende Δv ergibt sich zu:

$$\Delta v = \sqrt{2} \cdot v \cdot \sqrt{(1 - \cos^2(i) - \sin^2(i) \cdot \cos(\Delta\Omega))} \tag{7-79}$$

wobei i die aktuelle Inklination ist und $\Delta\Omega$ die gewünschte Änderung des Knotens. So ergibt sich für einen Erdsatelliten in einem polaren Orbit, d.h. bei einer Inklination von ca. 90°, und einem Radius von 7000 km sowie einer gewünschten Änderung von 45°, ein Δv von ca. 5,5 km/s.

7.9 Spezifischer Impuls und Raketengrundgleichung

Bis hierher haben wir uns mit der Bahndynamik beschäftigt und welche Impulsänderungen ausgedrückt durch Δv für Missionen erforderlich sind. Diese Impulsänderungen sind dabei eine Folge des Schubs, was wir bis hierher als gegeben vorausgesetzt haben. Uns fehlt noch die Verbindung zum eigentlichen Raumfahrzeug. Dies wollen wir nun ändern.

7.9.1 Der massenspezifische Impuls

Das Antriebssystem eines Raumfahrzeugs kann üblicherweise eine begrenzte Menge an Impuls erzeugen. Dies ist abhängig davon wieviel Schub es über welchen Zeitraum, also letztlich wieviel Treibstoff es transportieren kann, und wie effektiv das Triebwerk aus diesem Treibstoff Impuls erzeugen kann. Diese Impulsmenge muss so gewählt sein, dass die geplante Mission durchführbar ist. Für den erzeugbaren Impuls eines Raumfahrzeugs gilt basierend auf dem 2. Newton'schen Axiom:

$$\frac{dI}{dt} = F \tag{7-80}$$

d.h. der durch das Triebwerk erzeugte Impuls ist:

$$I_{\text{Schub}} = \int_{t_1}^{t_2} F_{\text{Schub}}\, dt = F_{\text{Schub}}\, \Delta t \tag{7-81}$$

wenn wir annehmen, dass die Integrationskonstante 0 ist, Δt die Dauer des Schubs darstellt und außerdem der Schub konstant ist.

Um Antriebe vergleichbar zu machen, skaliert man nun typischerweise den Impuls mit dem Gewicht des Treibstoffs und erhält so den (gewichts) spezifischen Impuls. Mit denselben Einschränkungen wie oben gilt dann:

$$I_{\text{sp}} = \frac{F_{\text{Schub}}\, \Delta t}{g_0 \cdot m_{\text{t}}} \tag{7-82}$$

Hier ist g_0 die Erdgravitationsbeschleunigung auf Normalniveau und m_t die gesamte Treibstoffmasse. Man kann nun noch annehmen, dass der Massenfluss ebenfalls konstant ist, was bei konstantem Schub der Fall ist und erhält:

$$I_{\text{sp}} = \frac{F_{\text{Schub}}}{g_0 \cdot \dot{m}_{\text{t}}} = \frac{c_{\text{e}}}{g_0} \tag{7-83}$$

Der massenspezifische Impuls entspricht gerade der Austrittsgeschwindigkeit c_e des Raketengases geteilt durch g_0. Die Einheit des spezifischen Impulses ist [s] und der Wert dient als Vergleichswert zwischen verschiedenen Triebwerksarten. Je höher der Wert ist, desto weniger Treibstoff wird für die gleiche Menge an Impulsänderung benötigt.

Für chemische Triebwerke, die flüssigen Wasserstoff und Sauerstoff verwenden, ist das Maximum üblicherweise 450 s. Andere Triebwerke haben geringere Werte. So genannte Niedrigschubtriebwerke wiederum haben einen sehr hohen spezifischen Impuls. Der Betrag des Schubs ist dabei jedoch insgesamt sehr klein, so dass sich die für impulsive Manöver typischen Transferbahnen nicht realisieren lassen. Transferbahnen, die sich mit Niedrig-schubtriebwerken realisieren lassen betrachten wir in Kapitel 11.

Der spezifische Impuls gibt die Effizienz eines Antriebssystems wieder, bezogen auf den Treibstoff. Er ist vergleichbar zu einer Angabe, wieviel Liter Benzin ein Fahrzeug für eine Strecke von 100 km benötigt, wie wir es aus dem Alltag kennen.

7.9.2 Die Ziolkowskigleichung

Der russische Lehrer Konstantin Ziolkowski leitete 1903 die nach ihm benannte Gleichung her, welche auch als Raketengrundgleichung bezeichnet wird, da sie die Grundlage für Raketenrechnungen darstellt. Wir wollen uns hier ihre Anwendung für Bahnrechnungen ansehen, Themen wie Stufung, die ebenfalls mit ihr zusammenhängen sind in Werken der Literaturhinweise zu finden und sollen hier nicht behandelt werden. Zur Herleitung machen wir folgende Annahmen:

- Es wirken keine äußeren Kräfte (z.B. Gravitation oder Luftwiderstand),
- das Bezugssystem ist inertial und
- die Brenngase der Rakete treten parallel zur Flugrichtung mit konstanter Geschwindigkeit aus.

Die Situation der Rakete ist in Bild 7-11 dargestellt mit den relevanten Geschwindigkeitsvektoren.

Dabei sind $\vec{w}$ der Geschwindigkeitsvektor des ausgeströmten Gases, $\vec{c}_e$ die Austrittsgeschwindigkeit der Gasmasse dm_G, $\vec{v}_R$ die Geschwindigkeit der Rakete selbst und es gilt, dass $\vec{w} = \vec{v}_R + \vec{c}_e$ ist und $dm_G = -dm_R$, welches die Massenänderung der Rakete darstellt (also verliert die Rakete gerade die Treibstoffmasse).

Nun kann man für den Zeitpunkt t und den Zeitpunkt $t + dt$ die Impulsgleichung aufstellen. Der Impuls muss bei fehlenden äußeren Kräften konstant bleiben, d.h. die Differenz zwischen diesen beiden Zeitpunkten ist gerade 0, denn der Schub ist keine äußere Kraft, sondern innerhalb des Systems der Rakete. Für die jeweiligen Impulsgleichungen können wir schreiben:

$$\vec{I}(t) = m_R(t) \cdot \vec{v}_R(t) \tag{7-84}$$

$$\vec{I}(t + dt) = m_R(t + dt) \cdot \vec{v}_R(t + dt) + dm_G \cdot \vec{w} \tag{7-85}$$

$$= (m_R + dm_R) \cdot (\vec{v}_R + d\vec{v}_R) - dm_R(\vec{v}_R + \vec{c}_e)$$

$$= m_R \cdot \vec{v}_R + m_R \cdot d\vec{v}_R + dm_R \cdot \vec{v}_R + dm_R \cdot d\vec{v}_R - dm_R \cdot \vec{v}_R - dm_R \cdot \vec{c}_e$$

$$= m_R \cdot \vec{v}_R + m_R \cdot d\vec{v}_R + dm_R \cdot d\vec{v}_R - dm_R \cdot \vec{c}_e$$

Dabei kann man noch das Produkt aus dm_R und $d\vec{v}_R$ vernachlässigen, da die Faktoren jeweils sehr klein sind.

Jetzt setzen wir die beiden Gleichungen gleich und erhalten dadurch:

$$\vec{I}(t) = \vec{I}(t + dt) \tag{7-86}$$

$$m_\mathrm{R} \cdot \vec{v}_\mathrm{R} = m_\mathrm{R} \cdot \vec{v}_\mathrm{R} + m_\mathrm{R} \cdot d\vec{v}_\mathrm{R} - dm_\mathrm{R} \cdot \vec{c}_\mathrm{e}$$

$$\Leftrightarrow 0 = d\vec{v}_\mathrm{R} - \frac{dm_\mathrm{R}}{m_\mathrm{R}} \cdot \vec{c}_\mathrm{e}$$

Diese Gleichung lässt sich auf ein skalares Problem vereinfachen, da ja die Austrittsgeschwindigkeit und die Flugrichtung parallel sind. Dabei ist aber zu beachten, dass die Richtung von c_e negativ ist (entgegen der Flugrichtung). Wir können also um die Geschwindigkeitsdifferenz der Rakete zwischen den beliebigen Zuständen 1 und 2 zu bestimmen, schreiben:

$$\Delta v_{1\to 2} = \int_1^2 dv_\mathrm{R} = -c_\mathrm{e} \int_1^2 \frac{dm_\mathrm{R}}{m_\mathrm{R}}$$

$$\Rightarrow \Delta v_{1\to 2} = -c_\mathrm{e} \ln \frac{m_2}{m_1} = c_\mathrm{e} \ln \frac{m_1}{m_2} \tag{7-87}$$

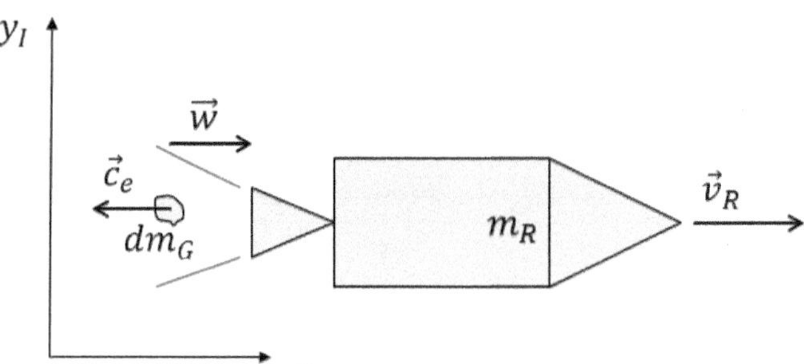

Bild 7-11

Die Rakete im kräftefreien Raum mit den dazugehörigen Geschwindigkeitsvektoren sowie dem Massenelement dm_G des ausgestoßenen Gasstrahls.

Diese Gleichung ist die Raketengrundgleichung. Die Masse m_2 wird auch Brennschlussmasse genannt, da dies die Raketenmasse nach dem Manöver ist, während m_1 die Startmasse, also zu Beginn des Manövers ist (oft auch m_0 abgekürzt). Der Treibstoffverbrauch ergibt sich gerade aus der Differenz der beiden Massen. So lässt die Gleichung umstellen zu:

$$\frac{\Delta v}{c_\mathrm{e}} = \ln \frac{m_1}{m_2} \tag{7-88}$$

$$e^{\frac{\Delta v}{c_\mathrm{e}}} = \frac{m_1}{m_2}$$

$$m_1 = m_2 \cdot e^{\frac{\Delta v}{c_\mathrm{e}}} \text{ und } m_2 = m_1 \cdot e^{\frac{-\Delta v}{c_\mathrm{e}}}$$

Damit lässt sich dann also die Treibstoffmenge Δm als Funktion der jeweiligen Startmasse, des Δv und der Austrittsgeschwindigkeit formulieren:

$$\Delta m = m_1 \cdot \left(1 - e^{-\frac{\Delta v}{c_e}}\right) \tag{7-89}$$

An diesen Gleichungen lässt sich bereits erkennen, wie eine effektive Rakete skaliert werden muss. Um ein großes Δv erreichen zu können, muss der Unterschied zwischen m_2 und m_1 möglichst groß sein. Die Rakete sollte also zu einem Großteil aus Treibstoff bestehen. Dies ist technisch nur bedingt umsetzbar, denn wir benötigen auch Massenanteile für andere Komponenten der Rakete, wie z.B. die Nutzlast, die Struktur oder die Triebwerke selbst. Deswegen, wird mit der bekannten Einteilung der Raketenstufen gearbeitet. Hat ein Antriebsstufenmodul seinen Treibstoff verbrannt, wird es abgeworfen und so das Verhältnis zwischen m_1 und m_2, also der Treibstoffmassenanteil an der Gesamtmasse, wieder verbessert – „Ballast" wird nicht länger mittransportiert. Nur auf diese Weise können Raketen mit konventionellen Verbrennungsantrie-ben überhaupt genug Δv aufbringen, um einen stabilen Erdorbit zu erreichen. Die perfekte Rakete, die auch einstufig in den Erdorbit gelangen könnte wäre natürlich eine, die wärend des Aufstiegs Ihre komplette Struktur als Treibstoff verbrennen könnte. Leider existiert ein solches System derzeit noch nicht.

7.9.3 Näherung über eine Taylor-Entwicklung

Die Ziolkowskigleichung ist für schnelle Handrechnungen nicht gut geeignet, da sie logarithmisch ist. Für kleine Δv lässt sich der Treibstoffmassenbedarf allerdings auch mittels einer Taylorreihentwicklung linearisieren, so dass man schnelle Abschätzungen treffen kann. Eine Taylorreihe nähert sich an einer Stelle x einer glatten Funktion an. Das Ergebnis ist eine Potenzreihe, welche üblicherweise einfacher ist, als die ursprüngliche Funktion. Die Potenzreihe kann über die Differentiale der jeweiligen Funktion bestimmt werden. Für eine e-Funktion wie im Falle der Raketengrundgleichung, gilt:

$$e^{\mathrm{x}} = \sum_{\mathrm{n}=0}^{\infty} \frac{x^n}{n!} = 1 + x + \frac{x^2}{2!} + \frac{x^3}{3!} + \cdots + \frac{x^n}{n!} \tag{7-90}$$

Wir verwenden im weiteren Verlauf nur die Taylorreihe ersten Grades, d.h. den Term für x^1. Das entspricht einer Linearisierung der ursprünglichen Funktion an der Stelle der Entwicklung. Dann können wir für Gl. (7-89) schreiben:

$$\Delta m = m_1 \cdot \Delta v / c_\mathrm{e} \tag{7-91}$$

Natürlich gilt diese Näherung nur für kleine Verhältnisse von $\Delta v / c_\mathrm{e}$, dies tritt z.B. bei Missionen mit elektrischen Triebwerken auf, die typischerweise Austrittsgeschwindigkeiten von einigen zehntausend m/s aufweisen. Auch für Korrekturmanöver kann diese Gleichung näherungsweise eingesetzt werden. Der Vorteil ist, dass man sie leicht im Kopf lösen kann, was für die logarithmische Funktion, bzw. e-Funktion nicht der Fall ist.

7.9.4 Anwendung der Ziolkowskigleichung

Die Zielkowskigleichung verknüpft die erforderliche Geschwindigkeitsänderung, bzw. Impulsänderung in Form von Δv mit dem Raumfahrzeug und der dafür erforderlichen Treibstoffmasse. Mit ihr kann ggf. der Verlauf der Raumfahrzeugmasse während der Mission dargestellt werden und eine Auslegung des Systems erfolgen, da die Treibstoffmasse natürlich im Raumfahrzeug untergebracht werden muss. Das Treibstoffmassenverhältnis $\Delta m/m$ ist daher eine wesentliche Auslegungsgröße.

Die Austrittsgeschwindigkeit c_e hängt vom eingesetzten System ab. In Bild 7-12 wird der Verlauf des jeweiligen Treibstoffsmassenverhältnisses für zwei verschiedene Austrittsgeschwindigkeiten c_e gezeigt. Die Geschwindigkeit von 4.415,5 m/s entspricht dabei dem typischen Optimum für chemische Triebwerke (für die Treibstoffkombination von flüssigem Wasserstoff und flüssigem Sauerstoff). Die Geschwindigkeit von 29.430 m/s entspricht einem typischen elektrischen Triebwerk.

Die Auswirkungen sind deutlich zu sehen. Für das chemische Triebwerk erreicht man ein Treibstoffmassenverhältnis von 50% bereits bei einem Δv-Bedarf von 3.000 m/s, für ein elektrisches Triebwerk erst bei ungefähr 20.000 m/s.

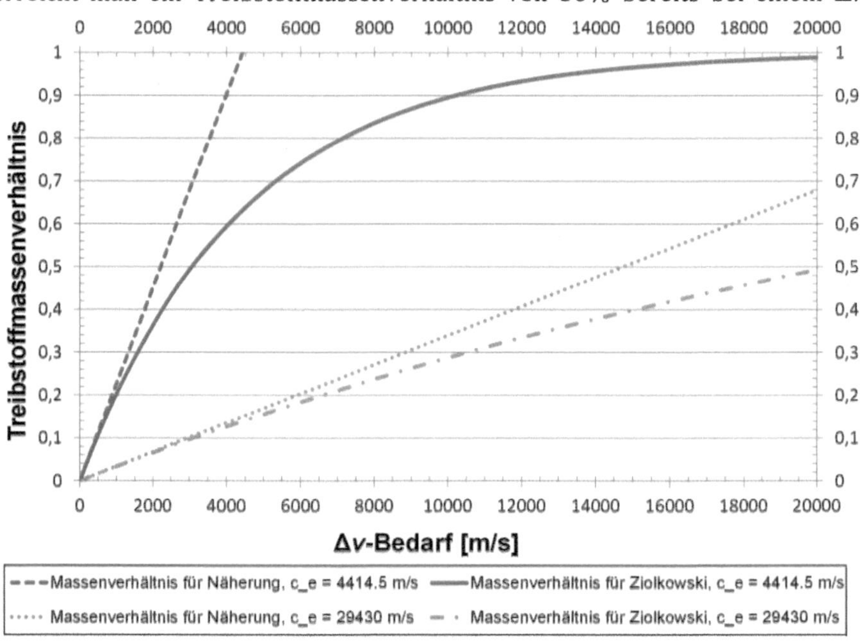

Bild 7-12 Vergleich des Treibstoffmassenverhältnisses zwischen zwei typischen Austrittsgeschwindigkeiten, korrekt gerechnet und angenähert. Unten für ein elektrisches Triebwerk, oben für ein chemisches Triebwerk.

Auch die Näherungen auf Basis von Gl. (7-91) sind gezeigt (gestrichelte Linien). Für den Fall des chemischen Triebwerks ist die Näherung nur für Δv von einigen hundert m/s brauchbar; für das elektrische Triebwerk bis ca. 2.000 m/s, was an der größeren Austrittsgeschwindigkeit liegt.

Um also eine Mission wie im Beispiel der Jupitermission (siehe Abschnitt 7.7.3) zu fliegen ist für die genannte chemische Treibstoffkombination ein Treibstoffmassenverhältnis von ca. 96% notwendig. Dabei ist aber noch zu bedenken, dass aufgrund der Flüchtigkeit von Wasserstoff, diese Treibstoffkombination nicht für eine Mission mit so langer Flugdauer wie bei einem Jupitertransfer einsetzbar ist.

Im ersten Moment könnte man nun denken, dass man immer elektrische Triebwerke verwenden sollte. Dies ist allerdings nicht der Fall. Erst einmal sind die Bahnen von elektrischen Triebwerken, die üblicherweise einen sehr niedrigen Schub aufweisen, nicht mit impulsiven Manövern darstellbar und dadurch nicht mit unseren bisherigen Methoden berechenbar. Außerdem benötigen sie typischerweise - aufgrund dieser anderen Bahnen - für eine vergleichbare Mission deutlich mehr Δv. Schließlich brauchen sie für den Betrieb typischerweise sehr viel elektrische Leistung (typischerweise mehrere kW), welche nur durch massenreiche (mehrere hun-dert kg) Energieversorgungssysteme zur Verfügung gestellt werden kann (z.B. Solaranlagen oder nukleare Energiequellen). Das hebt ggf. den Vorteil der Treibstoffersparnis auf. In Kapitel 11 werden wir ein wenig genauer auf Niedrigschubbahnen eingehen.

Literaturhinweise

Prussing, J.E., Conway, B.A.; *Orbital Mechanics*; Oxford University Press, 1993

Messerschmid, E., Fasoulas, S.; *Raumfahrtsysteme*, Springer Verlag, 2004

Bate, R.R., Mueller, D.D., White, J.E.; *Fundamentals of Astrodynamics*, Dover Publications, 1971

Kemble, S.; Interplanetary Missions Analysis and Design; Springer, 2006

8 Bahnarten und Bodenspuren

Wir haben bis hierher Bahnen sehr allgemein beschrieben. Zwei grobe Unterscheidungen haben wir allerdings bereits getroffen: geschlossene (Ellipsen) und offene Bahnen (Parabeln und Hyperbeln). Es gibt aber noch andere Unterscheidungsmöglichkeiten für Bahnen. Diese Unterscheidungen erfolgen üblicherweise nach Bahneigenschaften, wie z.B. der Form oder des Bahnradius.

Außerdem werden wir uns noch ansehen, wie man solche Bahnen typischerweise anhand von sogenannten Bodenspuren darstellen kann.

8.1 Weltraumumgebung der Erde

Eine Reihe von Orbittypen definiert sich über die Weltraumumgebung im erdnahen Raum, daher wollen wir uns diese kurz ansehen. Die Erde verfügt über ein Magnetfeld, welches ein wenig geneigt zur Rotationsachse verläuft und außerdem zu dieser translatorisch versetzt ist. Die genaue Form wird von der Dynamowirkung des Erdkerns und der Interaktion mit dem Sonnenwind hervorgerufen und unterliegt durch Änderungen in deren Dynamik kleineren Schwankungen. Der Magnetpol ist auch nicht fest an einem Ort lokalisiert, sondern wandert mit schwankender Richtung und Geschwindigkeit.

Entlang der Feldlinien des Magnetfelds sammeln sich geladene Partikel an und bilden die sogenannten Van-Allen-Strahlungsgürtel. Eine Teilansicht davon ist in Bild 8-1 skizziert. Die Strahlungsgürtel haben einen inneren und einen äußeren Gürtel. An der Stelle, wo ersterer besonders nah an die Erde heranreichen, befindet sich die sogenannte südatlantische Strahlungsanomalie.

Die Teilchen in den Strahlungsgürteln können zu Fehlern an Bordcomputern führen und Bauteile von Satelliten dauerhaft beschädigen, z.B. Solarzellen. Daher müssen Satelliten vor dieser Strahlung geschützt werden, idealerweise durch gänzliche Vermeidung dieser Bereiche.

Neben den Strahlungsgürtel beeinflusst auch die Restatmosphäre den erdnahen Raum und bremst Satelliten durch Kollision mit Atmosphärenteilchen ab. Wie stark dies ist, hängt unter anderem vom Sonnenwetter ab, der Tageszeit und auch der Jahreszeit. Üblicherweise wird aber z.B. die internationale Raumstation mehrmals im Jahr durch ein Manöver in ihrem Orbit angehoben. Je nach Größe und Gewicht des Satelliten kann die Restatmosphäre also selbst bis einige hundert Kilometer oberhalb der Erdoberfläche noch deutlich spürbare Auswirkungen haben.

Neben der für uns leicht sichtbaren Aktivität der Sonne in Form von Licht, sendet die Sonne auch einen Strom von geladenen Teilchen aus, den sogenannten Sonnenwind. Dieser interagiert wie oben erwähnt mit dem Magnetfeld der Erde. Zusätzlich interagieren die von der Sonne ausgesandten Photonen in Form von Strahlungsdruck auch mit Satelliten und tauschen Impuls aus.

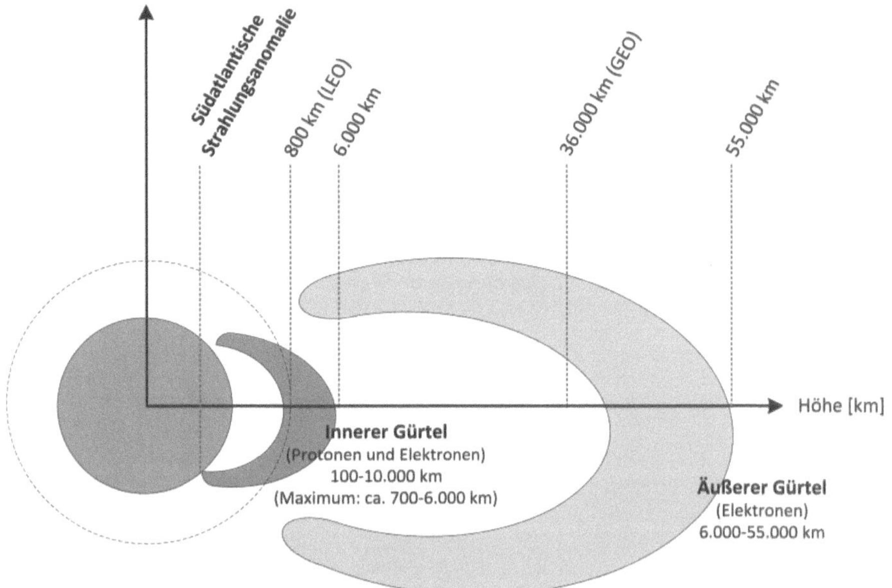

Bild 8-1 Schematische Darstellung der Strahlungsgürtel im Vergleich zur Höhe. Die Tatsächliche Ausdehnung ist abhängig von der Teilchenenergie und dem Sonnenwetter.

8.2 Typische Orbits und Bahntypen

Es gibt verschiedene Orbits, die nach Bahneigenschaften klassifiziert sind. Wir wollen uns ein paar typische Vertreter einmal näher ansehen.

8.2.1 Niedriger Erdorbit

Eine der am häufigsten verwendeten Orbitarten ist der niedrige Erdorbit, üblicherweise mit LEO abgekürzt (engl. für Low Earth Orbit). Die untere Grenze für diese Art von Orbit ist die Erdatmosphäre. Per Definition beginnt der Weltraum an der Kármán-Linie, benannt zu Ehren von Theodore von Kármán, bei 100 km Höhe über der Erdoberfläche. Die Idee dahinter ist, dass ungefähr ab dieser Höhe die Zentrifugalkraft den überwiegenden Anteil in der Kräftebilanz zum Ausgleich der Schwerkraft ausmacht und nur noch geringe aerodynamische Kräfte herrschen. Um sich in der „Luft" zu halten, muss man also fast mit Orbitalgeschwindigkeit fliegen.

Allerdings ist auch noch darüber hinaus die Auswirkung der Atmosphäre spürbar. Typische Satellitenorbits unterschreiten daher die 300 km nicht.

Eine obere Grenze bildet weiter der innere Van-Allen-Gürtel, welcher ab ca. 800 km deutliche Auswirkungen hat und spätestens ab einigen Tausend Kilometern in einem großen Intervall von Breitengraden (von ca. -70° bis +70° um den

Äquator) einmal um die gesamte Erde verläuft. Per Standard ist der LEO daher auf eine Höhe von 2000 km begrenzt; realistisch liegen Orbits unter 1000 km.

Mit Gl. (6-67) kann man bestimmen, dass die Umlaufzeiten für diese Orbithöhen bei ca. 90 bis 100 Minuten liegen, weswegen Astronauten auf der Raumstation mehr als ein Dutzend Sonnenauf- und -untergänge pro Tag erleben. Typische Kontaktzeiten zu Satelliten betragen ca. 15 Minuten. Die restliche Zeit operieren die Satelliten ohne Kontakt zur Bodenstation.

Anwendungsgebiete des LEOs sind Erdbeobachtungssatelliten (z.B. Envisat, Höhe: 760 km), Wettersatelliten (z.B. MetOp, Höhe: 817 km), Missionen für Technologiedemonstrationen und bemenschte Raumfahrt (z.B. Internationale Raumstation, Höhe ca. 400 km).

Ein Sonderfall des LEO ist der Sonnensynchrone Orbit (SSO). Die Erde ist keine perfekte Kugel (siehe Abschnitt 5.4) und bedingt (u.a.) durch ihre Abplattung entstehen Störbeschleunigungen, die den Orbit verändern und zwar auch die Knotenlinie wandern lassen. Details dazu schauen wir uns später an (siehe Abschnitt 10.3). Die Rate der Änderung der Knotenlinie ist sowohl von der Orbitform als auch der Lage abhängig. Man kann sie – durch geschickte Wahl der Parameter – so wählen, dass die Knotenlinie stets so wandert, dass sie sich pro Jahr um 360° dreht, eben sonnensynchron. Dies ist in Bild 8-2 gezeigt. Rechts sehen wir den normalen Fall, wo die Ausrichtung des Orbits zur Sonne sich über das Jahr verändert, zur Erde aber gleichbleibt. Links den sonnensynchronen Fall, wo die Knotenlinie wandert. Das hat z.B. den Vorteil, dass ein bestimmter Ort immer zur gleichen Ortszeit überflogen wird, was für gewisse Untersuchungen wichtig ist. Wenn man z.B. den jahreszeitlichen Verlauf eines Messwerts (z.B. CO_2 Ausstoß in Städten) dokumentieren möchte und tageszeitliche Schwankungen ausschließen will, dann kann man mittels eines sonnensynchronen Orbits erreichen, dass tageszeitliche Schwankungen in den Messungen nicht vorkommen. Oder man wählt einen Orbit, der sogenannte Dawn-Dusk-Orbit, der so liegt, dass er entlang des Terminators, d.h. der Tag-Nacht-Grenze, verläuft und deswegen viel Sonnenzeiten hat – ein Vorteil für die Bereitstellung von elektrischer Energie mittels Solarzellen.

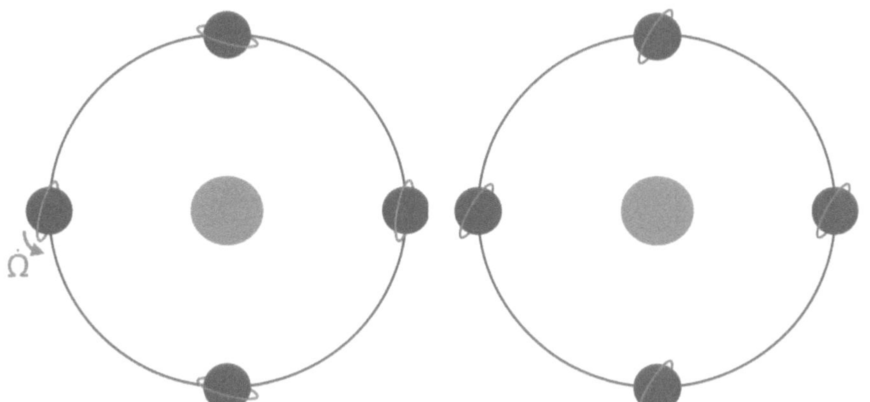

Bild 8-2

Sonnensynchroner Orbit mit wandernder Knotenline (links) im Vergleich zu einem nicht-synchronen Orbit, wo die Ausrichtung aufgrund der Erdbewegung auf ihrer Bahn verschieden ist.

Sonnensynchrone Orbits haben häufig Höhen von ca. 800 km und verlaufen leicht retrograd. Ihre Inklinationen liegen im Bereich von mehr als 90°.

8.2.2 Mittlerer Erdorbit

Der Mittlere Erdorbit, MEO (Medium Earth Orbit) beginnt oberhalb von 2000 km und reicht bis ca. 35.786 km zum Geostationären Orbit. Die Umlaufzeiten auf diesen Bahnen betragen typischerweise einige Stunden bis einen halben Tag, was dafür sorgt, dass der Kontakt zwischen Satellit und Bodenstation ebenfalls für einige Stunden besteht.

Die typischste Anwendung für diesen Orbittyp sind Navigationssatelliten. Angefangen beim amerikanischen Global Positioning System (GPS) bis zum europäischen Galileosystem, befinden sich die Satelliten in Orbits von ca. 20.000 km Höhe. Auf diese Weise wird eine Umlaufdauer von ungefähr 12 Stunden erreicht und so ein wiederholender Orbit um die Erde – zweimal am Tag (zum gleichen Zeitpunkt) überfliegt ein Satellit die gleiche Position auf der Erde.

Da der Elektronengürtel aufgrund deutlich geringerer Energie keine größeren Auswirkungen auf Satelliten hat, können Navigationssatelliten diese sicher durchfliegen.

8.2.3 Geosynchroner und Geostationärer Orbit

Der Geosynchrone Orbit zeichnet sich dadurch aus, dass seine Umlaufzeit synchron zur Erddrehung ist, also einem siderischen Tag (siehe Abschnitt 4.1) entspricht, wodurch lange, bis unbegrenzte Kontaktzeiten zu Bodenstationen möglich sind. Satelliten auf solchen Orbits dienen üblicherweise der Kommunikation, Erdbeobachtung oder dem Sammeln von Wetterdaten.

Es gibt verschiedene Spezialorbits, z.B. hochelliptische Tundraorbits, die eine hohe Inklination aufweisen (üblicherweise 63,4°) und daher – anders als Satelliten auf weniger geneigten Bahnen – auch die Polarregionen abdecken können.

Der bekannteste Spezialfall sind sogenannte Geostationäre Orbits. In diesem Fall liegt die Inklination bei 0°, d.h. der Satellit umrundet die Erde auf der Äquatorebene. Dadurch reduziert sich die Bodenspur des Satelliten im Idealfall auf einen Punkt, da immer die gleiche Stelle überflogen wird (die Winkelgeschwindigkeit auf der Satellitenbahn entspricht der Winkelgeschwindigkeit des Punktes auf der Erdoberfläche). Diese Satelliten werden über die entsprechende Position des Längengrads kategorisiert.

Der GEO ist eingeteilt in Positionen auf denen Satelliten mit einem vorgegebenen Abstand zueinander die Erde umkreisen dürfen. Gibt man die Umlaufdauer über die Tageslänge vor, so erhält man mit Gl. (6-67) eine Orbit-höhe von 35.786 km, also einen Bahnradius von ca. 42.157 km.

Bedingt durch äußere Einflüsse betreffen solche Bahnen zwei Arten von Störungen: Die Ost-West-Drift und die Nord-Süd-Drift. Erstere ist schematisch in Bild 8-3 dargestellt.

Die Erde ist keine perfekte Kugel, sondern hat, ähnlich wie ihre Abplattung auch eine ellipsoide Form in der Äquatorebene. Diese Abweichung führt dazu, dass Satelliten Störbeschleunigungen in Richtung des jeweiligen „Berges" des Potentials erfahren. Je nachdem ob ein Satellit in oder entgegen der Flugrichtung

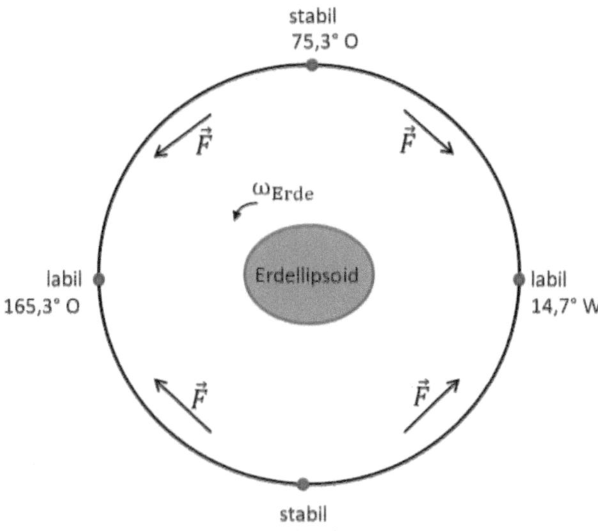

Bild 8-3

Schematische Darstellung der Ost-West-Drift auf einem geostationären Orbit mit zwei stabilen und labilen Gleichgewichtspunkten in einem mitgedrehten Koordinatensystem.

(diese ist im Bild entgegen des Uhrzeigersinns) wird die Bahnenergie vergrößert oder verkleinert. Im ersteren Falle (links oben und rechts unten) wird dadurch der Bahnradius erhöht und die entsprechende Bahngeschwindigkeit nimmt ab – dadurch fällt der Satellit zurück. Weißt die Kraft entgegen der Flugrichtung (links unten, bzw. rechts oben), dann wird Bahnenergie abgebaut und das Raumfahrzeug verringert seinen Bahnradius, wodurch es dann vorausdriftet.

Diese Drift muss kompensiert werden, was im Jahr ca. 2 m/s als Δv benötigt. Dies ist zwar nicht groß, muss aber beachtet werden, da die Abstände zwischen den Satelliten nur einige hundert Kilometer betragen. Diese Drift kann sogar eine Satelliten-Zombieapokalypse hervorrufen.

Im Jahr 2010 ging der Kontakt mit dem Satelliten *Galaxy 15* verloren. Allerdings sendete der TV-Satellit weiter. Da er nicht steuerbar war, driftete er von seiner Position und drohte nicht nur mit anderen Satelliten zu kollidieren, sondern vor allem auch deren Signal durch das noch immer gesendete, eigene Signal zu überlagern – er wurde fortan als „Zombiesatellit" betitelt. Ein halbes Jahr später konnte der Kontakt zum Zombiesatelliten wiederhergestellt werden und die Zombiesatokalypse hatte ein Ende (der Satellit wurde auf seine ursprüngliche Position manövriert und weiter eingesetzt).

Beispielsweise durch die Mondposition außerhalb der Äquatorebene oder auch durch Sonnenwind, kommt es außerdem zu einer Nord-Südbeschleunigung, die pro Jahr ungefähr einen Inklinationszuwachs von einem Grad bewirkt. Dadurch entartet die Bodenspur zu einer 8, statt eines Punktes.

Pro Jahr erfordert die Korrektur dieser Störung ein Δv von ca. 50 m/s. Dieser beschränkt typischerweise die Lebensdauer eines Satelliten – sobald der Treibstoff verbraucht ist, kann der Satellit keine Korrekturmanöver mehr durchführen. Eine gewisse Inklination ist ggf. akzeptierbar, allerdings nur bis zu einem Ausmaß, wo Antennen am Boden nicht mehr korrekt ausgerichtet sind, um dauerhaft Kontakt mit dem Satelliten zu haben. Dann wird der Satellit auf einen Orbit gebracht, der andere Satelliten nicht gefährdet, einen sogenannten Friedhofsorbit.

8.2.4 Hoher Erdorbit und Hochelliptischer Orbit

Zwei Arten von Orbits werden mit HEO abgekürzt, die hohen Erdorbits und Hochelliptischen Orbits. Erstere sind sehr selten und bezeichnen Orbits, die erdzentrisch sind, allerdings vollständig außerhalb des GEO liegen. Bisher gab es nur zwei Satellitenarten, die solche Orbits genutzt haben – das VELA Programm der Amerikaner mit dem in den Sechzigern bis Achtzigern des letzten Jahrhunderts Nukleardetonationen aufgespürt werden sollten und der Interstellar Boundary Explorer der NASA, welche die Grenze zwischen dem interstellaren Medium und dem Sonnensystem erforscht.

Hochelliptische Orbits haben typischerweise ein Perigäum im Bereich von LEO Satelliten, aber ein Apogäum, das bis zum Mond reichen kann. Sie werden für Transferbahnen eingesetzt (z.B. zum Mond) aber auch für Spionage- und Kommunikationssatelliten.

Video 8-1

Ablauf eines GEO-Transfer-Orbits mit zwei Manövern.

https://bit.ly/3jSKnJN

Der typischste HEO ist dabei der GEO-Transfer-Orbit, auch GTO abgekürzt, welcher im Grunde einen Hohmanntransfer von einem niedrigen Erdorbit (bzw. von einer Starttrajektorie) zum GEO darstellt. Die Durchführung eines solchen GTO ist in Video 8-1 gezeigt.

Ein weiterer Sonderfall sind Molnija-Orbits. Ähnlich wie der LEO durch die Abplattung der Erde von einer Knotendrift betroffen ist (siehe Abschnitt 8.2.1), bewirkt sie außerdem auch eine Wanderung des Perigäums (die Apsidenlinie rotiert also). Auch diese Drehrate ist von der Inklination abhängig und beträgt für eine Inklination von 63,4° gerade 0.

Da Russland (bzw. vormals die Sowjetunion) bis in polare Regionen reicht und deshalb mit GEO-Satelliten nur unvollständig abgedeckt wird, wurde der Molnija-Orbit entwickelt (benannt nach der Satellitenreihe, die diese einsetzt). Der Orbit ist so ausgelegt, dass das Perigäum bei einer Höhe von ca. 450 bis 600 km liegt und das Apogäum bei ca. 40.000 km und die Umlaufdauer ca. 12 h beträgt. Durch das sehr hohe Apogäum und die daraus resultierende langsame Winkelgeschwindigkeit in der Nähe des Apogäums, verbringt der Satellit ca. drei Viertel seiner Orbitperiode jenseits des Äquators. Die Kontaktzeiten betragen dadurch ca. acht Stunden. Mit drei Satelliten kann so eine Kommunikationsver-bindung über 24 Stunden aufrechterhalten werden.

Ein solcher Orbit für die Nordkugel ist links in Bild 8-4 zu sehen. Denkbar wäre eine gleiche Konfiguration auch für die südliche Halbkugel.

8.2.5 Park- und Friedhofsorbits

Ein Parkorbit stellt üblicherweise einen zeitlich sehr begrenzten Orbit dar. Er wird z.B. eingesetzt, um ein Startfenster für interplanetare Missionen zu erweitern, bzw. eine Warteposition einzunehmen (z.B. für das Andocken an der ISS).

Alternativ werden sie eingesetzt, um Systemtests durchzuführen bevor ein nächster (kritischer) Missionsschritt erfolgt, wie z.B. während der Apollomissionen der Transfer zum Mond.

Während Parkorbits eher zu Beginn einer Mission eingesetzt werden, sind Friedhofsorbits das Gegenteil. Sie kommen zum Einsatz, wenn der Satellit kurz davor steht seinen Betrieb einzustellen und die Mission beendet ist.

Friedhofsorbits haben den Nachteil, dass der Satellit in diesem Orbit als unkontrollierbare Masse verbleibt, es entsteht Weltraummüll. Dementsprechend verwendet man dafür nur Orbits, die üblicherweise nicht für Missionen selbst brauchbar sind, also z.B. Orbits, die stark von den Strahlungsgürteln betroffen sind.

Das sind Orbits mit einem Perigäum höher als LEO-Höhe (>2000 km) und einem Apogäum unterhalb der Orbits, die für Navigationssatelliten verwendet werden (< 19.700 km). Auch zwischen den Navigationssatelliten und dem GEO werden Friedhofsorbits positioniert.

GEO-Satelliten werden üblicherweise auf einen Orbit gebracht, dessen Perigäum auf mehr als 36.100 km Höhe liegt, so dass nachrückende GEO-Satelliten nicht von einer Kollision bedroht werden.

Für Satelliten, die nicht auf einen Friedhofsorbit verbracht werden können, gilt inzwischen eine Begrenzung der Verweildauer von 25 Jahren nach Betriebsende. Dies dient der Vermeidung von Weltraumschrott.

Weltraumschrott ist einmal ein Hindernis für zukünftige Satellitenstarts, da er Orbits blockiert – wo ein Schrottteil ist, kann kein Satellit sein. Außerdem riskiert man Kollisionen. Ein kleines Teil von einem alten Satelliten, kann großen Schaden anrichten, wenn es einen anderen Satelliten trifft.

8.2.6 Frozen Orbit

Ein Frozen Orbit ist über lange Zeiträume stabil. Wir haben schon erfahren, dass es verschiedene Störungen gibt, die dafür sorgen, dass sich Bahnparameter verändern – bei einem Frozen Orbit sind diese so gewählt, dass die Änderungen gering sind.

Ein Beispiel für solche Orbits sind Molnija-Orbits, welche eine stabile Position ihres Perizentrums aufweisen.

8.2.7 Konstellationen

Wir haben schon von verschiedenen Orbitarten gehört, die der Erdbeobachtung dienen, bzw. der Kommunikation bei der auch eine „Sichtlinie" notwendig ist. Um eine vollständige Abdeckung der Erde zu erreichen sind ggf. mehrere Satelliten notwendig, wenn die Abdeckung zur gleichen Zeit realisiert werden soll.

Dazu muss man zunächst die Abdeckung bestimmen, die ein Satellit gewährleisten kann. Die Situation ist rechts in Bild 8-4 gezeigt. Ein Satellit hat eine Höhe über der Erde von H und einen Sichtwinkel ρ, bzw. deckt auf der Erde einen Winkel von λ0 ab. Aus der Trigonometrie folgt (mit RE als Erdradius):

$$\sin \rho = \cos \lambda_0 = \frac{R_\mathrm{E}}{R_\mathrm{E} + H} \qquad (8\text{-}1)$$

Für beide Winkel gilt, dass sie zusammen gerade 90° betragen müssen (da die Winkelsumme im Dreieck 180° ist und der Winkel zwischen Erdradius beim Berührpunkt der Sichtlinie und der Sichtlinie des Satelliten muss gerade auch 90° betragen).

Setzt man beispielsweise die Höhe des GEO ein, so erhält man für λ_0 einen Wert von 81.3°. Für typische LEO-Höhen erhält man Winkel von knapp 20 bis knapp 30°. Dabei ist zu bedenken, dass der Sichtbereich einen Kreis auf der Erdoberfläche bildet.

Es ist dann möglich auf dem gleichen Orbit, aber entsprechend um einen Winkel versetzt (zu gleichen Zeitpunkten haben die Satelliten unterschiedliche wahre Anomalien), mehrere Satelliten zu positionieren. Weiter können außerdem auch mehrere Orbitebenen versetzt zueinander (also mit zueinander verdrehten Knotenlinien) eingenommen werden. Um solche Konstellationen zu beschreiben, definiert man nach Walker folgende Schreibweise: **i:t/p/f**.

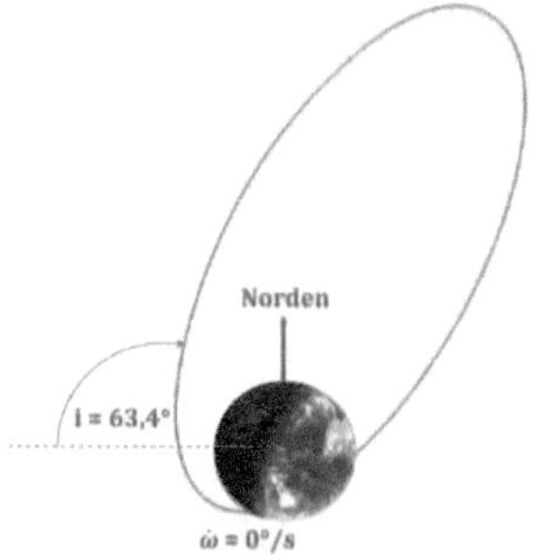

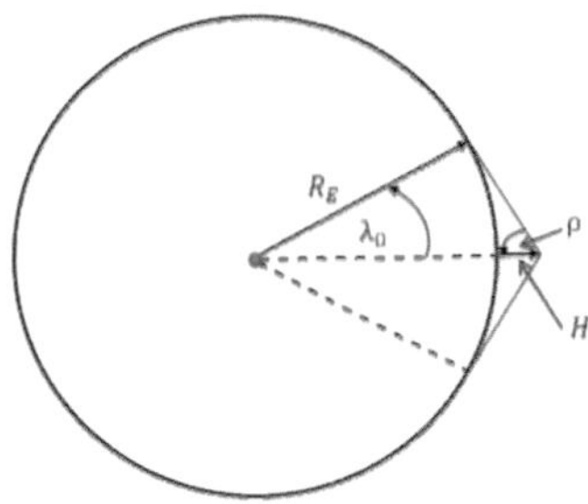

Bild 8-4

Links: Schematische Darstellung eines Molnija-Orbits für die Nordhalbkugel.

Rechts: Sichtbereich λ_0 sowie Sichtwinkel ρ eines Satelliten mit Orbithöhe H bei Erdradius R_E in zweidimensionaler Darstellung.

Hier ist i die Inklination, t die Gesamtzahl der Satelliten in der Konstellation, p die Anzahl der Orbitebenen in der Konstellation und f die Phasenverschiebung zwischen zwei Satelliten auf benachbarten Ebenen. Um die jeweilige wahre Anomalie zu bestimmen, gilt:

$$\nu_2 = \nu_1 + f\frac{360°}{t} \tag{8-2}$$

Dabei variiert man f von 0 bis p-1, um alle Satelliten abzudecken.

Für die Galileo-Satelliten gilt z.B.: 56°:27/3/1. Bei einer Inklination von 56° gibt es also auf drei Ebenen je 9 Satelliten (pro Ebene also um jeweils 40° zueinander versetzt, da die Bahn quasi kreisförmig ist). Für die Bahn in Bild 8-3 lässt sich schreiben: 63,4°:3/1/0. Da es nur eine Ebene gibt, existiert kein Phasenversatz, insgesamt gibt es allerdings drei Satelliten.

Der Phasenversatz zwischen den Ebenen ist notwendig, um zu verhindern, dass Satelliten zusammenstoßen. Zwei Orbitebenen schneiden sich immer in einer Geraden, d.h. es gibt immer zwei Schnittpunkte der Bahnen. Bei fehlendem Phasenversatz würde an diesen Punkten das Risiko einer Kollision bestehen.

8.3 Bodenspuren und ihre Bedeutung

Für die Missionsauslegung ist es häufig notwendig zu beurteilen, welchen Bereich ein Satellit z.B. mit einem Instrument abdecken kann. Ist der Sichtwinkel des Instruments bekannt, benötigt man allerdings noch die Position des Satelliten relativ zur Erdoberfläche.

Das ist die Bedeutung der Bodenspur. Sie stellt die Projektion der Satellitenbahn auf die Erdoberfläche dar und ist die Aneinanderreihung sogenannter Subsatellitenpunkte. Der Subsatellitenpunkt ist das Lot vom Satelliten auf die Erdoberfläche, wenn man eine abgeplattete Erde annimmt, bzw. der Schnittpunkt der Verbindungslinie zwischen Satellit und Erdmittelpunkt mit der Erdoberfläche für den allgemeinen Fall. Würde man einen Farbpinsel auf dieser Verbindungslinie anbringen würde er die Bodenspur auf den Erdboden zeichnen (wenn wir mal annehmen, es gäbe so lange Pinsel).

Andersherum steht für einen Beobachter, der auf dem Subsatellitenpunkt plaziert ist, der Satellit im Zenit. Ein extrem guter Sportler, der es schafft, den Satelliten durch Veränderung der eigenen Position immer im „Zenit“ zu halten, würde also entlang der Bodenspur laufen. Kennt man den Sichtbereich des Satelliten (siehe Gl. (8-1)), dann kann man bei bekannter Bodenspur bestimmen (Terrain ist ggf. noch extra zu berücksichtigen) wann eine Bodenstation in den Sichtbereich kommt und daher für eine Kommunikationsverbindung genutzt werden kann.

Analog kann man über den bekannten Sichtbereich eines Satelliten (oder eines Instruments, das einen kleineren Sichtbereich haben kann, z.B. durch den Öffnungswinkel eines Objektivs bestimmt) auch berechnen welcher Bereich auf der Erde – nämlich gerade entlang der Bodenspur – beobachtbar ist.

Wichtige Grundlage ist, dass eine Bodenspur die Folge zweier Bewegungen ist, die miteinander überlagert sind: Die Drehbewegung der Erde um die eigene Achse und die Drehung des Satelliten um die Erde. Je nach Verhältnis der beiden, fällt der Satellit bezogen auf die Erdoberfläche zurück oder läuft voraus, bzw. bei Gleichheit bleibt er auf einem Punkt. Weiter ist es wichtig das Referenzsystem, in dem der Orbit beschrieben wird mit dem Referenzsystem der Erdoberfläche (üblicherweise das geografische System) zu verknüpfen. Hierfür werden wir wieder die in Abschnitt 3.2 besprochenen Festlegungen bezüglich örtlicher und zeitlicher Referenz benutzen.

Für den Fall einer perfekten Kugel, die wir in erster Näherung für die Erde annehmen und aufgrund der Tatsache, dass der Himmelsäquator in derselben Ebene liegt wie der geographische Äquator, ist der Breitengrad zunächst vereinfacht identisch mit der Deklination des Satelliten (bei symmetrisch, sphärischer Kugel), d.h. dem Winkel oberhalb des Äquators zu einem gegebenen Zeitpunkt. Der maximal erreichbare Breitengrad entspricht dabei der Inklination des Orbits bezogen auf die Äquatorebene. Zusammen mit dem Sichtbe-reich eines Satelliten (siehe Abschnitt 8.2.7) ist damit festgelegt, welche Breiten-grade für einen Satelliten erfassbar sind.

Der Längengrad λ zu einem Zeitpunkt t ergibt sich aus der Überlagerung der Drehung des Satelliten und der der Erde. Der Längengrad kann bestimmt werden mit (s. auch das Himmelsäquator- und geografische Koordinatensystem in Abschnitt 3.3.7):

$$\lambda = \alpha - \omega_{\mathrm{sid}}(t - t_{\mathrm{NM}}) \tag{8-3}$$

wobei α der aktuelle Winkel zur Frühlingsrichtung ist, ω_{sid} die Rotationsgeschwindigkeit der Erde (siderisch) und t_{NM} der Zeitpunkt des Durchgangs durch den Nullmeridian bei Greenwich. Der aktuelle Winkel kann aus der Lage des Orbits und der wahren Anomalie bestimmt werden.

Dabei kann es vorkommen, dass die Bewegung entlang eines Längengrads sogar rückwärts verläuft, wenn die Winkelgeschwindigkeit ω_{Sat} des Satelliten parallel zur Orbitebene kleiner wird als ω_{sid}. Es lässt sich schreiben, dass für einen Zeitpunkt t gilt:

$$\frac{d\lambda}{dt} = (\omega_{\mathrm{Sat}} \cdot \cos i - \omega_{\mathrm{sid}}) \tag{8-4}$$

Die Änderung des Längengrads entspricht gerade dem Unterschied der Winkelgeschwindigkeiten in den relevanten Komponenten, d.h. parallel zur Erdrotation. Ausgehend von einer anfänglichen Position bei λ_0 ergibt sich:

$$\lambda = \lambda_0 + \int_{t_{\mathrm{NM}}}^{t} (\omega_{\mathrm{Sat}} \cdot \cos i - \omega_{\mathrm{sid}}) dt \tag{8-5}$$

Für eine konstante Winkelgeschwindigkeit des Satelliten kann man dies vereinfachen zu:

$$\lambda = \lambda_0 + (\omega_{\mathrm{Sat}} \cdot \cos i - \omega_{\mathrm{sid}})(t - t_{\mathrm{NM}}) \tag{8-6}$$

Insgesamt gilt für die Rotationsgeschwindigkeit des Satelliten, dass sie gerade der zeitlichen Ableitung der wahren Anomalie entspricht.

Ein Beispiel für eine Bodenspur ist in Bild 8-5 gegeben. Sie gehört zu einem Molnijasatelliten und zeigt zwei Umläufe. Deutlich zu erkennen sind die beiden Positionen unterhalb des Apozentrums, einmal über den USA (um möglichst lange Daten zu sammeln) und über Russland (um möglichst lange zu senden). Ebenso ist zu erkennen, dass der Längengrad im Nahbereich nach dem Apozentrum rückläufig ist. Da die Winkelgeschwindigkeit entsprechend klein ist, bewegt sich die Erde unter dem Satelliten weg. Im Bereich nach dem Äquatorüberflug wird die Winkelgeschwindigkeit deutlich größer als die Rotationsgeschwindigkeit der Erde, so dass ein großes Längengradintervall überflogen wird (von ca. 70° bis 230°), obwohl relativ wenig Zeit vergeht (nur ca. 4 Stunden, im Vergleich zu 8 Stunden oberhalb des Äquators). Ebenso ist an der Bahn zu erkennen, dass sie zwischen -63,4° und +63,4° Breitengraden verläuft – entsprechend der Inklination der Bahn.

Bild 8-6 zeigt die Bodenspur eines Kreisorbits. An den maximalen Breitengraden kann man erkennen, dass die Inklination bei 55° liegt. Die Bahn des Satelliten ist geschlossen, daher ergibt sich die erdsynchrone Umlaufdauer, d.h. eine Orbithöhe von ca. 36.000 km.

Für einen Erdorbit von niedrigerer Höhe ergibt sich mangels ganzzahligen Bruchteils der Orbitperiode bezogen auf die Rotationsperiode der Erde häufig eine offene Bodenspur. Dies ist am Beispiel der ISS in Bild 8-7 gezeigt. Natürlich endet die Bodenspur nicht einfach, sondern würde analog fortgesetzt werden. Gezeigt ist hier ein Umlauf.

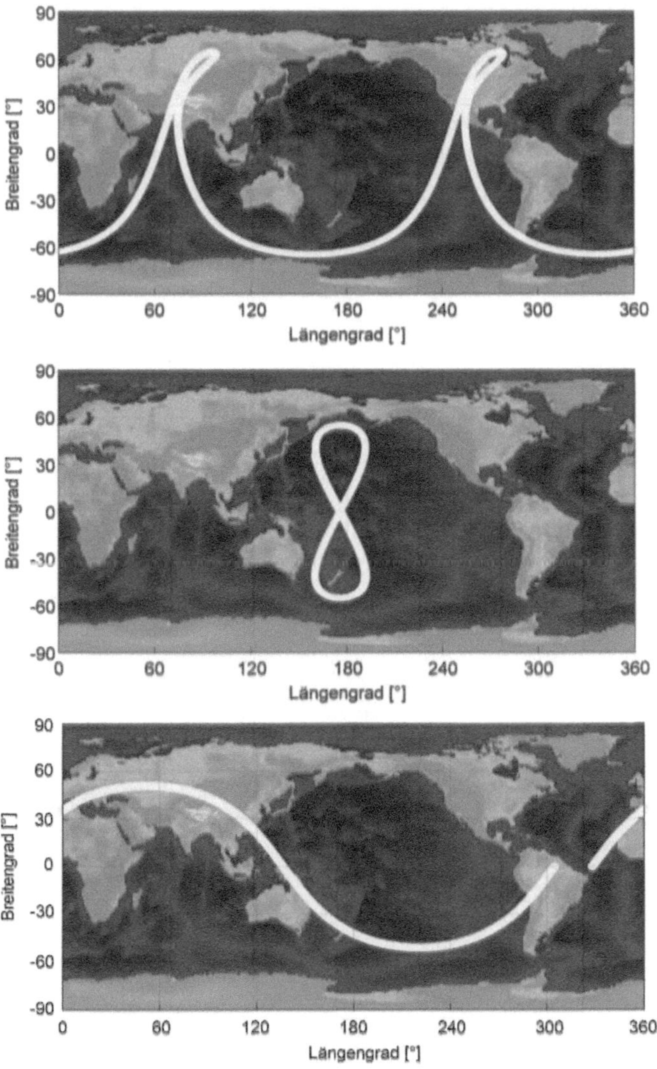

Bild 8-5

Die Bodenspur eines Molnija-Satelliten mit zwei gezeigten Umläufen.

Bild 8-6

Die Bodenspur eines erdsynchronen Kreisorbits mit einer Inklination von 55°.

Bild 8-7

Eine typische Bodenspur der ISS im niedrigen Erdorbit für einen Umlauf.

9 Gleichungen des Mehrkörperproblems

Bis hierher haben wir das Zweikörperproblem behandelt. Damit lassen sich einfache Abschätzungen und Planungen durchführen, um Missionskonzepte zu untersuchen. Zusammen mit den Anpassungen, die wir für Abweichungen vom Zweikörperproblem angesprochen haben, haben sie so ein grundlegendes Verständnis über die Bewegung von Raumfahrzeugen gewonnen.

Im weiteren Verlauf dieses Buches wollen wir uns der Realität ein wenig besser annähern und werden feststellen, dass wir keine analytischen Funktionen erhalten werden, die uns das Berechnen von Bahnen erlauben. Die Berechnung von echten Flugbahnen, die Optimierung von diesen (z.B. nach einer möglichst kleinen, erforderlichen Treibstoffmasse) und der jeweilige Einsatz in Raumfahrtmissionen sind komplexe Themen, die jeweils mit vielen Büchern behandelt werden können.

Der Sinn der folgenden Kapitel liegt daher in zwei Dingen. Sie sollen die bisherigen Kenntnisse und die ihnen nun möglichen Abschätzungen einordnen können und ein Gefühl dafür bekommen wie genau bzw. ungenau sie sind. Außerdem sollen sie die richtigen Stichpunkte erhalten, um ggf. selbst mithilfe zusätzlicher Literatur die diversen Themengebiete weiter zu erschließen.

Eine exakte Lösung des Mehrkörperproblems ist nicht möglich (wir werden uns noch ansehen, warum das so ist), sondern es sind nur Näherungslösungen möglich, die z.B. über numerische Integration oder Näherungsverfahren bestimmt werden können. Da es sich immer um Näherungen handelt und exakte Bahnen nicht vorausbestimmbar sind, ist es in der Raumfahrt üblich während einer Mission Messungen durchzuführen, um die aktuelle Bahn eines Raumfahrzeugs zu bestimmen und Korrekturen vorzunehmen, um das jeweilige Missionsziel zu erreichen.

Allgemein können wir analog zum Zweikörperproblem das Mehrkörperproblem wie folgt formulieren:

Wenn zu einem beliebigen Zeitpunkt die Massen, Positionen und Geschwindigkeiten von mehr als zwei Körpern unter Einfluss ihrer Gravitationskräfte bekannt sind, wie lauten die Positionen und Geschwindigkeiten zu einem anderen, beliebigen Zeitpunkt?

Auch wenn wir keine exakte Lösung für dieses Problem finden werden, so können wir uns dennoch die relevanten Gleichungen ansehen und unsere Schlüsse daraus ziehen.

9.1 Die Bewegungsgleichung des Mehrkörperproblems

Die Grundlage für das Mehrkörperproblem ist nach wie vor das Gravitationsgesetz von Newton. Stellen wir uns nun vor, dass wir aus einer Gruppe von *k* Massen, zwei betrachten, nämlich Masse *i* und *j*, dann können wir basierend auf Gl. (5-1) schreiben:

$$\vec{F}_i = m_i \cdot \ddot{\vec{r}}_i = \Upsilon \frac{m_i \cdot m_j}{{r_{ij}}^2} \cdot \frac{\vec{r}_{ij}}{r_{ij}} = -\vec{F}_j \qquad (9\text{-}1)$$

Wenn wir annehmen, dass $\vec{r}_{\mathrm{ij}}$ der Vektor von der Masse *i* zur Masse *j* (*i* ist hier immer ungleich *j*) ist, wobei gilt, dass:

$$\vec{r}_{ij} = \vec{r}_j - \vec{r}_i \qquad (9\text{-}2)$$

Diese Situation ist in Bild 9-1 dargestellt. Zu erkennen sind drei Massen. Der Übersicht geschuldet sind nur die Kräfte zwischen *i* und *j* dargestellt, die Kräfte auf und durch Masse *k* sind hier nicht gezeigt und wären analog zu bilden.

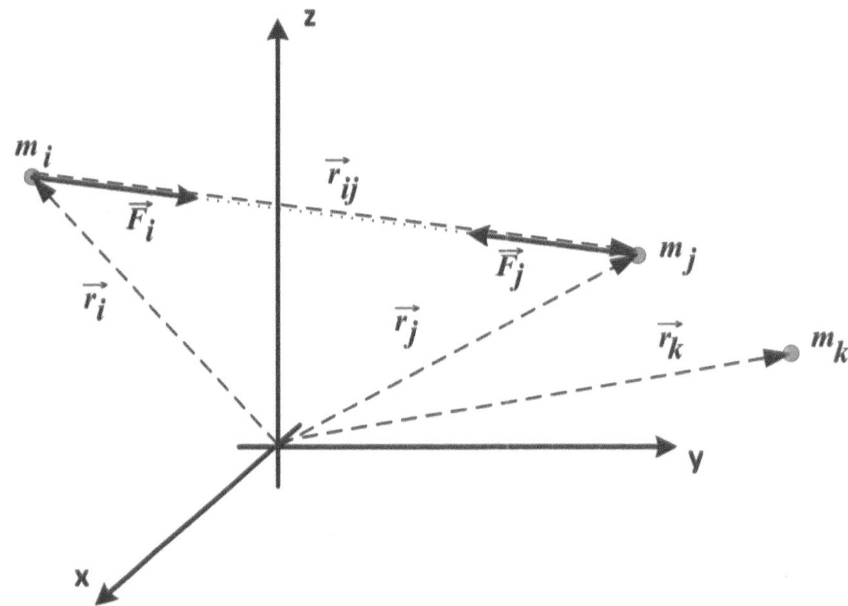

Bild 9-1

Skizze zum Mehrkörperproblem mit den beteiligten Massen, *i*, *j*, und *k* und dazu-gehörigen Positions-vektoren. Für die Klarheit, sind die Kräfte der Masse m_k nicht dargestellt. Sie wären analog zu m_i und m_j zu bilden.

Aus diesem Gesetz lässt sich leicht die Bewegungsgleichung der jeweils einzelnen Massen *i* aufstellen (es gilt dabei $i \neq j$):

$$\ddot{\vec{r}}_i = \Upsilon \sum_{j=1}^{k} \frac{m_j}{{r_{ij}}^2} \cdot \frac{\vec{r}_{ij}}{r_{ij}} \qquad (9\text{-}3)$$

Auch hier gilt, dass die Gleichungen nicht unabhängig voneinander sind. Mit der mathematischen Beschreibung der relativen Bewegung befassen wir uns in Abschnitt 9.4. Zunächst schauen wir auf die Energie- und Impulserhaltung.

9.2 Impulserhaltung im Mehrkörperproblem

Für die Vektoren der einzelnen Massen gilt stets, dass $\vec{r}_{ij} = -\vec{r}_{ji}$. Summiert man also die Gl. (9-3) für alle k Massen in dem System auf, so erhält man:

$$\sum_{j=1}^{k} m_j \cdot \ddot{\vec{r}}_j = 0 \tag{9-4}$$

Integriert man diese Gleichung nun über der Zeit, folgt daraus sofort das Produkt aus Masse und Geschwindigkeit, also der gesamte Impuls des Systems:

$$\sum_{j=1}^{k} m_j \cdot \dot{\vec{r}}_j = \vec{C}_1 \tag{9-5}$$

Der Ausdruck $\vec{C}_1$ beschreibt hier lediglich die Integrationskonstante (in Vektorform). Daran ist auch sofort zu erkennen, dass der Gesamtimpuls des Systems auch bei mehreren Massen konstant bleibt. Über die Einzelimpulse können wir keine Aussage machen. Das erneute Integrieren liefert schließlich:

$$\sum_{j=1}^{k} m_j \cdot \vec{r}_j = \vec{C}_1 \cdot t + \vec{C}_2 \tag{9-6}$$

Diese Gleichung beschreibt die gleichförmige Bewegung des Massenschwerpunkts des Systems. Ähnlich gehen wir für den Drehimpuls vor. Wir starten bei Gleichung (9-4) und multiplizieren sie von links als Vektorprodukt mit dem jeweiligen Positionsvektor. Daraus ergibt sich:

$$\sum_{j=1}^{k} m_j \cdot \vec{r}_j \times \ddot{\vec{r}}_j = 0 \tag{9-7}$$

Auch diese Gleichung lässt sich wieder über die Zeit integrieren und man erhält:

$$\sum_{j=1}^{k} m_j \cdot \vec{r}_j \times \dot{\vec{r}}_j = \vec{C}_3 \tag{9-8}$$

wobei $\vec{C}_3$ wieder die Integrationskonstante ist. Der Drehimpulsvektor steht senkrecht auf der Ebene, die von $\vec{r}_j$ und $\dot{\vec{r}}_j$ aufgespannt wird, also der Bahnebene.

Man erkennt sofort, dass auch der Drehimpuls konstant ist. Das gleiche Ergebnis erhält man, wenn man von Gl. (9-5) und dem Hebelarm das Kreuzprodukt bildet. Die Aussagen zur Impulserhaltung im Zweikörperproblem gelten also analog auch für Mehrkörpersysteme. Die einzige Ausnahme ist, dass der Drehimpuls der einzelnen Massen nicht konstant ist.

9.3 Energieerhaltung im Mehrkörperproblem

Um zum Energieerhaltungssatz des Mehrkörperproblems zu kommen, müssen wir uns ein wenig mehr ins Zeug legen. Wir gehen anfangs wie beim Zweikörperproblem vor und multiplizieren die Ausgangsgleichung von (9-3) (also inkl. der Masse m_i) mit dem jeweiligen Geschwindigkeitsvektor. So bekommt man:

$$m_i \cdot \dot{\vec{r}}_i \cdot \ddot{\vec{r}}_i = \Upsilon \cdot m_j \cdot \sum_{j=1}^{k} \dot{\vec{r}}_i \cdot \frac{m_j}{{r_{ij}}^2} \cdot \frac{\vec{r}_{ij}}{r_{ij}}, i \neq j \tag{9-9}$$

Auch hier summieren wir wieder über alle Massen und erhalten:

$$\sum_{i=1}^{k} m_i \cdot \dot{\vec{r}}_i \cdot \ddot{\vec{r}}_i = \Upsilon \cdot \sum_{i=1}^{k} m_i \cdot \sum_{j=1}^{k} m_j \cdot \dot{\vec{r}}_i \cdot \frac{\vec{r}_{ij}}{r_{ij}^3}, i \neq j \tag{9-10}$$

Schauen wir uns zunächst die linke Seite der Gleichung an. Integriert man diese, folgt daraus sofort:

$$\begin{aligned} \int \dot{\vec{r}}_i \cdot \ddot{\vec{r}}_i dt &= \dot{\vec{r}}_i \cdot \dot{\vec{r}}_i - \int \dot{\vec{r}}_i \cdot \ddot{\vec{r}}_i dt \\ \Leftrightarrow 2 \int \dot{\vec{r}}_i \cdot \ddot{\vec{r}}_i dt &= \dot{\vec{r}}_i^{\,2} \end{aligned} \tag{9-11}$$

Zusammen mit Gl. (9-10) erhält man folglich:

$$\int \sum_{i=1}^{k} m_i \cdot \dot{\vec{r}}_i \cdot \ddot{\vec{r}}_i = \sum_{i=1}^{k} \frac{m_i}{2} \cdot \dot{\vec{r}}_i^{\,2} = \sum_{i=1}^{k} \frac{m_i}{2} \cdot \vec{v}_i^2 \tag{9-12}$$

Die Gl. (9-12) ist ein Ausdruck für die gesamte kinetische Energie des Systems, aufsummiert über alle k Massen. Für die rechte Seite von Gl. (9-10) lässt sich schreiben (es gilt noch immer $i \neq j$):

$$\begin{aligned} \Upsilon \cdot \sum_{i=1}^{k} \sum_{j=1}^{k} m_i \cdot m_j \cdot \dot{\vec{r}}_i \cdot \frac{\vec{r}_{ij}}{r_{ij}^3} &= \Upsilon \cdot \sum_{i=1}^{k} m_i \sum_{j=1}^{k} m_j \cdot \dot{\vec{r}}_i \cdot \frac{\vec{r}_{ij}}{r_{ij}^3} \\ &= \Upsilon \cdot L \end{aligned} \tag{9-13}$$

Den Term L können wir noch weiter umformen, in dem wir mithilfe von Gl. (9-2) den Vektor $\dot{\vec{r}}_i$ ersetzen:

$$\begin{aligned} L &= \sum_{i=1}^{k} m_i \sum_{j=1}^{k} m_j \cdot (\dot{\vec{r}}_j - \dot{\vec{r}}_{ij}) \cdot \frac{\vec{r}_{ij}}{r_{ij}^3} \\ &= \sum_{i=1}^{k} m_i \sum_{j=1}^{k} m_j \cdot \dot{\vec{r}}_j \cdot \frac{\vec{r}_{ij}}{r_{ij}^3} - \sum_{i=1}^{k} m_i \sum_{j=1}^{k} m_j \cdot \dot{\vec{r}}_{ij} \cdot \frac{\vec{r}_{ij}}{r_{ij}^3} \end{aligned} \tag{9-14}$$

Jetzt müssen wir uns die genaue Bedeutung der Vektoren noch einmal ins Gedächtnis rufen. Die Summation ist kommutativ in i und j. Also können wir in der ersten Hälfte der Gleichung $\dot{\vec{r}}_j$ durch $\dot{\vec{r}}_i$ ersetzen, solange wir die Reihenfolge auch bei $\dot{\vec{r}}_{ij}$ entsprechend vertauschen. Da gilt, dass $\vec{r}_{ij} = -\vec{r}_{ji}$ folgt also für den Term L:

$$L = -\sum_{i=1}^{k} m_i \sum_{j=1}^{k} m_j \cdot \dot{\vec{r}}_i \cdot \frac{\vec{r}_{ij}}{r_{ij}^3} - \sum_{i=1}^{k} m_i \sum_{j=1}^{k} m_j \cdot \dot{\vec{r}}_{ij} \cdot \frac{\vec{r}_{ij}}{r_{ij}^3} \tag{9-15}$$

Man erkennt, dass der erste Teil dieses Terms gerade wieder L ist (s. Gl. (9-13)). Also gilt:

$$2L = -\sum_{i=1}^{k} m_i \sum_{j=1}^{k} m_j \cdot \dot{\vec{r}}_{ij} \cdot \frac{\vec{r}_{ij}}{r_{ij}^3} \tag{9-16}$$

Jetzt wenden wir einen ähnlichen Trick wie schon zuvor an, denn auch hier haben wir das Produkt einer Ableitung mit ihrer Stammfunktion, in diesem Fall $\dot{\vec{r}}_{ij} \cdot \vec{r}_{ij}$. Wir können das wie folgt umformulieren:

$$2L = -\sum_{i=1}^{k} m_i \sum_{j=1}^{k} \frac{m_j}{r_{ij}^3} \cdot \frac{1}{2} \frac{d}{dt} \left(\vec{r}_{ij}^{\,2}\right) \tag{9-17}$$

$$= -\sum_{i=1}^{k} m_i \sum_{j=1}^{k} \frac{m_j}{r_{ij}^3} \cdot \frac{1}{2} \frac{d}{dt} \left(r_{ij}^2\right)$$

$$= -\sum_{i=1}^{k} m_i \sum_{j=1}^{k} \frac{m_j}{r_{ij}^2} \cdot \dot{r}_{ij}$$

$$= \sum_{i=1}^{k} m_i \sum_{j=1}^{k} m_j \cdot \frac{1}{2} \frac{d}{dt} \left(\frac{1}{r_{ij}}\right)$$

Für unseren Term L lässt sich also insgesamt schreiben:

$$L = \frac{1}{2} \cdot \sum_{i=1}^{k} m_i \sum_{j=1}^{k} m_j \cdot \frac{1}{2} \frac{d}{dt} \left(\frac{1}{r_{ij}}\right) \tag{9-18}$$

Zusammen mit Gl. (9-13) und Gl. (9-18) sowie Gl. (9-12) erhält man als das zeitliche Integral von Gl. (9-10) dann:

$$\sum_{i=1}^{k} \frac{m_i}{2} \cdot \vec{v}_i^{\,2} - \frac{1}{2} \cdot \Upsilon \cdot \sum_{i=1}^{k} \sum_{j=1}^{k} \frac{m_i \cdot m_j}{R_{ij}} = C_4, \text{für } i \neq j, \tag{9-19}$$

Die Gleichung ist erwartungsgemäß ein Skalar und beschreibt im ersten Term die kinetische Energie und im zweiten Term die potentielle Energie aufgrund der Gravitationskraft zwischen den beteiligten Massen. Für $k = 2$ vereinfacht sich diese Gleichung zum Energiesatz für das Zweikörperproblem, also Gl. (6-10).

Die Integrationskonstante C_4 zeigt, dass die Gesamtenergie auch für das Mehrkörperproblem erhalten bleibt. Die Energie der einzelnen Körper ist jedoch im Mehrkörperfall nicht notwendigerweise konstant. Welche Wirkung das haben kann, sehen wir uns im Abschnitt 9.8 an.

9.4 Gleichung der relativen Bewegung

Wie schon im Zweikörperproblem interessiert uns auch die relative Bewegung der Körper untereinander und nicht nur der einzelnen Körper zum Schwerpunkt. Wir starten zunächst bei Gl. (9-3):

$$\ddot{\vec{r}}_i = \Upsilon \sum_{j=1}^{k} \frac{m_j}{r_{ij}^2} \cdot \frac{\vec{r}_{ij}}{r_{ij}}, \text{für } i \neq j$$

welche die Bewegung von der Masse m_i beschreibt. Für eine beliebige Masse m_n ergibt sich analog mit der gleichen Gleichung:

$$\ddot{\vec{r}}_n = \Upsilon \sum_{j=1}^{k} \frac{m_j}{r_{nj}^2} \cdot \frac{\vec{r}_{nj}}{r_{nj}}, \text{für } n \neq j$$

Wenn man nun die relative Bewegung der beiden beliebigen Massen zueinander formulieren will, subtrahiert man einfach die beiden Beschreibungen voneinander. Übrig bleibt dann eine Formulierung für die relative Beschleunigung von der Masse *n* zur Masse *i*.

$$\ddot{\vec{r}}_{ni} = \ddot{\vec{r}}_i - \ddot{\vec{r}}_n = \Upsilon \left(\sum_{j=1}^{k} \frac{m_j}{r_{ij}^2} \cdot \frac{\vec{r}_{ij}}{r_{ij}} - \sum_{j=1}^{k} \frac{m_j}{r_{nj}^2} \cdot \frac{\vec{r}_{nj}}{r_{nj}} \right) \tag{9-20}$$

Es gilt für die erste Summe, dass $j \neq i$ und für die zweite, dass $j \neq n$. Wir können das weiter umformen, um die gleiche Bedingung für beide Terme gelten zu lassen und vor allem uns der Struktur wie sie auch im Zweikörperfall auftritt anzunähern:

$$\ddot{\vec{r}}_{ni} = \Upsilon \left(\frac{m_n}{r_{in}^3} \cdot \vec{r}_{in} - \frac{m_i}{r_{ni}^3} \cdot \vec{r}_{ni} + \sum_{j=1}^{k} \frac{m_j}{r_{ij}^3} \cdot \vec{r}_{ij} - \sum_{j=1}^{k} \frac{m_j}{r_{nj}^3} \cdot \vec{r}_{nj} \right) \tag{9-21}$$

Beide Terme gelten nun für $j \neq n, i$. Mit genauem Blick erkennt man, dass die Terme außerhalb der Summen sehr ähnlich aussehen. Wenn wir uns ins Gedächtnis rufen, dass $\vec{r}_{in} = -\vec{r}_{ni}$ gilt, dann können wir die Gleichung wie folgt umformulieren und erhalten etwas Bekanntes:

$$\ddot{\vec{r}}_{ni} = \Upsilon \left(-\frac{m_n}{r_{in}^3} \cdot \vec{r}_{ni} - \frac{m_i}{r_{ni}^3} \cdot \vec{r}_{ni} + \sum_{j=1}^{k} \frac{m_j}{r_{ij}^3} \cdot \vec{r}_{ij} - \sum_{j=1}^{k} \frac{m_j}{r_{nj}^3} \cdot \vec{r}_{nj} \right) \tag{9-22}$$

$$\Leftrightarrow \ddot{\vec{r}}_{ni} + \Upsilon \cdot (m_n + m_i) \frac{\vec{r}_{ni}}{r_{in}^3} = \Upsilon \left(\sum_{j=1}^{k} \frac{m_j}{r_{ij}^3} \cdot \vec{r}_{ij} - \sum_{j=1}^{k} \frac{m_j}{r_{nj}^3} \cdot \vec{r}_{nj} \right)$$

Wenn wir weiter ausnutzen, wie die verschiedenen Positionsvektoren miteinander zusammenhängen, können wir die Gleichung umformen zu:

$$\ddot{\vec{r}}_{ni} + \Upsilon \cdot (m_n + m_i)\frac{\vec{r}_{ni}}{{r_{in}}^3} = \Upsilon \sum_{j=1}^{k} m_j \cdot \left(\frac{\vec{r}_{nj} - \vec{r}_{ni}}{r_{ij}^3} - \frac{\vec{r}_{nj}}{r_{nj}^3}\right) \tag{9-23}$$

Dieser Term beschreibt, welchen Einfluss die übrigen Massen auf die relative Bewegung der Massen n und i haben. Für das Zweikörperproblem wird der Term gerade 0, denn die Summe fällt weg.

Die Gl. (9-3) bzw. (9-23) sind Differentialgleichungen zweiter Ordnung, jeweils mit drei Komponenten. Man kann sie umformen zu jeweils sechs Differentialgleichungen erster Ordnung. Um diese zu lösen, benötigt man dann $6k$ Gleichungen für ein System aus k Massen. Insgesamt stehen uns aber mit den Erhaltungssätzen, die wir bis hier hergeleitet haben nur 10 Integrale zur Verfügung, was nicht ausreicht, um ein System mit drei Massen oder mehr analytisch zu lösen. Selbst für zwei Massen ist uns dies nur über Umwege gelungen (eine direkte Lösung für ein $\vec{r}(t)$ existiert nicht).

Karl Sundman, ein finnischer Astronom, hat zu Beginn des 20. Jahrhunderts eine Lösung für das Dreikörperproblem gefunden, welche auf einer Potenzreihe basiert, aber leider nicht sehr praktikabel ist. Die Berechnung dauert sehr lange und der Zeitraum für den die Lösung gilt ist sehr gering, außerdem lassen sich Singularitäten (z.B. bei der Kollision von zwei Massen, d.h. wenn ihre Positionsvektoren identisch sind) nicht darstellen. Im Jahre 1990 hat der chinesische Wissenschaftler Qiu-Dong Wang eine verallgemeinerte Lösung für eine Zahl von mehr als drei Massen veröffentlicht, die aber unter den gleichen, noch verschärften Problemen leidet und daher rein theoretisch bleibt, ohne praktische Anwendung.

Auch wenn keine allgemeine Lösung existiert, so gibt es doch einige spezielle Lösungen, die relevanten Überlegungen erlauben. Wir wollen uns dies im Folgenden noch ein wenig genauer ansehen und zwar für den Spezialfall des eingeschränkten Dreikörperproblems, welcher ein paar praktische Folgen hat. Für echte Lösungen des Mehrkörperproblems – Voraussetzung für jede Raumfahrtmission – gibt es numerische Verfahren, die wir in Kapitel 10 skizzieren werden.

9.5 Eingeschränktes Dreikörperproblem und Jacobi-Integral

Das eingeschränkte Dreikörperproblem ist im Grunde ein erweitertes Zweikörperproblem. Häufig wird es auch als zirkulares, restringiertes Dreikörperproblem bezeichnet. Es ist dadurch gekennzeichnet, dass sich zwei Massen, die deutlich schwerer sind als die dritte Masse auf Kreisbahnen um das gemeinsame Baryzentrum bewegen, also den Schwerpunkt des Systems. Außerdem findet die Bewegung in einer Ebene statt. Die Primärmasse ist deutlich schwerer als die Sekundärmasse und beide sind deutlich schwerer als die dritte Masse, d.h. diese hat keinen Einfluss auf die Bahn der ersten beiden Massen. Ein ungefähres Beispiel wäre das System Erde-Mond-Satellit.

Für die weitere Betrachtung verwenden wir nun zwei Koordinatensysteme. Eines, das wie in Bild 9-1 fest ist und ein mitrotierendes, dessen Ursprung im Baryzentrum des Systems liegt und dessen eine Koordinate auf die Sekundärmasse zeigt. Dies ist in Bild 9-2 dargestellt mit den Koordinaten ξ und η. Die Komponente senkrecht dazu ist hier für die Klarheit weggelassen – da sich die beiden Hauptmassen in einer Ebene bewegen ist sie auch nicht so relevant. Sie wird aber mit ζ bezeichent.

Durch das mitrotierende System können wir leichter Aussagen über relative Positionen der Himmelskörper machen und z.B. bestimmte Lösungen wie Librationspunkte anschaulich definieren.

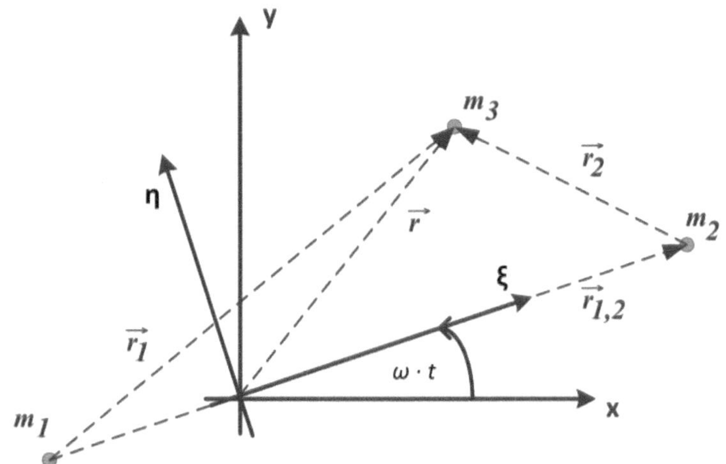

Bild 9-2

Koordinatensysteme für das eingeschränkte Dreikörperproblem. Das System, das sich mit der Winkelgeschwindigkeit ω mit den beiden Massen m_1 und m_2 bewegt hat die Koordinaten ξ und η. Das Inertialsystem x und y.

Wenn sich laut Definition die Massen m_1 und m_2 auf Kreisbahnen befinden, dann ist ihre Winkelgeschwindigkeit ω konstant. Genau mit dieser Winkelgeschwindigkeit rotiert auch das mitbewegte Koordinatensystem. In diesem Koordinatensystem sind die Positionen der beiden Massen einfache Punkte (und keine Kreisbahn wie im Inertialsystem), da sie ihre Position außer in der Drehung um den Ursprung des Inertialsystems nicht ändern. Man stelle sich ein drehendes Karussell vor, auf dem zwei Personen sitzen. Von außen betrachtet, drehen sie sich und verändern ständig ihre Position. Aus Sicht der Personen verändert sich die Position der jeweils anderen aber nicht.

Nachdem wir uns jetzt schon so viel mit Koordinatensystemen beschäftigt haben, dürfen wir auch mal schreibfaul werden – und uns so auf das Wesentliche konzentrieren – und treffen deswegen ein paar Vereinfachungen.

Zunächst nehmen wir an, dass die Einheit der Masse so gilt, dass $\mu = \Upsilon \cdot (m_1 + m_2) = 1$. Wir normieren also mit der Gesamtmasse der beiden Hauptmassen. Wir definieren weiter, dass gilt $\mu_2 = \frac{m_2}{(m_1+m_2)} = \Upsilon \cdot m_2$. Wir wenden also unsere Normierung auf die einzelnen Massen an. Dann gilt weiter, dass $\mu_1 = \Upsilon \cdot m_1 = 1 - \mu_2$. Und wir sind noch ein wenig fauler und setzen den Betrag $r_{1,2} = 1$, d.h. wir normieren die Längeneinheit mit dem Abstand zwischen den beiden Hauptmassen, also z.B. zwischen Sonne und Erde. Mit der Definition der Kreisgeschwindigkeit und der Winkelgeschwindigkeit, folgt daraus sofort, dass gilt $\omega = 1$.

Basierend auf Gl. (9-3) können wir dann die Bewegungsgleichung für die kleine Masse m_3 notieren:

$$\ddot{x} = \mu_1 \frac{x_1 - x}{r_1^3} + \mu_2 \frac{x_2 - x}{r_2^3} \tag{9-24}$$

$$\ddot{y} = \mu_1 \frac{y_1 - y}{r_1^3} + \mu_2 \frac{y_2 - y}{r_2^3} \tag{9-25}$$

$$\ddot{z} = \mu_1 \frac{z_1 - z}{r_1^3} + \mu_2 \frac{z_2 - z}{r_2^3} \tag{9-26}$$

Dies ist die einfache Anwendung unseres Koordinatensystems für die Gleichungen des Dreikörperproblems. Dabei gilt für die Beträge der Radien:

$$r_1 = \sqrt{(x_1 - x)^2 + (y_1 - y)^2 + (z_1 - z)^2} \tag{9-27}$$

$$r_2 = \sqrt{(x_2 - x)^2 + (y_2 - y)^2 + (z_2 - z)^2} \tag{9-28}$$

Analog ergeben sich diese Gleichungen für das mitbewegte Koordinatensystem. Mithilfe der Rotationsmatrix, wie wir sie in Gl. (3-7) aufgestellt haben (für die z-Achse), lässt sich die Koordinatentransformation leicht umsetzen, um auch die Bewegungsgleichungen im mitbewegten System zu erhalten. Zu bedenken ist lediglich, dass der jeweilige Winkel zeitabhängig ist, da das mitbewegte Koordinatensystem rotiert:

$$\begin{aligned}\begin{pmatrix} x \\ y \\ z \end{pmatrix} &= \begin{pmatrix} \cos(-\omega \cdot t) & \sin(-\omega \cdot t) & 0 \\ -\sin(-\omega \cdot t) & \cos(-\omega \cdot t) & 0 \\ 0 & 0 & 1 \end{pmatrix} \begin{pmatrix} \xi \\ \eta \\ \zeta \end{pmatrix} \\ &= \begin{pmatrix} \cos(\omega \cdot t) & -\sin(\omega \cdot t) & 0 \\ \sin(\omega \cdot t) & \cos(\omega \cdot t) & 0 \\ 0 & 0 & 1 \end{pmatrix} \begin{pmatrix} \xi \\ \eta \\ \zeta \end{pmatrix}\end{aligned} \tag{9-29}$$

Diese Gleichung leiten wir nun zweimal ab und berücksichtigen dabei die zeitliche Abhängigkeit der Koordinaten ξ bis ζ. Für die Basisvektoren gilt:

$$\vec{e}_\xi = \begin{pmatrix} \cos(\omega \cdot t) \\ \sin(\omega \cdot t) \\ 0 \end{pmatrix} \tag{9-30}$$

$$\vec{e}_\eta = \begin{pmatrix} -\sin(\omega \cdot t) \\ \cos(\omega \cdot t) \\ 0 \end{pmatrix} \tag{9-31}$$

Die Ableitungen lassen sich schnell bilden und lauten:

$$\dot{\vec{e}}_\xi = n\begin{pmatrix} -\sin(\omega \cdot t) \\ \cos(\omega \cdot t) \\ 0 \end{pmatrix} = \omega \cdot \vec{e}_\eta \tag{9-32}$$

$$\dot{\vec{e}}_\eta = n\begin{pmatrix} -\cos(\omega \cdot t) \\ -\sin(\omega \cdot t) \\ 0 \end{pmatrix} = -\omega \cdot \vec{e}_\xi \tag{9-33}$$

Damit und mit den Gl. (9-24) bis (9-26) sowie (9-29) kann man die Bewegungsgleichungen im mitbewegten Koordinatensystem aufschreiben:

$$\ddot{\xi} - 2\omega\dot{\eta} = \omega^2\xi - \mu_1\frac{\xi - \xi_1}{r_1^3} - \mu_2\frac{\xi - \xi_2}{r_2^3} \tag{9-34}$$

$$\ddot{\eta} + 2n\dot{\xi} = \omega^2\eta - \mu_1\frac{\eta - \eta_1}{r_1^3} - \mu_2\frac{\eta - \eta_2}{r_2^3} \tag{9-35}$$

$$\ddot{\zeta} = -\mu_1\frac{\zeta - \zeta_1}{r_1^3} - \mu_2\frac{\zeta - \zeta_2}{r_2^3} \tag{9-36}$$

Die Terme $2\omega\dot{\eta}$ und $2\omega\dot{\xi}$ beschrieben die Corioliskraft und $n^2\xi$ sowie $n^2\eta$ die Anteile durch die Fliehkraft.

Man kann diese Gleichungen durch Einführung einer Funktion U vereinfachen, die nach ihrem Erfinder Jacobifunktion genannt wird. Sie lautet:

$$\begin{aligned} U &= \frac{1}{2}\omega^2(\xi^2 + \eta^2) + \frac{\mu_1}{r_1} + \frac{\mu_2}{r_2} \\ &= \frac{1}{2}\omega^2(\xi^2 + \eta^2) + \frac{1 - \mu_2}{r_1} + \frac{\mu_2}{r_2} \end{aligned} \tag{9-37}$$

Mit dieser Definition lassen sich die Gl. (9-34) bis (9-36) auch schreiben als:

$$\ddot{\xi} - 2\omega\dot{\eta} = \frac{\partial U}{\partial \xi} \tag{9-38}$$

$$\ddot{\eta} + 2\omega\dot{\xi} = \frac{\partial U}{\partial \eta} \tag{9-39}$$

$$\ddot{\zeta} = \frac{\partial U}{\partial \zeta} \tag{9-40}$$

Die Funktion U beschreibt einen Teil des Potentials der Masse m_3 im mitrotierenden System. Da nicht alle Beschleunigungsterme enthalten sind, sondern nur die Anteile aufgrund der Rotation und Gravitation, spricht man von einem Pseudopotential.

Wenn wir nun die Gleichungen (9-38) bis (9-40) jeweils mit den Ableitungen der entsprechenden Koordinaten multiplizieren und miteinander addieren, erhält man:

$$\dot{\xi}\ddot{\xi} + \dot{\eta}\ddot{\eta} + \dot{\zeta}\ddot{\zeta} = \frac{\partial U}{\partial \xi}\dot{\xi} + \frac{\partial U}{\partial \eta}\dot{\eta} + \frac{\partial U}{\partial \zeta}\dot{\zeta} = \frac{dU}{dt} \tag{9-41}$$

Das ist die vollständige Ableitung nach der Zeit für die Funktion U. Wie schon zuvor, z.B. in Gl. (9-11), kann man erkennen, dass:

$$\dot{\xi}^2 + \dot{\eta}^2 + \dot{\zeta}^2 = v^2 = 2U - C_\mathrm{j} \tag{9-42}$$

$$v^2 = \omega^2(\xi^2 + \eta^2) + 2\frac{1-\mu_2}{r_1} + 2\frac{\mu_2}{r_2} - C_\mathrm{j} \tag{9-43}$$

Diese beiden Gleichungen stellen das sogenannte Jacobi-Integral dar, die Konstante C_j ist die Jacobi-Konstante. Sie ist kleiner 0, was einfach Konvention ist. Für das inertiale Koordinatensystem lautet das Integral:

$$\dot{x}^2 + \dot{y}^2 + \dot{z}^2 = 2\omega(x\,\dot{y} - y\,\dot{x}) + 2\frac{1-\mu_2}{r_1} + 2\frac{\mu_2}{r_2} - C_\mathrm{j} \tag{9-44}$$

Das Jacobi-Integral ist das einzige lösbare Integral im eingeschränkten Dreikörperproblem. Andere Lösungen existieren nicht. Wir schauen uns im Folgenden an, welche Möglichkeiten es gibt, dieses Integral zu verwenden.

9.6 Nullgeschwindigkeitsflächen

Eine Anwendung des Jacobi-Integrals stellen die sogenannten Hill'schen Grenzflächen dar, bzw. Nullgeschwindigkeitsflächen. Definiert von George William Hill, geben diese Flächen Regionen im eingeschränkten Dreikörperproblem wieder, in denen die kleine Masse m_3 sich nicht relativ zu den anderen Massen bewegt, ihre relative Geschwindigkeit also 0 ist.

Zuerst gehen wir, wie gehabt, davon aus, dass für die Winkelgeschwindigkeit ω weiterhin gilt, dass sie 1 ist. Außerdem findet die Bewegung der Masse m_3 ausschließlich in der Orbitebene der Haupt- und Sekundärmasse statt.

Setzt man diese Bedingungen in Gl. (9-43) ein, dann bekommt man:

$$(\xi^2 + \eta^2) + 2\frac{1-\mu_2}{r_1} + 2\frac{\mu_2}{r_2} = C_\mathrm{j} \tag{9-45}$$

Diese Gleichung beschreibt eine Kontur, innerhalb der sich die Masse m_3 die dem jeweiligen Wert C_j der Jacobikonstanten entspricht, bewegen kann ($v \neq 0$), genau auf der Kontur hat sie die Geschwindigkeit 0. Außerhalb dieses Gebiets würde die Geschwindigkeit komplex werden.

Bild 9-3

Qualitative Darstellung der Nullgeschwindigkeitsfläche für ein eingeschränktes Dreikörperproblem.

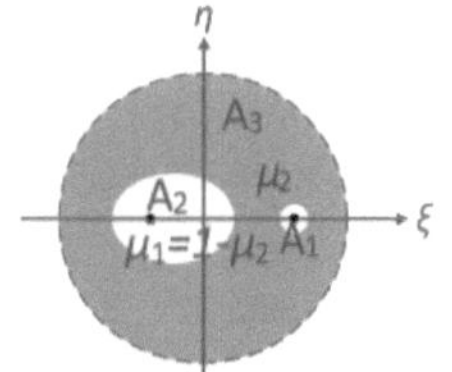

Für das eingeschränkte Dreikörperproblem lässt sich also keine Lösung für eine Bahn finden, allerdings lassen sich mithilfe der Hill'schen Grenzflächen Bereiche finden in denen sich die Masse aufhalten kann.

Was bedeutet das genau? Schauen wir uns die Gleichung noch einmal im Detail an und ebenso dazu ein qualitatives Beispiel in Bild 9-3. Die gestrichelte Linie zeigt dort gerade die in Gl. (9-43) beschriebene Kontur.

Für den Fall, dass man sich in einem Koordinatenbereich großer Entfernung zu den beiden Massen m_1 und m_2 befindet (in der Abbildung mit ihren Gravitationsparameteren gekennzeichnet), also wenn der Term $(\xi^2 + \eta^2)$ dominiert, kann die Masse m_3 sich außerhalb der Fläche A_3 aufhalten. Befindet sich die Masse in der Nähe der Masse m_1 (also für kleine r_1), kann sie sich in der Fläche A_1 aufhalten und in der Nähe von m_2 in der Fläche A_2. Die Fläche A_3 ist ausgeschlossen für ihren Aufenthalt, da die Geschwindigkeit imaginär werden würde.

Bild 9-4

Darstellung der Nullgeschwindigkeitsflächen mit steigender relativer Energie, also sinkender Jacobikonstanten.

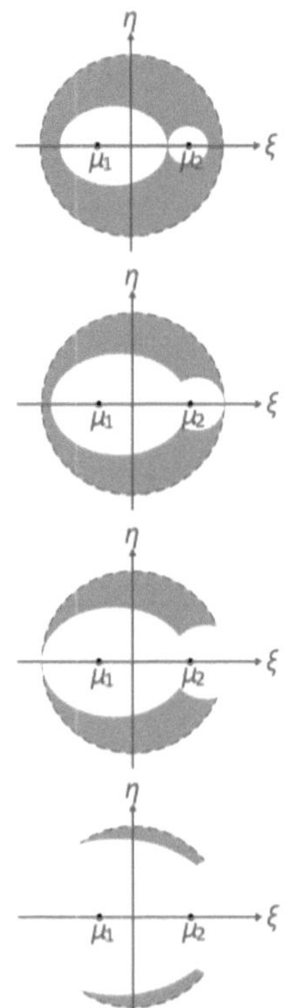

Die Größe der Flächen hängt wiederum von der tatsächlich vorhandenen relativen Energie, d.h. der Integrationskonstanten C_j ab. Im Beispiel der Bild 9-3, ergibt sich mit dem Energiewert, dass die Masse m_3 nicht zwischen den Massen m_1 und m_2 wechseln kann, da alle Übergänge im Bereich der Fläche A_3 liegen. Man spricht hier von Hillstabilität (des Aufenthaltsbereiches).

Für einen Anstieg der relativen Energie, d.h. einem sinkenden Betrag von C_j (denn diese ist ja kleiner 0), verändern sich die Flächen in ihrer Größe, so dass sich auch Übergänge bilden.

Die Veränderung ist qualitativ in Bild 9-4 gezeigt. Zu sehen ist, dass man zuerst eine Berührung der beiden Flächen A_1 und A_2 erhält. Dieser und auch die folgenden „Berührpunkte", werden uns in Abschnitt 9.9 noch einmal begegnen. Ab dieser Berührung der Flächen ist ein Transfer von einer der Massen m_1 und m_2 jeweils möglich. Steigt die Energie noch weiter, berührt schließlich die Fläche A_2 auch die äußere Region, so dass auch der Transfer dorthin möglich ist. Ein Raumfahrzeug mit der dazu gehörigen Energie C_j kann also das System der beiden Hauptmassen verlassen. Bei weiterer Steigerung ergibt sich noch ein Berührpunkt, bis schließlich nur noch zwei Bereiche um zwei weitere relevante Punkte übrigbleiben, die bei weiterer Steigerung ebenfalls verschwinden würden.

Steht die Energie in Form von C_j fest, kann man also zumindest – bei Gültigkeit der Voraussetzungen des eingeschränkten Dreikörperproblems – den möglichen Aufenthaltsort der kleinen Masse bestimmen.

9.7 Tisserandkriterium

Die Jacobikonstante liefert eine Vorgabe für einen Energiezustand und legt damit die möglichen Aufenthaltsorte für eine kleine Masse im eingeschränkten Dreikörperproblem zwar nicht eindeutig fest, schränkt sie allerdings ein. Damit kann man z.B. feststellen, ob es sich bei zwei Objekten, die man am Himmel beobachtet, um die gleichen handeln kann – nämlich dann, wenn ihre Jacobikonstanten gleich sind.

Wir haben schon an Gl. (9-19) gesehen, dass die Gesamtenergie eines Mehrkörpersystems konstant ist, aber dies gilt – im Gegensatz zum

Zweikörperproblem - nicht für die Energie der Einzelmassen. Es kann also Energie ausgetauscht werden. Was dies bedeutet, sehen wir uns in Abschnitt 9.8 an. Aber, was wir in diesem Fall über die Jacobikonstante sagen können, wollen wir uns einmal genauer ansehen. Wir lösen zunächst Gl. (9-44) nach C_j auf:

$$2\omega(x\,\dot{y} - y\,\dot{x}) + 2\frac{\mu_1}{r_1} + 2\frac{\mu_2}{r_2} - \dot{x}^2 + \dot{y}^2 + \dot{z}^2 = C_j \tag{9-46}$$

Im Gegensatz zu zuvor, gehen wir nun davon aus, dass die Masse m_1 dominiert und μ_1 deswegen ungefähr 1 wird, d.h. die Masse m_2 ist ebenfalls vernachlässigbar klein. Wie schon zuvor, normieren wir aber unsere Winkelgeschwindigkeit so, dass sie gerade 1 wird.

Da wir nun wieder annähernd den Zweikörperfall haben, ersetzen wir unsere Formulierung der Geschwindigkeit, d.h. den Term $\dot{x}^2 + \dot{y}^2 + \dot{z}^2$ durch unsere Definition aus der Vis-Viva-Gleichung. Wir schreiben also:

$$v^2 = \mu_1\left(\frac{2}{r_1} - \frac{1}{a}\right) = \left(\frac{2}{r_1} - \frac{1}{a}\right) = \dot{x}^2 + \dot{y}^2 + \dot{z}^2 \tag{9-47}$$

Aufgrund der Dominanz des Hauptkörpers können wir auch sagen, dass der Abstand der kleinen Masse m_3 von diesem Körper ungefähr dem Abstand zum gemeinsamen Baryzentrum entspricht, d.h. $r_1 \approx r$. Also lässt sich Gl. (9-47) auch damit vereinfachen.

Jetzt schauen wir uns noch die Definition des Drehimpulses für dieses angenäherte Zweikörperproblem an und bemerken, dass dessen z-Komoponente gerade dem Mischterm zu Beginn entspricht, also $x\,\dot{y} - y\,\dot{x}$. Weiter wissen wir, dass der Drehimpulsvektor gerade auf der Orbitebene steht, d.h. für die z-Komponente gilt:

$$h_z = h\cos(i) = x\,\dot{y} - y\,\dot{x} \tag{9-48}$$

Außerdem gilt für den Drehimpuls aus Gl. (6-30) und (6-39) sowie der Tatsache, dass unser Gravitationsparameter hier 1 ist $h^2 = a\,(1 - e^2)$. Damit können wir die Gleichung weiter umformen zu:

$$x\,\dot{y} - y\,\dot{x} = \sqrt{a\,(1 - e^2)}\cos(i) \tag{9-49}$$

Dies alles fügen wir nun zusammen und erhalten:

$$\begin{gathered} 2\sqrt{a\,(1 - e^2)}\cos(i) + 2\frac{1}{r} + 2\frac{\mu_2}{r_2} - \left(\frac{2}{r} - \frac{1}{a}\right) = C_j \\ 2\sqrt{a\,(1 - e^2)}\cos(i) + 2\frac{\mu_2}{r_2} + \frac{1}{a} = C_j \end{gathered} \tag{9-50}$$

Wir nehmen weiter an, dass die Entfernung der Masse m_3 zur Masse m_2 groß ist (also z.B. zwischen Kleinkörper und Planet). Das ist im Sonnensystem selbst für Situationen recht genau (Fehler < 2%), in denen die Distanz so groß ist wie die Einflusssphäre. Hinzukommt, dass die Masse m_2 sehr viel kleiner ist als die der Sonne, und dadurch der Bruch mit r_2 gegen 0 geht. Also können wir schreiben:

$$\sqrt{a\,(1-e^2)}\cos(i) + \frac{1}{2a} = \frac{C_\mathrm{j}}{2} = TP \tag{9-51}$$

Man spricht in diesem Fall auch vom Tisserandparameter. Aber was sagt er aus? Die Größe C_j ist eine Konstante, d.h. die linke Seite der Gleichung muss ebenfalls eine Konstante sein. Es gibt also einen Zusammenhang zwischen den Bahngrößen der Inklination, der großen Halbachse und der Exzentrizität, welcher auch nach einem Energieaustausch konstant ist.

Tisserands Anwendung war wie folgt: Er war auf der Suche nach Kometen und wollte wissen, ob Objekte, die er beobachtete und die unterschiedliche Bahneigenschaften aufwiesen, nicht in Wirklichkeit die gleichen Objekte waren, die er vor und nach einem dichten Vorbeiflug an Jupiter beobachtete. Mit der näherungsweisen Erhaltungsgröße des Tisserandparameters konnte er so bestimmen, ob es sich in der Tat um die gleichen Objekte handelte. Waren die Werte des Tisserandparameters gleich, so waren es wahrscheinlich die gleichen Objekte. Um endgültige Gewissheit zu haben, musste er dann die Bahnen der Objekte vor- und rückwärts weiterrechnen, um eine Begegnung mit Jupiter festzustellen.

Für die Raumfahrt ergibt sich eine weitere Anwendung. Plant man Schwungholmanöver, so müssen die Bahnen dennoch dieser Beschränkung folgen. So lassen sich Karten mit möglichen Bahnen erstellen und diese letztlich auswählen. Was ein Schwungholmanöver ist, schauen wir uns im Folgenden an.

9.8 Schwungholmanöver

Wir haben schon festgehalten, dass in einem Mehrkörpersystem zwischen den enthaltenen Körpern Energie ausgetauscht werden kann. Aber wie kann dies passieren? Wir können aus dem gleichen Grund, wie schon zuvor eine Bahnänderung mit einem sprunghaften Unterschied in potentieller Energie ausschließen. Diese steigt oder fällt nicht an, wie es z.B. die kinetische Energie bei einem Manöver tut. Es gilt auch für den Fall des Energieaustausches zwischen Massen, dass dieser die kinetische Energie betrifft.

Im Englischen spricht man in diesem Fall von einem „gravity assist" oder einem „swingby", Begriffe für die es im Deutschen keine einheitliche Übersetzung gibt. Wir begnügen uns hier mit Schwungholmanöver. Aber wie genau holt man nun Schwung und wann tritt dieser Effekt auf?

Aus dem Gravitationsgesetz folgt zunächst, dass dieser Effekt eigentlich ständig auftritt. Es gibt keinen Ort, der nicht von der Gravitation eines beliebigen Körpers betroffen wird. Allerdings sind die Auswirkungen in den meisten Fällen eher schwach. Für diese Fälle berücksichtigt man diese als Störbeschleunigungen wie in Gl. (9-23) definiert und schon in Abschnitt 7.7.1 im Zusammenhang mit Einflusssphären erwähnt. Diesen Begriff werden wir auch hier noch einmal aufgreifen.

Ein Schwungholmanöver tritt beim Vorbeiflug an einer Masse auf, die sich um eine andere Masse bewegt. Ein Satellit in einem Erdorbit kann an der Erde keine Schwungholmanöver ausführen, allerdings am Mond. Was passiert nun, wenn wir uns auf einer beliebigen Bahn dem Körper nähern? Da dies ein typischer Fall für interplanetare Flugbahnen ist, sprechen wir im Weiteren von „Planet". Die soll aber die Allgemeingültigkeit nicht einschränken. Monde oder andere Körper wären genauso geeignet. Auch ein interstellarer Körper kann an der Sonne ein Schwungholmanöver durchführen.

Nähert sich also ein Objekt, z.B. ein Raumfahrzeug, dem Planeten, so erfährt es durch sein Schwerefeld eine Beschleunigung (der Planet natürlich auch durch das Raumfahrzeug, aber das ist in der Regel zu vernachlässigen). Diese Beschleunigung wird die Bahn des Raumfahrzeugs verändern, sie wird abgelenkt (in großer Entfernung ist die Ablenkung nahezu verschwunden). Ein Beispiel ist in Bild 9-5 gegeben. Hierbei sind die heliozentrischen Geschwindigkeiten mit „h" gekennzeichnet.

Ähnlich wie schon zuvor bei den Einflusssphären wechselt man zur Betrachtung das Koordinatensystem. Der Planet bewegt sich in einem heliozentrischen System, während das Raumfahrzeug in einem planetenzentrischen System und einem heliozentrischen System betrachtet wird.

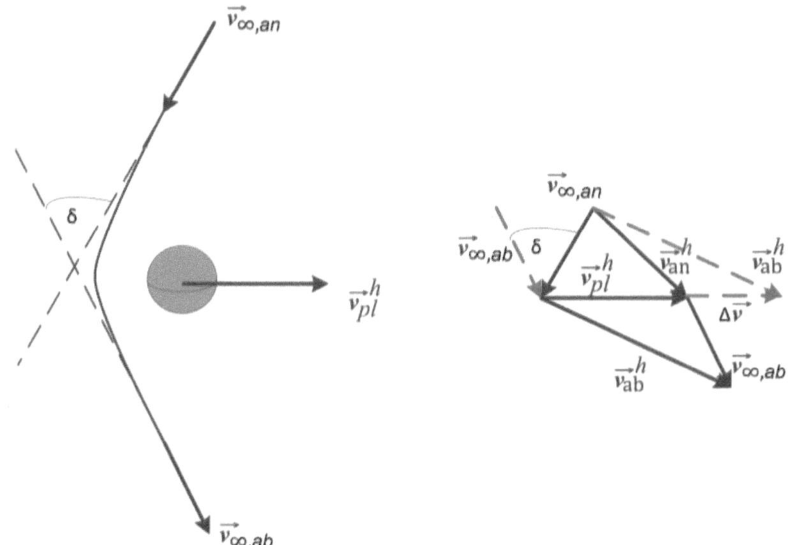

Bild 9-5

Skizze für ein Schwungholmanöver. Zu sehen ist die Umlenkung des Geschwindigkeitsvektors im Unendlichen, um den Winkel δ. Außerdem dargestellt das Vektordiagramm zur Umrechnung zwischen der heliozentrischen und planetenzentrischen Sichtweise. Der Index „h" kennzeichnet heliozentrische Vektoren.

Zur Vereinfachung wird angenommen, dass der Zeitraum des Vorbeiflugs gemessen an der Umlaufperiode des Planeten gering ist, d.h. näherungsweise ist der Geschwindigkeitsvektor des Planeten konstant. Dementsprechend ist der Betrag der Ankunfts- und Abfluggeschwindigkeit des Raumfahrzeugs konstant, denn im planetenzentrischen Zweikörperproblem wird keine Energie zwischen beiden ausgetauscht. Das Raumfahrzeug bewegt sich also entlang einer Hyperbel. Die Geschwindigkeitsvektoren sind deswegen um den Winkel δ zueinander gedreht – das ist gerade die Auswirkung des planetaren Gravitationsfelds.

Konstruiert man das dazugehörige Vektordiagramm, so erkennt man, was für eine Auswirkung die Umrechnung zwischen dem planetenzentrischen und heliozentrischen Koordinatensystem hat. Denn heliozentrisch betrachtet, sind die Beträge der Geschwindigkeiten nicht gleich. Tatsächlich existiert ein Δv. Dieses ist gerade der Grund, warum man gezielt Schwungholmanöver einsetzt – ohne Treibstoff ergibt sich eine Geschwindigkeitsänderung.

In diesem Beispiel ist nur die ebene Bewegung des Raumfahrzeugs dargestellt. Diese kann aber beliebig um den Geschwindigkeitsvektor des Planeten rotiert werden, ohne unsere Überlegungen zu verändern. D.h. in welcher Lage das Raumfahrzeug sich dem Planeten nähert ist unerheblich. So kann die Richtungsänderung auch eine Inklinationsänderung zur Folge haben (und auf diese Weise das Δv nutzen). Außerdem ist auch nur der Deutlichkeit halber das Verhältnis der Ankunftsgeschwindigkeit und der Planeten-geschwindigkeit gewählt. Auch dieses ist beliebig, was dann lediglich die Ausrichtung der Vektoren im Vektordiagramm beeinflusst. Aus dem Diagramm ergibt sich auch für die Geschwindigkeitsänderung:

$$\Delta v = 2\, v_\infty \sin\frac{\delta}{2} \tag{9-52}$$

Mit unseren Kenntnissen über die Hyperbel, können wir das umformen zu:

$$\Delta v = \frac{2\, v_\infty}{1 + \frac{{v_\infty}^2 \cdot r_{\text{per}}}{\mu_{\text{pl}}}}, \tag{9-53}$$

wobei r_{per} der Radius des Perizentrums der Hyperbel ist und μ_{pl} der Gravitationsparameter des Planeten. Aus Gl. (6-10) wissen wir, dass die Geschwindigkeit ihren Anteil an der Energie hat und es folgt sofort, dass diese Geschwindig-keitsänderung eine Änderung der Gesamtenergie des Raumfahrzeugs bewirkt und damit die Bahn des Raumfahrzeugs ändert. Ohne Treibstoffeinsatz kann also die Energie des Raumfahrzeugs verändert werden. Die Kosten sind, dass sich die Bahnenergie des Planeten ändert – allerdings sind die Änderungen so gering, dass sie eigentlich keine Auswirkungen haben.

Beispielaufgabe: *Die Sonde Rosetta hat während ihres Vorbeiflugs an der Erde im Jahre 2005 eine Energie von ca. 20.844 J von der Erde erhalten. Wenn Sie von einer konstanten Energiemenge ausgehen, die ausgetauscht wird, wie häufig müsste die Sonde an der Erde vorbeifliegen, um die Erdbahn um 1% zu verkleinern? Gehen sie in der Rechnung für die Erde näherungsweise von einer Kreisbahn aus.*

Lösung: *Eine Reduzierung von 1% entspricht einem Radiusunterschied von 1,496 Millionen km. Die spezifische Bahnenergie der Erde entspricht* $\varepsilon = -\frac{\mu}{2a}$ *wenn man für die Halbachse gerade 149,6 Millionen km einsetzt und für den Gravitationsparameter den der Sonne (1,3271244 · 10^{20} m^3/s^2) wählt. Damit folgt für die ursprüngliche Energie:*

$$\varepsilon_0 = -\frac{1{,}3271244 \cdot 10^{20}}{2 \cdot 149{,}6 \cdot 10^9}\,\text{J/kg} = -4{,}43558 \cdot 10^8\,\text{J/kg}$$

Für die neue Bahn wird die Energie dann:

$$\varepsilon_{\text{neu}} = -\frac{1{,}3271244 \cdot 10^{20}}{2 \cdot 148{,}1 \cdot 10^9}\,\text{J/kg} = -4{,}48038 \cdot 10^8\,\text{J/kg}$$

Der Unterschied beträgt also -0,0448 · 10^8 J/kg. Mit der Masse der Erde (5,9723 · 10^{24} kg) multipliziert, erhalten wir die absolute Energie (also nicht mehr massenspezifisch) von 2,6756 · 10^{31} J. Diese Energie muss nun durch die Vorbeiflüge abgebaut werden. Dazu teilen wir sie einfach durch die Energie, die bei dem Vorbeiflug an der Erde an Rosetta abgegeben wurde:

$$n = \frac{-2{,}6756 \cdot 10^{31}}{-20844} \mathrm{J} = 1{,}284 \cdot 10^{27}$$

Man erkennt, dass die Anzahl der Vorbeiflüge extrem groß ist. Selbst viele Milliarden von Vorbeiflügen würden an der Erdbahn keine relevanten Spuren hinterlassen. Wir müssen also nicht damit rechnen, dass die Erde irgendwann in die Sonne stürzt, weil wir zu oft Schwungholmanöver durchgeführt haben.

Führt man mit Gl. (9-53) eine Kurvendiskussion durch, so wird man die Extremstellen finden können. Trivialerweise befindet sich ein Extremum an der Stelle r_{per} = 0. Je dichter das Raumfahrzeug sich am Planeten befindet, wenn es ihm am nächsten ist, umso stärker ist die Auswirkung für die Veränderung der Geschwindigkeit. Für das Maximum bzgl. der Anflugsgeschwindigkeit v_∞ ist die Lösung nicht so trivial.

Die Kurvendiskussion ergibt dafür eine Extremstelle bei:

$$v_{\infty,\mathrm{ex}} = \sqrt{\frac{\mu_{\mathrm{pl}}}{r_{\mathrm{per}}}} \tag{9-54}$$

Außerdem entspricht diese Extremstelle auch gerade dem maximalen v, das durch ein Schwungholmanöver erreicht werden kann:

$$\Delta v_{\max} = \sqrt{\frac{\mu_{\mathrm{pl}}}{r_{\mathrm{per}}}} v_{\infty,\mathrm{ex}} \tag{9-55}$$

Im Jahre 1970 hat Herrmann Oberth gezeigt, dass es sinnvoll ist, ein solches Manöver noch mit einem Schubmanöver zu kombinieren, um ggf. die Wirkung zu verstärken. Dieses Manöver sollte am Ort der größten Geschwindigkeit also dem Perizentrum erfolgen. Den sogenannten Oberth-Effekt kann man wie folgt herleiten.

Nehmen wir an, die Geschwindigkeitsänderung $\Delta\vec{v}$ ist zur Geschwindigkeit $\vec{v}_1$ vor dem Manöver um den Winkel β gedreht, siehe Bild 9-6. Dann gilt laut Kosinussatz für die Geschwindigkeit $\vec{v}_2$:

$$\begin{aligned} v_2{}^2 &= v_1{}^2 + \Delta v^2 - 2v_1\Delta v \cdot \cos(\pi - \beta) \\ &= v_1{}^2 + \Delta v^2 + 2v_1\Delta v \cdot \cos(\beta) \end{aligned} \tag{9-56}$$

Bild 9-6

Vektordiagramm zum Oberth-Effekt.

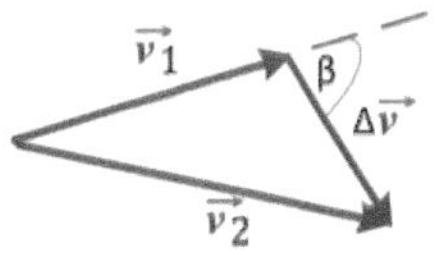

Für die Energieänderung durch das Schubmanöver können wir außerdem schreiben, dass:

$$\Delta E = E_2 - E_1 = \frac{v_2{}^2}{2} - \frac{v_1{}^2}{2} = \frac{1}{2}(v_2{}^2 - v_1{}^2) \tag{9-57}$$

Wählt man nun einen tangentialen Schub, d.h. wird $\beta = 0$ und setzt Gl. (9-56) in Gl. (9-57) ein, so ergibt sich für die Energie:

$$\Delta E = \Delta E = v_1 \cdot \Delta v + \frac{\Delta v^2}{2} \tag{9-58}$$

Man erkennt den Oberth-Effekt, d.h. dass ein zusätzliches Schubmanöver einen größeren Energieeffekt hat, je größer die Initialgeschwindigkeit ist. Da diese im Perizentrum am größten ist, sollte das Manöver dort erfolgen.

Der Wechsel des Koordinatensystems bei der Beschreibung eines Schwungholmanövers ist anwendungsgleich zu unseren Überlegungen der Einflusssphäre und der zusammengesetzten Kegelschnitte in Abschnitt 7.7. Häufig nimmt man bei der numerischen Berechnung solcher Manöver einfach eine instantane Drehung des Geschwindigkeitsvektors an, um es zu simulieren.

9.9 Librationspunkte

In den vorangegangenen Überlegungen haben wir uns vor allem damit auseinandergesetzt, wie sich eine kleine Masse relativ zu zwei Hauptmassen im eingeschränkten Dreikörperproblem bewegen kann. Eine definitive Aussage über die Bahnform war dabei nicht möglich, aber zumindest Aufenthalts-bereiche konnten wir feststellen. Nun wollen wir uns ansehen, ob es nicht Gleichgewichtspunkte gibt in denen die auf das Raumfahrzeug wirkenden Gravitationskräfte so wirken, dass das Raumfahrzeug seine relative Position zu den beiden Massen nicht ändert.

Diese Lösungen für das eingeschränkte Dreikörperproblem, gelten auch für Fälle in denen die Sekundärmasse m_2 nicht deutlich kleiner ist als die Masse m_1.

Eine umfangreiche Herleitung dieser Lösungen findet sich in den Literaturhinweisen und würde über unsere grundlegende Betrachtung hinausgehen. Wir sind diesen Lösungen allerdings bereits begegnet und zwar in Bild 9-4.

Die Bedingung für die Gleichgewichtspunkte ist, dass sich ein Objekt, dass eine Geschwindigkeit von 0 aufweist (im relativen System) keiner Beschleunigung unterliegt. Dies ist gleichbedeutend mit:

$$\nabla U = 0$$

$$\frac{\partial U}{\partial \xi} = \frac{\partial U}{\partial \eta} = \frac{\partial U}{\partial \zeta} = 0 \tag{9-59}$$

Bei Ausformulierung dieser Gleichungen findet man Lösungen, die gerade die Punkte in Bild 9-4 ergeben, welche wiederum die Sattel- und Extrempunkte des Potentials sind, wie in Bild 9-7 zu sehen (dies stellt ein sogenanntes Pseudopotential dar, da ess ich um ein mitbewegtes Koordinatensystem handelt und nicht alle Beschleunigungen der Bewegung durch das Potential ausgedrückt werden). Diese Punkte werden typischerweise Librationspunkte oder nach ihrem Entdecker Lagrange-Punkte genannt. Die Numerierung erfolgt häufig in der Reihenfolge, des Auftretens, wie in Bild 9-4 gezeigt.

Drei Punkte liegen auf der Achse auf der auch die beiden Primärmassen liegen. Der Berührpunkt der beiden Flächen der Bewegung um die Massenpunkte m_1 und m_2 wird L_1 genannt. Der Berührpunkt der Fläche von m_2 mit der äußeren Fläche wird L_2 genannt, der Berührpunkt zwischen den Flächen für die Bewegung um Masse m_1 und für den Außenbereich nennt man L_3. Im letzten Bild von Bild 9-4 bleiben noch zwei Bereiche übrig, die bei weiterer Steigerung zu Punkten degenerieren. Diese Punkte sind die Punkte L_4 (dem Planeten vorauslaufend) und L_5 (dem Planeten nachlaufend). Sie liegen genau 60° vor und hinter dem Planeten, die Entfernung entspricht dem Bahnradius von m_2.

Die Punkte L_1 bis L_3 sind dabei nicht stabil, d.h. einmal ausgelenkt, wird sich das Objekt aus dem Bereich entfernen. Die anderen beiden Punkte sind stabil, d.h. eine weitere Entfernung erfolgt nicht, wenn das Massenverhältnis der beiden Primärmassen größer als 24,96 ist. Das ist im Sonnensystem für alle Planeten der Fall. Einige Beispiele für die jeweiligen Entfernungen von der Primärmasse sind in Tabelle 9-1 gegeben.

Die Librationspunkte haben nicht nur eine theoretische Bewandtnis. Auch wenn das Sonnensystem kein exaktes eingeschränktes Dreiköprerproblem ist, so ist die Realität dennoch nah genug an dieser theoretischen Beschreibung, dass Librationspunkte existieren. Dies zeigt sich auf zweierlei Weisen.

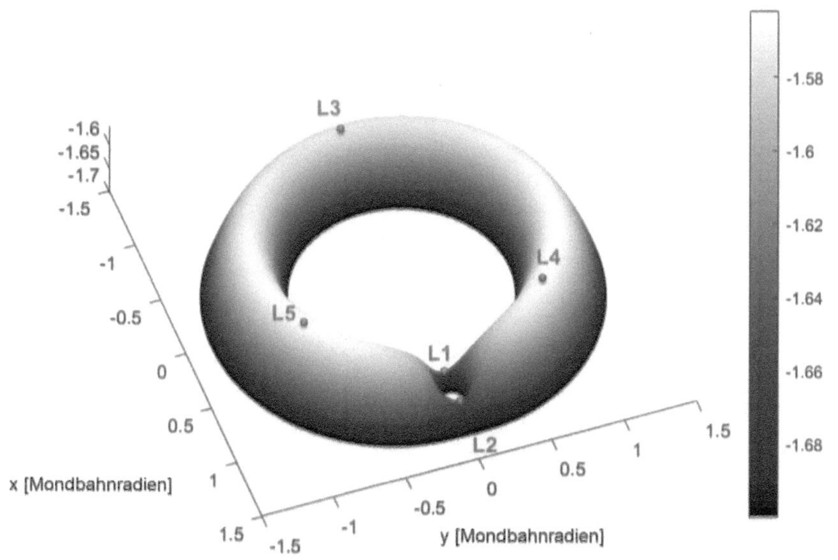

Bild 9-7

Pseudopotential (in km²/s²) für ein normiertes eingeschränktes Dreikörperproblem mit den markierten Librationspunkten. Gezeigt ist hier das Erde-Mond-System. Die Entfernungen sind in Mondbahnradien (384.000 km) angegeben.

Einmal finden sich an den stabilen Punkten insbesondere im Falle von Jupiter aber auch für andere Planeten, inkl. der Erde, Ansammlungen von Kleinkörpern. Die ersten wurden bei Jupiter gefunden und nach Helden aus dem Trojanischen Krieg benannt, weswegen man von solchen Asteroiden auch als Trojaner spricht.

Zum anderen haben sie in der Raumfahrt eine große Relevanz. Insbesondere L_1 des Sonne-Erde-Systems wird für Sonnenbeobachtungsmissionen wie das *Solar and Helispheric Observatory* (SOHO) oder *Laser Interferometer Space Antenna Pathfinder* (LISA Pathfinder) genutzt, während am L_2 z.B. das Obervatorium *Planck* betrieben wurde. In speziellen Orbits, die periodisch relativ um diese Punkte kreisen und mit sehr wenig Treibstoffaufwand zu halten sind, verbleiben solche Missionen auf ihren Positionen und ermöglichen so z.B. gleiche Beobachtungsbedingungen oder eine kontinuierliche Kontaktaufnahme. Für den Fall des Sonne-Erde-Systems vermeidet man z.B. auch Schattenzeiten.

Tabelle 9-1

Abstände der Librationspunkte von der Primärmasse m_1 in km.

System	L_1	L_2	L_3	L_4/L_5
Sonne-Erde	$1{,}48 \cdot 10^8$	$1{,}511 \cdot 10^8$	$-1{,}496 \cdot 10^8$	$1{,}496 \cdot 10^8$
Sonne-Jupiter	$7{,}264 \cdot 10^8$	$8{,}327 \cdot 10^8$	$-7{,}779 \cdot 10^8$	$7{,}783 \cdot 10^8$
Erde-Mond	$3{,}264 \cdot 10^5$	$4{,}489 \cdot 10^5$	$-3{,}816 \cdot 10^5$	$3{,}844 \cdot 10^5$

Literaturhinweise

Prussing, J.E., Conway, B.A.; *Orbital Mechanics*; Oxford University Press, 1993

Murray, C.D., Dermott, S.F.; *Solar System Dynamics*; Cambridge University Press, 2008

Kemble, S.; Interplanetary Missions Analysis and Design; Springer, 2006

10 Reale Bahnen

Bis hierhin haben wir uns mit Idealfällen beschäftigt. Selbst im letzten Kapitel war der Großteil unserer Betrachtungen auf den Idealfall des eingeschränkten Dreikörperproblems begrenzt. Selbstverständlich lassen sich echte Missionen nicht mit so einfachen Annahmen durchführen und Flugbahnberechnungen erfordern großen Aufwand, um exakt genug für ihre Umsetzung zu sein.

Für exakte Bahnberechnungen braucht man spezialisierte Verfahren. Wie wir in Kapitel 9 festgestellt haben, sind aber schon die Gleichungen des Dreikörperproblems nicht analytisch geschlossen lösbar. Die Gleichungen enthaltenen Störbeschleunigungen und sind untereinander abhängig.

Die realen Methoden für Bahnberechnungen in Gänze zu beschreiben, geht über die Intention dieses Buchs hinaus. Aber, um die Grenzen der Anwendbarkeit der bisherigen Methoden besser zu verstehen, soll dieses Kapitel einen Überblick über verschiedene Mittel geben, wie man Bahn-berechnungen realer Bahnen durchführen kann. Das geschieht in der Regel mit Computern. Zu Beginn der Raumfahrt waren dies noch menschliche Computer, wie z.B. Katherine Johnson, Dorothy Vaughan und Mary Jackson, die Integrale akribisch iterativ lösten, um daraus Bahnen zu berechnen. Heute verwenden wir dafür natürlich „künstliche" Computer.

Typische Abweichungen vom Zweikörperproblem ergeben sich schlicht dadurch, dass es in Wirklichkeit mehr als zwei Körper gibt. Beispielsweise werden auch die Bahnen von Erdsatelliten durch schwerkraftbedingte Beschleunigungen von Mond, Jupiter und Sonne in ihrer Bahn beeinflusst. Weitere Störungen ergeben sich durch aerodynamische Kräfte aufgrund vorhandener Atmosphäre (z.B. an der Erde, Mars oder Venus) oder aufgrund der Abweichung vom Kugelpotential bei realistischen Körpern. Auch der Strahlungsdruck durch die Sonne, verursacht eine Störbeschleunigung, ebenso treten Störungen aufgrund endlicher Schubzeiten auf, da Manöver in Wirklichkeit nicht impulsiv durchgeführt werden.

10.1 Methoden auf Basis des Zweikörperproblems

Die Kepler-Gesetze sind ursprünglich auf Basis von Beobachtungsdaten des realen Sonnensystems abgeleitet worden und lassen sich mathematisch unter Annahme eines Zweikörperproblems herleiten. Die Berechnung von Umlaufzeiten beispielsweise, die zumindest für erste Abschätzungen ausreichend genau sind, legen nahe, dass auch Lösungen des Zweikörperproblems nicht völlig unbrauchbar für Bahnberechnungen sind (ansonsten wäre es auch recht nutzlos dieses als Grundlage der Orbitmechanik zu sehen).

Auch in Gl. (9-23) haben wir gesehen, dass die relative Bewegung für das Mehrkörperproblem so formuliert werden kann, dass sie der Bewegung des Zweikörperproblems entspricht zu der die Störbeschleunigung anderer Körper hinzugefügt werden kann.

Es scheint also Sinn zu machen, auf diese Weise vorzugehen und realistische Bahnen als Störungen eines Zweikörperproblems aufzufassen und entsprechend mathematisch zu beschreiben. Für das Zweikörperproblem können wir Gl. (6-5) schreiben:

$$\ddot{\vec{r}} = -\frac{\mu}{r^2} \cdot \frac{\vec{r}}{r} = -\vec{b}_\mathrm{H}$$

Dabei stellt $\vec{b}_H$ den Vektor für die Hauptbeschleunigung dar, denen die kleinere Masse durch die Primärmasse unterworfen ist. Er ist hier mit einem Minuszeichen versehen, um die Beschleunigung mit einem positiven Wert auf der linken Gleichungsseite verwenden zu können.

Die zu Gl. (6-5) gehörende Bahn lässt sich mit sechs unabhängigen Größen, z.B. den klassischen Orbitelementen, eindeutig beschreiben. Diese legen jede Bahn fest. Wenn man nun eine weitere Kraft $\vec{F}_\mathrm{s}$ als Grund einer Störung annimmt, z.B. durch aerodynamischen Widerstand oder als Resultierende aus weiteren Gravitationskräften durch Sonne und Planeten, so kann man für diese eine Störbeschleunigung $\vec{b}_\mathrm{s}$ definieren:

$$\vec{b}_\mathrm{s} = \frac{\vec{F}_\mathrm{s}}{m} \tag{10-1}$$

Hier ist m die Masse des Raumfahrzeugs (oder eines anderen beschriebenen Objekts). Damit kann man Gl. (6-5) so formulieren, dass es einen Anteil gibt, der durch die Hauptbeschleunigung verursacht wird und ein Δ durch die Störbeschleunigung:

$$\ddot{\vec{r}} + \Delta\ddot{\vec{r}} = -\vec{b}_\mathrm{H} + \vec{b}_\mathrm{s} \tag{10-2}$$

Die Beschleunigungen haben jeweils einen Anteil in radialer, tangentialer und normaler Richtung, wobei die Hauptbeschleunigung durch Gravitation keine normale Komponente hat, da die Gravitationsbeschleunigung im Zweikörperproblem ausschließlich in der Bahnebene wirkt. Typischerweise unterscheidet man die Störungen in gravitative und nicht-gravitative, denn für letztere muss man natürlich andere Gleichungen als das Netwonsche Gravitationsgesetz verwenden.

Für jeden Zeitpunkt lässt sich wieder genau eine Bahn finden, die durch sechs Parameter beschrieben werden kann, die sich aber für jeden dieser Zeitpunkte von den originalen Werten unterscheiden.

10.1.1 Cowell-Methode

Philip Herbert Cowell war ein britischer Astronom, der sich vor allem mit Kleinkörpern beschäftigte. Zu Beginn des 20. Jahrhunderts entwarf er eine Methode, um gestörte Bahnen zu berechnen, die den Gedanken folgt, die wir eben verfolgt haben. Beschreiben wir also zuerst die Bahn, erhalten wir eine Formulierung wie in (9-23):

$$\ddot{\vec{r}} + \vec{b}_{\mathrm{H}} = \ddot{\vec{r}} + \frac{\mu}{r^2} \cdot \frac{\vec{r}}{r} = \vec{b}_{\mathrm{s}} \tag{10-3}$$

Auf der rechten Seite stehen lediglich die Störungen, auf der linken Seite, die Terme des Zweikörperproblems. Für eine numerische Integration würde man nun dieses System von drei Differentialgleichungen zweiter Ordnung in sechs Differentialgleichungen erster Ordnung überführen:

$$\begin{aligned} \dot{\vec{r}} &= \vec{v} \\ \dot{\vec{v}} &= \vec{b}_{\mathrm{s}} - \frac{\mu}{r^2} \cdot \frac{\vec{r}}{r} \end{aligned} \tag{10-4}$$

Diese Gleichungen gelten natürlich komponentenweise. Mittels numerischer Integration, z.B. dem Runge-Kutta-Verfahren, können sie gelöst werden, wenn man z.B. die Beschleunigung durch die Mondschwerkraft als Störung annimmt oder die der Sonne. Das Verfahren sieht eigentlich recht einfach aus, so dass man sich fragen kann, was daran denn nun aufwendig sein sollte.

Es ist leicht einsehbar, dass sich in der Nähe der Primärmasse für das beschriebene Problem der Beschleunigungsvektor innerhalb kurzer Zeit ändert. Alleine bei Berücksichtigung der Richtung wird klar, dass in der Nähe des Perizentrums sich diese aufgrund der großen Winkelgeschwindigkeit sehr zügig verändert. Um das zu berücksichtigen, muss man also kleine und damit viele Integrationsschritte wählen.

Dies hat nicht nur Rechenaufwand zur Folge, sondern sorgt auch schnell für große Ungenauigkeit, da man mit jedem Rechenschritt Rundungsfehler erzeugt. Mit gerundeten Werten berechnet man dann den nächsten Schritt, so dass sich diese Fehler immer weiter fortsetzen, bis sie zu im Grunde völlig falschen Bahnen führen.

Das Problem lässt sich etwas entschärfen in dem man Zylinderkoordinaten statt kartesischen verwendet; ganz verschwindet es aber nicht. Dafür ist die Methode vor allem sehr einfach nachzuvollziehen und durchzuführen.

10.1.2 Enckesche Methode

Weniger Probleme durch Ungenauigkeiten hat man mit der Methode nach Encke, welche allerdings deutlich aufwendiger ist. Die Methode, die auch Methode der oskulierenden Bahnen genannt wird, fasst die Störbeschleunigung nicht mit der Hauptbeschleunigung zusammen, um diese zu integrieren, sondern verwendet die Differenz zwischen einer ursprünglichen, der oskulierenden Bahn, und der gestörten Bahn, welche die oskulierende gerade in einem Startpunkt der Rechnung berührt (oskulierend kommt von dem lateinischen Wort *osculare*, also küssen).

Das Verfahren wurde Mitte des 19. Jahrhunderts von Johann Franz Encke entwickelt und durch seine Anwendung populär und deswegen nach ihm benannt. Unabhängig von ihm entwickelte George Phillips Bond die gleiche Methode, sogar zwei Jahre zuvor.

Das Prinzip der oskulierenden Bahnen funktioniert wie folgt. Ausgangspunkt ist Gl. (9-23), welche die Relativbewegung zwischen einer Masse m_i und m_n beschreibt:

$$\ddot{\vec{r}}_{ni} + \Upsilon \cdot (m_n + m_i) \frac{\vec{r}_{ni}}{r_{in}{}^3} = \Upsilon \sum_{j=1}^{k} m_j \cdot \left(\frac{\vec{r}_{nj} - \vec{r}_{ni}}{r_{ij}^3} - \frac{\vec{r}_{nj}}{r_{nj}^3} \right)$$

Um die Darstellung etwas einfacher zu machen, definieren wir die beiden Massen nun so, dass die Masse m_n sehr viel größer ist als m_i und bezeichnen sie jeweils mit M bzw. m (für die kleinere Masse). Damit schreiben wir den Positionsvektor zwischen beiden Massen ohne Index. Der Index für die Positionsvektoren zwischen einer der beiden Massen und einer anderen Masse der k beteiligten Massen, enthält jeweils den Index „M" bzw. „m". So wird die Gleichung zu:

$$\ddot{\vec{r}} + \Upsilon \cdot (M + m) \frac{\vec{r}}{r^3} = \Upsilon \sum_{j=1}^{k} m_j \cdot \left(\frac{\vec{r}_{Mj} - \vec{r}}{r_{mj}^3} - \frac{\vec{r}_{Mj}}{r_{Mj}^3} \right) \tag{10-5}$$

Weiter fassen wir nun die Massen und Gravitationskonstante zu Gravitationsparametern μ zusammen und lösen nach der zweiten Ableitung auf:

$$\ddot{\vec{r}} = -\mu \frac{\vec{r}}{r^3} + \sum_{j=1}^{k} \mu_j \cdot \left(\frac{\vec{r}_{Mj} - \vec{r}}{r_{mj}^3} - \frac{\vec{r}_{Mj}}{r_{Mj}^3} \right) \tag{10-6}$$

Wie gehabt, hat die Beschleunigung zwei Anteile: zuerst den des Zweikörperproblems und dann den Anteil durch die weiteren Massen, also die Störbeschleunigung.

Analog lässt sich die Formulierung auch in kartesischen Koordinaten aufstellen, so dass Gl. (10-6) in drei Gleichungen zerlegt wird: eine für jede Koordinate.

Für einen bestimmten Zeitpunkt t' kann man mit Gl. (10-6) nun Ort und Geschwindigkeit durch Integrieren bestimmen und erhält so einen Zustandsvektor, der eine Bahn genau festlegt – allerdings eben nur für diesen einen Zeitpunkt. Im Punkt $\vec{r}(t')$, den wir als $\vec{r}_0(t')$ bezeichnen, berührt diese Bahn gerade die tatsächliche Bahn, die sich danach durch die Störbe-schleunigungen verändert und mit $\vec{r}'$ beschrieben sei.

Im Verlauf der tatsächlichen Bahn lässt sich diese nun wie in Gl. (10-2) vorgestellt, als Verlauf von $\vec{r}_0$ beschreiben, plus einer Differenz zu $\vec{r}'$ die mit $\Delta\vec{r}$ bezeichnet ist und für die gilt:

$$\Delta\vec{r} = \vec{r}' - \vec{r}_0 \tag{10-7}$$

Für die Ableitungen gilt die analoge Beziehung. Diese Verhältnisse sind links in Bild 10-1 gezeigt.

Die Bahn für das Zweikörperproblem ergibt sich in dem man in Gl. (10-6) die Anteile für die Störbeschleunigung entfernt:

$$\ddot{\vec{r}}_0 = -\mu \frac{\vec{r}_0}{{r_0}^3} \tag{10-8}$$

Diese einfache Gleichung des Zweikörperproblems können wir lösen, wie in den ersten Kapiteln beschrieben. Für die Bewegung beschrieben durch $\ddot{\vec{r}}'$ gilt dann:

$$\ddot{\vec{r}}' = -\mu \frac{\vec{r}'}{r'^3} + \sum_{j=1}^{k} \mu_j \cdot \left(\frac{\vec{r}_{Mj} - \vec{r}'}{r_{mj}^3} - \frac{\vec{r}_{Mj}}{r_{Mj}^3} \right) \tag{10-9}$$

Zusammengesetzt wird daraus als Beschreibung von $\Delta\ddot{\vec{r}}$:

$$\Delta\ddot{\vec{r}} = \mu \left(\frac{\vec{r}_0}{{r_0}^3} - \frac{\vec{r}'}{r'^3} \right) + \sum_{j=1}^{k} \mu_j \cdot \left(\frac{\vec{r}_{Mj} - \vec{r}'}{r_{mj}^3} - \frac{\vec{r}_{Mj}}{r_{Mj}^3} \right) \tag{10-10}$$

Nimmt man die Bahnen der Himmelskörper als bekannt an (z.B. durch Messung und daraus abgeleitete Ephemeriden), so sind die entsprechenden Positionsvektoren $\vec{r}_{Mj}$ bekannt. Um die Gl. (10-10) zu lösen, wird iterativ vorgegangen.

Im ersten Iterationsschritt wird $\vec{r}' = \vec{r}_0$ angenommen, woraus man ein erstes $\Delta\vec{r}^0$ erhält. Dieses wird nun verwendet, um nun $\vec{r}'$ nach Gl. (10-7) zu bestimmen, für dessen Iteration gilt:

$$\vec{r}'^{(l)} = \Delta\vec{r}^{(l-1)} + \vec{r}^{(l-1)} \tag{10-11}$$

Hier beziffert (l) gerade den Iterationsschritt. Die Iteration wird solange durchgeführt, bis gilt:

$$\left| \vec{r}'^{(l)} - \vec{r}^{(l-1)} \right| \leq \epsilon \tag{10-12}$$

wobei ϵ eine zuvor festgelegte Genauigkeit ist.

Der Vorteil der Enckeschen Methode liegt darin, dass sich typischerweise $\Delta\vec{r}$ langsamer verändert als $\vec{r}$ in der Cowell-Methode, so dass die Integrationsschritte hier größer ausfallen können. Wird die Störbeschleunigung oder das Verhältnis von $\Delta\vec{r}/\vec{r}$ groß (in der Größenordnung von 1%), dann verlieren sich die Vorteile der Enckeschen Methode, da die Gradienten entsprechend wachsen.

Die Störbeschleunigung wird vor allem in der Nähe von großen Massen, also anderen Planeten groß und ist vergleichbar mit der Methode der zusammengesetzten Kegelschnitte aus Abschnitt 7.7. In so einem Fall kann es dann Sinn machen, den Hauptkörper zu wechseln (also z.B. einen Planeten als Haupt-körper zu wählen und die Sonne trägt dann zur Störbeschleunigung bei).

Wird das Verhältnis von $\Delta\vec{r}/\vec{r}$ groß, kann man eine neue oskulierende Bahn berechnen. Aus dem dann aktuellen $\vec{r}'$ wird ein neues $\vec{r}_0$ als Ausgangspunkt für die nächsten Berechnungen.

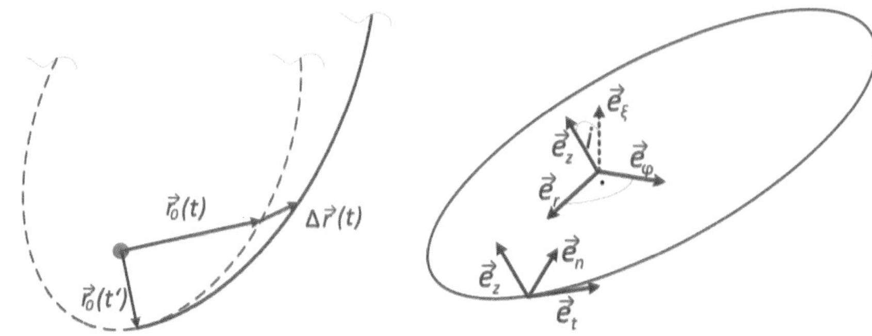

Bild 10-1

Links: Die Positionsvektoren in der Enckeschen Methode, die die oskulierende Bahn (gestrichelt) und tatsächliche Bahn beschreiben.

Rechts: Koordinatensysteme für die Herleitung der Änderung der Bahnelemente, Zylinderkoordinaten (r, φ, z), normale und tangentiale Koordinaten (n, t) sowie ein Bezugssystem (ξ) zur Definition der Inklination i.

10.2 Änderung der Bahnelemente

Wir haben schon bei der Definition der klassischen Orbitelemente in Abschnitt 6.7 gesehen, dass man eine Bahn durch die Definition von sechs unabhängigen Größen genau beschreiben kann. Dies können die genannten Orbitelemente oder z.B. wie in den beiden vorherigen Kapiteln die Geschwindigkeits- und Positionsvektoren sein. Bei der Enckeschen Methode ergibt sich eine einzelne oskulierende Bahn, die als Ausgangspunkt dient. Man kann aber auch untersuchen, wie die Bahneigenschaften sich kontinuierlich verändern und aus den jeweils gültigen Eigenschaften dann wiederum die Geschwindigkeits- und Positionsvektoren bestimmen.

Diesen Ansatz verfolgt die Methode der Änderung der Bahnelemente. Entwickelt wurde sie Mitte des 18. Jahrhunderts von Leonhard Euler und sie beschreibt die zeitliche Änderung von Bahneigenschaften aufgrund von Störbeschleunigungen. In typischen Anwendungsfällen, sind die Änderungen der Bahneigenschaften deutlich kleiner im Vergleich zu Geschwindigkeits- und Positionsänderungen, so dass die Integrationsschritte größer gewählt werden können. Dafür folgen aus der Anwendung nicht unmittelbar Angaben zu Geschwindigkeit und Position des jeweiligen Raumfahrzeugs. Diese müssen dann separat berechnet werden.

Auf das Raumfahrzeug, oder auch andere Objekte, wie Himmelskörper, wirken verschiedene Störkräfte. Ursachen können z.B. atmosphärischer Widerstand sein, Gravitationskräfte anderer Himmelskörper, der Solardruck oder Ausgasungen. Die Störungen lassen sich als Störbeschleunigung auffassen, d.h. die Kraft geteilt durch die Masse des jeweiligen Objekts. Daraus folgt eine Störbeschleunigung $\vec{b}_s$.

Die Beschleunigung hat, ggf. komponentenweise, Auswirkungen auf die Geschwindigkeit und damit auch die Position des Raumfahrzeugs, denn es gilt:

$$\Delta\vec{v}_s = \int_0^{\Delta t} \vec{b}_s \, dt \tag{10-13}$$

Unter der Annahme, dass für den Zeitraum Δt die Beschleunigung konstant ist (wie man es z.B. für eine numerische Lösung in jedem Fall annehmen muss), kann man schreiben:

$$\Delta v_{s,r} = b_r \cdot \Delta t \qquad \Delta v_{s,\varphi} = b_\varphi \cdot \Delta t \qquad \Delta v_{s,n} = b_z \cdot \Delta t \tag{10-14}$$

Die Indizes „r“, „φ", „z“ beschreiben dabei die radiale, horizontale (also in Richtung der wahren Anomalie ν) und dazu senkrechte Richtung in Zylinderkoordinaten in der Bahnebene. Andere Koordinaten sind denkbar, hier aber weniger praktisch.

Ebenso kann man für den Radius vorgehen, welcher sich durch die radiale Komponente der Beschleunigung, bzw. Geschwindigkeit verändert:

$$\Delta r_s = \int_0^{\Delta t} \Delta v_{s,r}\, dt \tag{10-15}$$

Es folgt für die gleiche Annahme, dass:

$$\Delta r_s = \frac{1}{2} b_{s,r} \cdot \Delta t^2 \tag{10-16}$$

Für kleine Zeitintervalle wird die Größenordnung der Radienänderung durch die Störung sehr viel kleiner als die Geschwindigkeit in radialer Richtung. Die Radienänderung entlang der Bahn ist nicht vernachlässigt und in Gl. (10-16) nicht enthalten. Es lässt sich aber festhalten, dass die Radienänderung auf Basis der Störbeschleunigung vernachlässigt werden kann, denn es gilt $dr_s/dt \approx 0$.

Für die folgenden Überlegungen werden wir verschiedene Koordinatensysteme verwenden, die rechts in Bild 10-1 dargestellt sind. Die ξ-Richtung gehört zu einem Bezugssystem, deren übrige Achsen wir nicht benötigen. Es gibt ein System mit tangentialen und normalen Richtungen zur Bahn (n, t) und Zylinderkoordinaten (r, φ, z).

10.2.1 Änderung der Halbachse

Für die Herleitung der zeitlichen Änderung der großen Halbachse, leiten wir die nach der Halbachse umgestellte Energiegleichung ab, d.h. mit Gl. (6-49) gilt:

$$\frac{da}{dt} = \frac{da}{d\varepsilon} \cdot \frac{d\varepsilon}{dt} = \frac{\mu}{2\varepsilon^2} \frac{d\varepsilon}{dt} \tag{10-17}$$

Die Änderung der Energie ist erst einmal unbekannt. Für sie können wir schreiben, dass sie gerade dem Produkt der Störkraft und der Geschwindigkeit entspricht, geteilt durch die Masse des Objekts, da wir uns die spezifische Energie ansehen. Es gilt also:

$$\frac{d\varepsilon}{dt} = \frac{\vec{F}_s \cdot \vec{v}}{m} \tag{10-18}$$

Die Bahngeschwindigkeit liegt per Definition in der Bahnebene. Für die Geschwindigkeit, mit ν als der wahren Anomalie gilt:

$$\begin{aligned} \vec{v} &= \dot{r} \cdot \vec{e}_r + r \cdot \dot{\nu} \cdot \vec{e}_\varphi \\ &= \frac{dr}{dt} \cdot \vec{e}_r + r \cdot \frac{d\nu}{dt} \cdot \vec{e}_\varphi \\ &= \dot{\nu} \left(\frac{dr}{d\nu} \cdot \vec{e}_r + r \cdot \vec{e}_\varphi \right) \end{aligned} \tag{10-19}$$

Es sei angemerkt, dass φ und ν zwar in die gleiche Richtung zeigen, allerdings dadurch unterschiedlich sein können, wo sie ihren Nullpunkt haben, daher sind die Winkel nicht notwendigerweise identisch. Als nächstes setzen wir Gl. (10-19) und (10-18) in Gl. (10-17) ein und erhalten:

$$\frac{da}{dt} = \frac{\mu}{2\varepsilon^2} \cdot \vec{b}_s \cdot \dot{\nu} \left(\frac{dr}{d\nu} \cdot \vec{e}_r + r \cdot \vec{e}_\varphi \right) \tag{10-20}$$

$$= \frac{\mu}{2\varepsilon^2} \dot{\nu} \left(\frac{dr}{d\nu} \cdot b_r + r \cdot b_\varphi \right)$$

Nun benötigen wir die Ableitung von r nach ν und die zeitliche Ableitung von ν. Die Verbindung zwischen r und ν steckt in der Kegelschnittgleichung, die wir in Gl. (6-18) formuliert haben:

$$r = \frac{p}{1 + e \cdot \cos\nu}$$

Wenn wir diese nach der wahren Anomalie ableiten, folgt:

$$\frac{dr}{d\nu} = \frac{p \cdot e \cdot \sin\nu}{(1 + e \cdot \cos\nu)^2} = \frac{r \cdot e \cdot \sin\nu}{1 + e \cdot \cos\nu} \tag{10-21}$$

Aus der Definition des spezifischen Drehimpulses, wie in Gl. (6-60) gegeben:

$$h = r^2 \cdot \dot{\nu}$$

formulieren wir die zeitliche Ableitung der wahren Anomalie:

$$\dot{\nu} = \frac{h}{r^2} = \frac{\sqrt{\mu \cdot p}}{r^2} = \frac{\sqrt{\mu \cdot a(1 - e^2)}}{r^2} \tag{10-22}$$

Die beiden Gl. (10-21) und (10-22) setzen wir in Gl. (10-20) ein. Daraus folgt:

$$\frac{da}{dt} = \frac{\mu}{2\varepsilon^2} \frac{\sqrt{\mu \cdot a(1 - e^2)}}{r^2} \left(\frac{r \cdot e \cdot \sin\nu}{1 + e \cdot \cos\nu} \cdot b_r + r \cdot b_\varphi \right) \tag{10-23}$$

$$= \frac{\mu}{2\varepsilon^2} \sqrt{\mu \cdot a(1 - e^2)} \left(\frac{e \cdot \sin\nu}{r(1 + e \cdot \cos\nu)} \cdot b_r + \frac{b_\varphi}{r} \right)$$

Setzt man nun für ε die Definition der Bahnenergie $\varepsilon = -\frac{\mu}{2a}$ ein und die Definition des Halbparameters $p = r(1 + e \cdot \cos\nu) = a(1 - e^2)$, lässt sich die Gleichung weiter vereinfachen:

$$\frac{da}{dt} = \frac{2a^2}{\mu} \sqrt{\mu \cdot a(1 - e^2)} \left(\frac{e \cdot \sin\nu}{r(1 + e \cdot \cos\nu)} b_r + \frac{b_\varphi}{r} \right) \tag{10-24}$$

$$= 2a^2 \sqrt{\frac{p}{\mu}} \left(\frac{e \cdot \sin\nu}{p} \cdot b_r + \frac{b_\varphi}{r} \right)$$

Nun können wir p noch ausklammern und bekommen:

$$\frac{da}{dt} = \frac{2a^2}{\sqrt{p \cdot \mu}} \left(e \cdot \sin\nu \cdot b_{\mathrm{r}} + \frac{p}{r} \cdot b_{\varphi}\right) \tag{10-25}$$

$$= \frac{2a^2}{\sqrt{p \cdot \mu}} \left(e \cdot \sin\nu \cdot b_{\mathrm{r}} + (1 + e \cdot \cos\nu) \cdot b_{\varphi}\right)$$

Wie zu erwarten, gibt es einen Term in horizontaler Richtung – diese Änderung haben wir uns implizit beim Hohmanntransfer bereits zunutze gemacht. Der radiale Einfluss, selbst wenn es eine Beschleunigung gibt (z.B. weil die Ausrichtung des Triebwerks fehlerbehaftet ist), wird bei einer wahren Anomalie von 0 ebenfalls 0. Gleichung (10-25) gilt für alle Bahnformen entsprechend. Durch den quadratischen Term in a ist auch das Vorzeichen egal. Die Abhängigkeit von a lässt sich jedoch nicht eliminieren, so dass man iterativ vorgehen muss, um die Änderungen zu bestimmen.

Die Gleichung erlaubt aber eine Formulierung für die Veränderung der Bahngröße im Falle von Störbeschleunigungen, ggf. auch Schubbeschleunigungen, die endliche Schubphasen haben und nicht impulsiv sind, wie wir das bei den Transfermanövern zuvor angenommen haben.

Bisher haben wir uns die Beschleunigung in horizontaler und radialer Richtung angesehen. Diese Ausrichtung ist für ein Raumfahrzeug nicht gerade intuitiv. Intuitiver ist da schon eher die Zerlegung der Beschleunigung in normaler und tangentialer Richtung auf die Bahn bezogen.

Wir definieren also unseren Flugbahnwinkel wie zuvor schon in Bild 7-10, als den Winkel zwischen der Senkrechten zur radialen Richtung (hier bisher die Horizontale). Für die Beschleunigung gilt dann:

$$b_{\mathrm{r}} = b_{\mathrm{t}} \sin\varphi - b_{\mathrm{n}} \cos\varphi \tag{10-26}$$

$$b_{\varphi} = b_{\mathrm{t}} \cos\varphi + b_{\mathrm{n}} \sin\varphi \tag{10-27}$$

wobei b_{t} und b_{n} die tangentiale, bzw. normale Beschleunigung bezeichnen, in die Richtungen wie rechts in Bild 10-1 gezeigt. Setzt man diese beiden Gleichungen in Gl. (10-25) ein, erhält man:

$$\frac{da}{dt} = \frac{2a^2}{\mu} \left(v \cdot b_{\mathrm{t}}\right) \tag{10-28}$$

Nur die tangentiale Beschleunigung verändert demnach die große Halbachse der jeweiligen Bahn, also auch ihre Bahnenergie.

10.2.2 Änderung der Exzentrizität

Für die Exzentrizität benutzen wir zunächst den Zusammenhang zwischen Halbparameter (der für alle Bahnformen definiert ist) und lösen diese nach e auf:

$$e = \sqrt{1 - \frac{p}{a}} = \left(1 - \frac{p}{a}\right)^{\frac{1}{2}} \tag{10-29}$$

Da bei einer vorhandenen Beschleunigung sowohl p als auch a zeitlich abhängig sind, müssen wir Gl. (10-29) mithilfe der Ketten- und Produktregel ableiten. Daraus folgt für die zeitliche Ableitung von e:

$$\frac{de}{dt} = \frac{1}{2\,e \cdot a}\left(\frac{p}{a} \cdot \frac{da}{dt} - \frac{dp}{dt}\right) \tag{10-30}$$

Die Ableitung $\frac{da}{dt}$ ist uns schon bekannt aus dem vorherigen Kapitel, fehlt noch die Ableitung $\frac{dp}{dt}$. Um diese zu bestimmen, gehen wir von der Definition des Drehimpulses aus, für den gilt:

$$\begin{aligned} h &= \sqrt{\mu \cdot p} = r \cdot v_\varphi \\ \Leftrightarrow p &= \frac{r^2 \cdot {v_\varphi}^2}{\mu} \end{aligned} \tag{10-31}$$

Leiten wir die Gleichung nun nach der Geschwindigkeit v_φ und trennen die Variablen, folgt:

$$\begin{aligned} \frac{dp}{dv_\varphi} &= 2v_\varphi \frac{r^2}{\mu} \\ \Leftrightarrow \frac{dp}{dt} &= 2v_\varphi \frac{r^2}{\mu} \frac{dv_\varphi}{dt} \end{aligned} \tag{10-32}$$

Die zeitliche Ableitung der horizontalen Geschwindigkeit v_φ ist gerade die horizontale Beschleunigung und per Definition des Drehimpulses lässt sich die Gleichung weiter vereinfachen zu:

$$\frac{dp}{dt} = 2\sqrt{\frac{p}{\mu}}\, b_\varphi \tag{10-33}$$

Die Gleichungen (10-25) und (10-33) setzen wir nun in Gl. (10-30) ein und erhalten nach ein wenig Sortieren:

$$\frac{de}{dt} = \sqrt{\frac{p}{\mu}}\left(\sin v \cdot b_\mathrm{r} + \left(\frac{p}{e \cdot r} - \frac{r}{a \cdot e}\right) \cdot b_\varphi\right) \tag{10-34}$$

Den Klammerterm lässt sich noch weiter vereinfachen:

$$\frac{p}{e \cdot r} - \frac{r}{a \cdot e} = \frac{1}{e}\left(\frac{p}{r} - \frac{r}{a}\right) \tag{10-35}$$

Wir erinnern uns daran, dass $p = a(1 - e^2)$ und formen um zu:

$$\begin{aligned} \frac{1}{e}\left(\frac{p}{r} - \frac{r}{a}\right) &= \frac{1}{e}\left(\frac{p}{r} - \frac{r}{p}(1 - e^2)\right) = \frac{1}{e}\left(\frac{p}{r} - \frac{r}{p} + e^2\frac{r}{p}\right) \\ &= \left(\frac{1}{e}\left(\frac{p}{r} - \frac{r}{p}\right) + e\frac{r}{p}\right) \end{aligned} \tag{10-36}$$

Jetzt schauen wir uns wieder den inneren Klammerterm an und versuchen auch diesen weiter umzuformen. Dazu verwenden wir die Kegelschnittgleichung, d.h. Gl. (6-18):

$$\frac{1}{e}\left(\frac{p}{r}-\frac{r}{p}\right)=\frac{p^2-r^2}{r\cdot p\cdot e}=\frac{r(1+e\cos\nu)^2-1}{p\cdot e} \tag{10-37}$$

$$=\frac{r}{p}(2\cos\nu+e\cos^2\nu)=\frac{r}{p}(2+e\cos\nu)\cos\nu$$

$$=\frac{r}{p}\big(1+(1+e\cdot\cos\nu)\big)\cos\nu$$

$$=\frac{r}{p}\left(1+\left(1+\frac{p}{r}\right)\right)\cos\nu$$

$$=\left(1+\frac{r}{p}\right)\cos\nu$$

Aus Gl. (10-37) und (10-36) folgt, wenn man sie in Gl. (10-34) einsetzt, schließlich die zeitliche Ableitung der Exzentrizität e:

$$\frac{de}{dt}=\sqrt{\frac{p}{\mu}}\left(\sin\nu\cdot b_{\mathrm{r}}+\frac{r}{p}\left(e+\left(\frac{p}{r}+1\right)\cos\nu\right)\cdot b_{\varphi}\right) \tag{10-38}$$

Auch für diese kann man mit den gleichen Annahmen, wie schon im vorherigen Kapitel, statt der Zerlegung in radiale und horizontale Komponenten eine in tangentiale und normale Komponenten (siehe Bild 10-1, rechts) vornehmen und erhält:

$$\frac{de}{dt}=\frac{1}{v}\left(2(2+\cos\nu)\,b_{\mathrm{t}}-\frac{(1-e^2)\sin\nu}{(1+e\cos\nu)}b_{\mathrm{n}}\right) \tag{10-39}$$

Für eine Hyperbel gilt ein negatives Vorzeichen in beiden Fällen. Für eine Parabel kann sich e nicht ändern, da sie ja für eine Parabel beim Wert 1 festliegt. Eine Störbeschleunigung auf einer Parabel führt also zwangsläufig zu einer Veränderung der Bahnform zu einer Ellipse oder Hyperbel.

10.2.3 Änderung der Inklination und Rektaszension

Um die Inklination zu beschreiben, benötigen wir eine Bezugsebene, da bisher unsere Beschreibung in der Bahnebene erfolgte. Die Normalenrichtung der Bezugsebene sei mit ξ gekennzeichnet, wie rechts in Bild 10-1 gezeigt.

Für die Herleitung starten wir mit Gl. (6-68) und passen sie an unser Koordinatensystem in Bild 10-1 (rechts) an:

$$\cos i=\frac{1}{h}\vec{h}\cdot\vec{e}_{\xi} \tag{10-40}$$

Diese Gleichung leiten wir nach der Zeit ab und erhalten:

$$-\frac{di}{dt}\sin i = \frac{h\frac{d\vec{h}}{dt}\cdot\vec{e}_\xi - \vec{h}\cdot\vec{e}_\xi\frac{dh}{dt}}{h^2} \tag{10-41}$$

$$\frac{di}{dt} = \frac{h_\xi \dot{h} - h\cdot\dot{h}_\xi}{\sin i\,\cdot\, h^2}$$

Die Ableitung $\dot{h}$ ist mit Gl. (6-60) $h = r\cdot v_\varphi$ schnell gefunden:

$$\Rightarrow \frac{dh}{dt} = \dot{h} = r\cdot b_\varphi \tag{10-42}$$

Die Ableitung $\dot{h}_\xi$ erhalten wir über $\frac{d\vec{h}}{dt}$. Dafür nehmen wir zuerst die Definition der Änderung des Drehimpulses nach Newton heran:

$$\frac{d\vec{h}}{dt} = \vec{r}\times\vec{b}_s \tag{10-43}$$

Mit der Definition von $\vec{r}$ und $\vec{b}_s$ folgt daraus:

$$\frac{d\vec{h}}{dt} = r\cdot b_\varphi\vec{e}_z - r\cdot b_z\vec{e}_\varphi \tag{10-44}$$

Falls sie sich nun wundern, warum die vektorielle Änderung eine weitere Komponente hat, liegt das daran, dass der Betrag, d.h. die Länge nur durch einen Beitrag geändert werden kann, der in Richtung des Vektors $\vec{h}$ zeigt, d.h. in diesem Fall in Richtung $\vec{e}_z$. Für die Ableitung $\dot{h}_\xi$ gilt nun weiter:

$$\dot{h}_\xi = \frac{d\vec{h}}{dt}\cdot\vec{e}_\xi \tag{10-45}$$

$$= r\cdot b_\varphi\vec{e}_z\cdot\vec{e}_\xi - r\cdot b_z\vec{e}_\varphi\cdot\vec{e}_\xi$$

$$= r\cdot b_\varphi\cos i - r\cdot b_z\cos\theta\sin i$$

Dabei ist θ der Winkel zwischen der Knotenlinie und dem jeweiligen Positionsvektor $\vec{r}$. Setzen wir Gl. (10-42) und (10-45) in Gl. (10-41) ein, dann bekommen wir schließlich:

$$\frac{di}{dt} = \frac{r}{\sqrt{\mu\cdot p}}\cdot\cos\theta\cdot b_z \tag{10-46}$$

Auf gleiche Weise kann man auch die Wanderung der Knotenlinie herleiten, was wir hier nicht wiederholen wollen. Ausgangspunkt ist dabei wieder der Drehimpuls und man erhält final für die Änderung der Rektaszension der Knotenlinie die Gleichung:

$$\frac{d\Omega}{dt} = \frac{r}{\sqrt{\mu \cdot p}} \cdot \frac{\cos\theta}{\sin i} \cdot b_z \tag{10-47}$$

10.2.4 Änderung der wahren Anomalie

Wir beginnen unsere Herleitung in diesem Fall aus der Kegelschnittgleichung (Gl. (6-18)) und formen diese um zu:

$$e\cos\nu = \left(\frac{p}{r} - 1\right) \tag{10-48}$$

Diese Gleichung wird zeitlich abgeleitet und nach $\frac{d\nu}{dt}$ aufgelöst. Daraus folgt mit Gl. (10-33):

$$\begin{aligned}\frac{d\nu}{dt} &= \frac{1}{e\sin\nu} \cdot \left(\cos\nu\frac{de}{dt} - \frac{1}{r} \cdot \frac{dp}{dt}\right) \\ &= \frac{1}{e\sin\nu} \cdot \left(\cos\nu\frac{de}{dt} - 2\sqrt{\frac{p}{\mu}} \cdot b_\varphi\right)\end{aligned} \tag{10-49}$$

Damit sind wir im Grunde schon fertig, denn die zeitliche Ableitung der Exzentrizität kennen wir ja schon aus Gl. (10-38):

$$\begin{aligned}\frac{d\nu}{dt} &= \frac{\cos\nu}{e\sin\nu}\sqrt{\frac{p}{\mu}}\left(\sin\nu \cdot b_r + \left(\frac{r}{p}\left(e + \left(\frac{p}{r} + 1\right)\cos\nu\right) - \frac{2}{\cos\nu}\sqrt{\frac{p}{\mu}}\right) \cdot b_\varphi\right) \\ &= \frac{1}{e}\sqrt{\frac{p}{\mu}}\left(\cos\nu\, b_r + \left(\frac{r\cos\nu}{p\sin\nu}\left(e + \left(\frac{p}{r} + 1\right)\cos\nu\right) - 2\right) b_\varphi\right)\end{aligned} \tag{10-50}$$

Den mittleren Teil der Klammer, wollen wir noch vereinfachen und nennen den Term der Einfachheit halber *B*. Wir können schreiben:

$$\begin{aligned}B &= \frac{r\cos\nu}{p\sin\nu}\left(e + \left(\frac{p}{r} + 1\right)\cos\nu\right) \cdot b_\varphi \\ &= \frac{1}{\sin\nu}\left(\frac{r}{p}e\cos\nu + \left(1 + \frac{r}{p}\right)\cos^2\nu\right) \cdot b_\varphi \\ &= \frac{1}{\sin\nu}\left(\frac{r}{p}e\cos\nu + \frac{r}{p}\cos^2\nu + \cos^2\nu\right) \cdot b_\varphi \\ &= \frac{1}{\sin\nu}\left(\frac{r}{p}e\cos\nu + \frac{r}{p}(1 - \sin^2\nu) + \cos^2\nu\right) \cdot b_\varphi \\ &= \frac{1}{\sin\nu}\left(\frac{r}{p}(1 + e\cos\nu) - \frac{r}{p}\sin^2\nu + \cos^2\nu\right) \cdot b_\varphi \\ &= \frac{1}{\sin\nu}\left(1 - \frac{r}{p}\sin^2\nu + 1 - \sin^2\nu\right) \cdot b_\varphi \\ &= \frac{1}{\sin\nu}\left(2 - \left(1 + \frac{r}{p}\right)\sin^2\nu\right) \cdot b_\varphi\end{aligned} \tag{10-51}$$

$$= \left(\frac{2}{\sin\nu} - \left(1 + \frac{r}{p}\right)\sin\nu\right) \cdot b_\varphi$$

Dieses Ergebnis setzen wir nun in Gl. (10-50) ein:

$$\frac{d\nu}{dt} = \frac{1}{e}\sqrt{\frac{p}{\mu}}\left(\cos\nu\, b_\mathrm{r} - \left(1 + \frac{r}{p}\right)\sin\nu \cdot b_\varphi\right) \tag{10-52}$$

Diese Gleichung ist nur die Änderung der wahren Anomalie aufgrund einer Störbeschleunigung. Die Veränderung entlang einer Bahn ist nicht enthalten. Fügt man diesen Anteil noch ein, den wir in Gl. (6-60) festgehalten haben, so erhält man:

$$\frac{d\nu}{dt} = \frac{1}{e}\sqrt{\frac{p}{\mu}}\left(\cos\nu\, b_\mathrm{r} - \left(1 + \frac{r}{p}\right)\sin\nu \cdot b_\varphi + \frac{e \cdot \mu}{r^2}\right) \tag{10-53}$$

Auch für die wahre Anomalie gilt es darauf zu achten, das negative Vorzeichen für die Ableitung der Exzentrizität zu verwenden, wenn man die Gleichung für eine Hyperbel nutzt (wie schon bei Gl. (10-38)).

10.2.5 Änderung des Arguments des Perizentrums

In Gl. (10-45) haben wir den Winkel θ so definiert, dass er zwischen der Knotenlinie und dem jeweiligen Positionsvektor $\vec{r}$ liegt.

Mit dieser Definition, können wir das Argument des Perizentrums, welches von der Knotenlinie zum Perizentrum weißt, schreiben:

$$\omega_\mathrm{p} = \theta - \nu \tag{10-54}$$

da die wahre Anomalie gerade den Abstand zwischen dem Perizentrum und dem jeweiligen Positionsvektor $\vec{r}$ beschreibt. Die Änderung des Arguments des Perizentrums wird daher zu:

$$\frac{d\omega_\mathrm{p}}{dt} = \frac{d\theta}{dt} - \frac{d\nu}{dt} \tag{10-55}$$

Aus sphärischer Trigonometrie, die wir hier nicht vertiefen wollen, folgt, dass:

$$\frac{d\theta}{dt} = -\cos i\,\frac{d\Omega}{dt} \tag{10-56}$$

$$= -\frac{r}{\sqrt{\mu \cdot p}} \cdot \frac{\cos\theta}{\tan i} \cdot b_\mathrm{z}$$

Zusammen mit Gl. (10-52) (wir verwenden nicht Gl. (10-53), da die natür-liche Änderung der wahren Anomalie nicht das Argument des Perizentrums verändert) gilt damit für die zeitliche Ableitung:

$$\frac{d\omega_\mathrm{p}}{dt} = -\frac{1}{e}\sqrt{\frac{p}{\mu}}\left(\left(\cos\nu\, b_\mathrm{r} - \left(1 + \frac{r}{p}\right)\sin\nu \cdot b_\varphi\right) - \frac{r}{p} \cdot \frac{e \cdot \cos\theta}{\tan i} \cdot b_\mathrm{z}\right) \tag{10-57}$$

Dabei ist zu beachten, dass für eine Inklination on 0, der Winkel θ nicht definiert ist, da es keine Knotenlinie gibt. Aus diesem Grund ist dann auch die zeitliche Änderung des Arguments des Perizentrums nicht definiert, denn $1/\tan i$ läuft dann gegen unendlich. Gleiches gilt für eine Kreisbahn durch $1/e$.

10.2.6 Änderung des Zeitpunkts des Perizentrumsdurchgangs

Der Zeitpunkt des Perizentrumsdurchgangs ist in der Keplergleichung (Gl. (6-89)) definiert. Diese können wir umstellen und erhalten:

$$t_{\mathrm{p}} = t - \sqrt{\frac{a^3}{\mu}} M \tag{10-58}$$

Für die Ableitung nach der Zeit folgt:

$$\frac{dt_{\mathrm{p}}}{dt} = 1 - \sqrt{\frac{a^3}{\mu}} \frac{dM}{dt} - \frac{3}{2}\sqrt{\frac{a}{\mu}} M \frac{da}{dt} \tag{10-59}$$

Die mittlere Anomalie M ist dabei definiert, wie wir es aus Gl. (6-89) und kann entsprechend abgeleitet werden: Aufgrund der Geometrie ergibt sich weiter, dass:

$$\cos E = \frac{e + \cos\nu}{1 + e \cdot \cos\nu} \tag{6-45}$$

$$= \frac{r}{p} \cdot (e + \cos\nu) \tag{10-60}$$

$$\sin E = \frac{\sqrt{1-e^2}\sin\nu}{1 + e \cdot \cos\nu} = \frac{r}{p} \cdot \sqrt{1-e^2}\sin\nu \tag{10-61}$$

Wir können also für die Ableitung nach der Zeit von M schreiben:

$$\begin{aligned} \frac{dM}{dt} &= \dot{E} - e \cdot \dot{E} \cdot \cos E - \frac{de}{dt}\sin E \\ &= \dot{E}\left(1 - e \cdot \frac{r}{p}(e + \cos\nu)\right) \\ &- r\sqrt{\frac{1-e^2}{\mu \cdot p}} \sin\nu \left(\sin\nu \cdot b_{\mathrm{r}} + \frac{r}{p}\left(e + \left(\frac{p}{r} + 1\right)\cos\nu\right) b_{\varphi}\right) \end{aligned} \tag{10-62}$$

Aus der Gl. (10-60) folgt nach Ableitung auch ein Ausdruck für $\dot{E}$:

$$-\dot{E}\sin E = -\frac{r}{p^2} \cdot \frac{dp}{dt}(e + \cos\nu) + \frac{r}{p}\left(\frac{de}{dt} - \frac{d\nu}{dt}\sin\nu\right) \tag{10-63}$$

$$\Rightarrow \dot{E} = \frac{(e + \cos\nu)}{p\sqrt{1-e^2}\sin\nu} \cdot \frac{dp}{dt} - \frac{1}{\sqrt{1-e^2}}\left(\frac{1}{\sin\nu}\frac{de}{dt} - \frac{d\nu}{dt}\right) \tag{10-64}$$

Mit dieser Information können wir Gl. (10-59) schreiben als:

$$\frac{dt_{\mathrm{p}}}{dt} = 1 - \sqrt{\frac{a^3}{\mu}} \cdot \frac{(e + \cos\nu)\left(1 - e\frac{r}{p}(e + \cos\nu)\right)}{p \cdot \sqrt{1 - e^2} \cdot \sin\nu} \cdot \frac{dp}{dt} - \sqrt{\frac{a^3}{\mu}} \cdot \frac{\left(1 - e\frac{r}{p}(e + \cos\nu)\right)}{\sqrt{1 - e^2}} \left(\frac{1}{\sin\nu}\frac{de}{dt} - \frac{d\nu}{dt}\right) - \frac{3}{2}\sqrt{\frac{a}{\mu}} M \frac{da}{dt} \tag{10-65}$$

Die jeweiligen Ableitungen nach der Zeit haben wir alle schon bestimmt und können sie einsetzen. Da es zur Klarheit nichts beiträgt, sei dieser Term hier nicht wiederholt. In der Berechnung kann dies dann mit besagten Ableitungen leicht ersetzt werden.

10.2.7 Anwendung bei Bahnberechnungen

Wir haben jetzt Darstellungen für die zeitliche Änderung der Bahnelemente verursacht durch Störbeschleunigungen, d.h. durch eine äußere, resultierende Kraft. Um aus den Gleichungen nun aber die tatsächliche Bahn zu bestimmen, muss man sie schrittweise Integrieren.

Ausgangpunkt ist die Bahn im Ausgangzustand t_0 für die die Orbitelemente berechnet werden. Aus Kenntnis der Position des Raumfahrzeugs (oder eines anderen Objekts) zu diesem Zeitpunkt und z.B. der Position der Planeten, lässt sich nun die Störbeschleunigung bestimmen. Mittels der Gleichungen (10-25), (10-38), (10-46), (10-47), (10-53) und (10-57) lassen sich dann die Folgen der Störung für die jeweiligen Bahnelemente berechnen, mit Gl. (10-65) noch die Veränderung des Perizentrumsdurchgangs.

Für die gewählte Schrittweite (für die zwangsläufig eine konstante Änderung angenommen wird, was ungenau ist) werden die Ableitungen nun numerisch integriert und die entsprechenden Änderungen zu den vorherigen Werten addiert. Dadurch erhält man die nach dem Zeitintervall gültigen Werte für die Orbitelemente.

Aus den neuen Werten, d.h. vor allem der Position, kann wiederum die neue Störbeschleunigung berechnet werden. Dies wird bis zum Ende wiederholt, um eine vollständige Bahn zu erhalten.

Den oben genannten Gleichungen ist zu entnehmen, dass sie für bestimmte Fälle nicht gültig sind, z.B. für $e = 0$, werden Singularitäten erzeugt. Für diese Spezialfälle gibt es andere Varianten, die man in (Bate et al., 1971) aus den Literaturhinweisen finden kann. Da sie zum Verständnis nichts weiter beitragen, wollen wir sie hier auslassen. Ein Beispiel zu numerischen Integrationsverfahren, die man für die Lösung der hier vorgestellten Bahnänderungen verwenden kann, sehen wir uns in Abschnitt 10.4 an.

10.3 Änderung der Bahnelemente durch Abweichungen vom Kugelpotential

In Abschnitt 5.4 haben wir schon diskutiert, dass die Erde in Wirklichkeit keine Kugelform hat und deswegen auch ein davon abweichendes Gravitationspotential aufweist:

$$U_{\text{Erde}}(r,\varphi) = \frac{\Upsilon\, m_{\text{Erde}}}{r} \sum_{n=0}^{\infty} \left(\left(\frac{R_{\text{Erde}}}{r} \right)^{n} \cdot J_n \cdot P_n(\cos\varphi) \right) \tag{5-21}$$

Wie bereits dort beschrieben, ist der Haupteinfluss für die Abweichung die Erdabplattung, d.h. die größere Masse am Äquator, wofür der J_2-Term definiert ist. Setzt man diesen in Gl. (5-21) ein, erhält man:

$$U_{\text{Erde},J_2}(r,\varphi) = \frac{\mu_{\text{Erde}}}{r} \left(\frac{R_{\text{Erde}}}{r} \right)^{2} \cdot J_2 \left(\frac{3}{2} \frac{z^2}{r^2} - \frac{1}{2} \right) \tag{10-66}$$

wobei z wie gehabt die Koordinate senkrecht zur Bahnebene ist. Mit den bisher verwendeten Winkeln, für die gilt $z = r \sin\theta \sin i$ lässt sich auch schreiben:

$$U_{\text{Erde},J_2}(r,\varphi) = \frac{\mu_{\text{Erde}}}{r} \left(\frac{R_{\text{Erde}}}{r} \right)^{2} \cdot J_2 \left(\frac{1}{2} - \frac{3}{2} \frac{\sin^2\theta \sin^2 i}{r^2} \right) \tag{10-67}$$

Mithilfe der Ableitungen des Potentials können die Störbeschleunigungen in die jeweiligen Koordinatenrichtungen bestimmt und somit auch die Änderungen der Bahnelemente berechnet werden.

Setzt man diese entsprechend ein und mittelt sie, so bemerkt man, dass für die *Halbachse*, *Exzentrizität* und *Inklination* gilt, dass diese nicht von der Abplattung verändert werden.

Einfluss hat die Erdabplattung aber auf die Knotenlinie und die Lage des Perizentrums. Dies haben wir z.B. schon im Zusammenhang zu sonnensynchronen Orbits besprochen. Nun wollen wir uns den dafür notwendigen Gleichungen – mit unserem größeren Wissen – noch einmal nähern. Für die Änderung des Arguments des Perizentrums gilt:

$$\frac{d\omega_{\text{p}}}{dt} = \frac{3}{2} J_2 \frac{R_{\text{Erde}}^2}{p^2} \left(2 - \frac{5}{2} \sin^2 i \right) \tag{10-68}$$

Die Wanderung des Arguments des Perizentrums haben wir schon in Abschnitt 8.2.4 erwähnt, als es um Molnija-Orbits ging.

Beispielaufgabe: *Berechnen sie die Inklination für die die zeitliche Ableitung des Arguments des Perizentrums durch die J_2-Störung gerade 0 ist.*

Lösung: *An Gl. (10-69) lässt sich auch erkennen, woher deren besondere Inklination kommt. Damit es zu keiner Wanderung kommt, muss der Klammerterm gerade 0 sein. Löst man also nach i auf, erhält man:*

$$0 = \left(2 - \frac{5}{2}\sin^2 i\right)$$

$$\Leftrightarrow 5 \cdot \sin^2 i = 4 \Rightarrow i = \sin^{-1}\sqrt{\frac{4}{5}} = 63{,}435°$$

Man erkennt, dass gerade für die Inklination der Molnija-Orbits die Änderung 0 ist. Dadurch verbleibt das Perizentrum am gewünschten Ort und der Satellit kann lange Zeit im Einsatz bleiben, ohne seine Funktion als Relais zu verlieren. Bei einer davon abweichenden Inklination, würde das Perizentrum wandern und damit auch das Apozentrum, so dass dieses nicht mehr über der gewünschten Region liegt und sich die Zeit, die oberhalb der Region verbracht wird, reduzieren würde. Die Funktion des Satelliten würde eingeschränkt.

Für die Formulierung der Änderung der Rektaszension der Knotenlinie durch die J_2-Störung, lässt sich schreiben:

$$\frac{d\Omega}{dt} = -\frac{3}{2}J_2\frac{R_{\text{Erde}}^2}{p^2}\sqrt{\frac{\mu}{a^3}}\cos i \tag{10-69}$$

$$= -\frac{3}{2}J_2\frac{R_{\text{Erde}}^2}{r^2(1 + e\cos\nu)^2}\sqrt{\frac{\mu}{a^3}}\cos i$$

Wir sehen, dass die Änderung der Knotenlinie von verschiedenen Bahneigenschaften abhängt, inklusive der Inklination. Möchte man, wie in Abschnitt 8.2.1 beschrieben, einen Orbit erhalten, der sich pro Jahr um 360° dreht, so kann man dies auf der rechten Seite festlegen, als eine Drehrate von $360°/365\,d$ und damit eine der anderen Eigenschaften bestimmen. Missionsvorgaben, z.B. die benötigte Lebensdauer oder Sichtweite von Instrumenten, bieten weitere Randbedingungen, so dass mit diesen ein Orbit vollständig ausgelegt werden kann.

Beispielaufgabe: *Ein Erdbeobachtungssatellit soll für eine Mission bei immer gleicher Tageszeit für den jeweiligen Ort Aufnahmen machen. Dafür wird ein sonnensynchroner, kreisförmiger Orbit verwendet. Welche Inklination muss dieser Orbit haben, wenn es sich um einen Kreisorbit mit einer Höhe von 800 km handelt? Rechnen sie mit einem Erdradius von 6378 km. Wie groß wäre die Drehrate bei einer perfekten Kugelform der Erde? Der Gravitationsparameter der Erde ist $3{,}98 \cdot 10^{14}\, m^3/s^2$.*

Lösung: *Gl.* (10-69) *stellen wir um nach i und bedenken, dass für einen Kreisorbit gilt, dass p=a=r:*

$$\frac{d\Omega}{dt} = -\frac{3}{2}J_2\frac{R_{\text{Erde}}^2}{p^2}\sqrt{\frac{\mu}{a^3}}\cos i$$

$$\Rightarrow \cos i = -\frac{2}{3}\frac{d\Omega}{dt}\frac{1}{J_2 R_{\text{Erde}}^2\sqrt{\mu}}\sqrt{r^7}$$

Für die J_2-Störung gilt, dass J_2=1082,63 · 10^{-6}. Der Orbitradius r ist 7.178 km und für die Ableitung der Rektaszension nach der Zeit gilt, dass sie gerade so gewählt sein muss, dass innerhalb eines Jahres 360° umlaufen werden, d.h.:

$$\frac{d\Omega}{dt} \stackrel{!}{=} \frac{2\,\pi}{T_{\text{Jahr}}} = 1{,}99097 \cdot 10^{-7} \text{rad/s}$$

Wenn wir das alles in unserer Gleichung einsetzen, erhalten wir:

$$\cos i = -1{,}51072 \cdot 10^{-25} \frac{\text{rad}}{\text{m}^{7/2}} \sqrt{r^7}$$

$$\Rightarrow i = 98{,}609°$$

Es handelt sich also um einen retrograden Orbit.

Sonnensynchrone Orbits sind immer retrograd. Schauen wir uns den Verlauf der Gleichung aus der Beispielaufgabe für verschiedene Radien an, dann erhalten wir einen Graphen wie in Bild 10-2 gezeigt.

Zu sehen ist, dass man bereits bei einer Orbithöhe von 0, also genau über der Erdoberfläche (natürlich ohne Berücksichtigung atmosphärischer Effekte) eine Inklination von über 95° benötigt, um einen sonnensynchronen Orbit zu erreichen. Für eine Orbithöhe von knapp 6.000 km (5.972 km) erreicht die Inklination fast 180°. Für diesen Fall wäre die Knotenlinie nicht mehr definiert.

Typischerweise findet man sonnensynchrone Orbits im Bereich zwischen 700 und 900 km.

10.4 Numerische Integrationsverfahren

Wir haben schon einige Male davon gesprochen, dass wir (numerisch) integrieren müssen. Dies ist insbesondere für die Berechnung von gestörten Bahnen der Fall. Numerische Integration ist ein komplexes Thema für sich und kann hier nicht vertieft werden. Je nach Anwendung gibt es dazu umfangreiche Fachliteratur. Einen ersten Überblick gibt es in (Bate et al, 1971) aus den Literaturhinweisen.

Wir wollen hier nur sehr kurz ein robustes Verfahren zeigen, um das Prinzip der numerischen Integration zu erläutern. Wie in Bild 2-6 gezeigt, ist das Integral ja nichts anderes als eine Fläche unter einer Funktion. Da Computer nicht stetig rechnen können, ist es erforderlich schrittweise vorzugehen. Diese Fläche wird also angenähert durch mehrere kleine Flächen, z.B. durch schmale Rechtecke. Summiert man die Fläche dieser Rechtecke auf, erhält man eine Näherungslösung der tatsächlichen Fläche. Je schmaler die Rechtecke, d.h. je kleiner die Schrittweite der numerischen Integration, umso genauer, aber auch aufwendiger, wird die Berechnung.

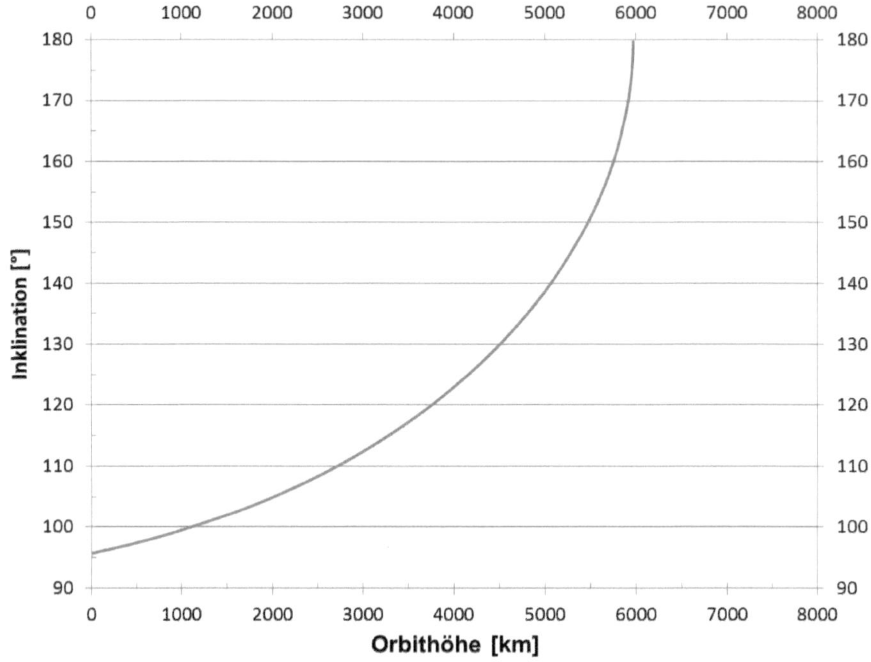

Bild 10-2

Verlauf der Inklination für sonnensynchrone Orbits um die Erde als Funktion der Orbithöhe.

Als Beispiel wollen wir uns das klassische Runge-Kutta-Verfahren ansehen, welches von Carl Runge und Martin Wilhelm Kutta Ende des 19. Jahrhunderts entwickelt wurde. Das Prinzip dieses Verfahrens ist es, die infinitesimalen Differentialquotienten durch endliche Differenzenquotienten zu ersetzen. Also anders als in Gl. (2-1) ist der Abstand zwischen den beiden Werten zwar klein, aber eben nicht verschwindend klein, so dass $x \to x_0$. Das Runge-Kutta-Verfahren kann für Anfangswertprobleme eingesetzt werden. Dabei gilt, dass:

$$y'(x) = f\big(x, y(x)\big), \tag{10-70}$$

$$y(x_0) = y_0,$$

$$y: \mathbb{R} \to \mathbb{R}^d$$

Es gibt eine Funktion y, die von einer Variablen x abhängig ist (für den Fall der in diesem Kapitel behandelten Änderungsraten, wäre die Variable x gerade t) und eine Ableitung nach dieser Variablen, die von x und der Funktion $y(x)$ abhängt. Es gibt außerdem den Anfangswert y_0 (z.B. den Startwert des Bahnele-ments für den ungestörten Fall) und die Funktion bildet vom Raum der Reellen Zahlen in einen d-dimensionalen Raum der Reellen Zahlen ab, wie wir ja auch verschiedene Koordinatenrichtungen bei den Störbeschleunigungen haben.

Um die Funktionswerte anzunähern, verwendet man nun iterativ eine Berechnungsvorschrift (ähnlich wie beim Newton-Verfahren). Näherungsweise gilt für den Näherungswert u des $j+1$-Schritts:

$$u_{j+1} = y(x_{j+1}) \\ = u_j + \frac{h}{6}(k_1 + 2k_2 + 2k_3 + k_4) \quad (10\text{-}71)$$

Die Koeffizienten k_1 bis k_4 sind dabei wie folgt über die Funktion f, d.h. über die Ableitung definiert:

$$k_1 = f(x_j, u_j) \quad (10\text{-}72)$$

$$k_2 = f\left(x_j + \frac{h}{2}, u_j + \frac{h}{2}k_1\right) \quad (10\text{-}73)$$

$$k_3 = f\left(x_j + \frac{h}{2}, u_j + \frac{h}{2}k_2\right) \quad (10\text{-}74)$$

$$k_4 = f(x_j + h, u_j + h \cdot k_3) \quad (10\text{-}75)$$

Dabei ist h die sogenannte Schrittweite zwischen den Integrationsschritten und j die Schrittzahl.

Möchte man also z.B. mit 100 Schritten über einen Zeitraum von 1.000 Stunden integrieren, wäre die Schrittweite 10 Stunden. Man erkennt, dass der neue Wert u_{j+1} durch einen vorherigen Wert u_j addiert mit der Schrittweite h mal einer Kombination verschiedener Ableitungswerte ist. Statt also stetig die Ableitung zu bestimmen, wird sie an verschiedenen einzelnen Punkten berechnet und dadurch ein Verlauf angenommen.

Würde man beispielsweise die Rektaszension der Knotenlinie bestimmen wollen, die durch die J_2-Störung verändert wird, so würde man mit einem Ω starten und mithilfe der Gl. (10-69) dann die Koeffizienten k_1 bis k_4 berechnen, um so für jeden Zeitpunkt (je nach gewünschtem Zeitintervall und Schrittweite h) Ω zu erhalten.

Das Runge-Kutta-Verfahren ist anschaulich, aber nicht besonders genau. Für echte Bahnberechnungen werden andere Verfahren eingesetzt. Um erste Abschätzungen zu treffen, reicht es allerdings aus.

10.5 Bahnbestimmung und -korrektur

Wie wir in den Beispielmethoden gesehen haben, trifft man bereits für die Zeitintervalle der Integration Annahmen, z.B. dass die Beschleunigungen konstant sind. Dies würde nur für unendlich kleine Intervalle zutreffen, also man unendliche viele Rechenschritte machen würde – was natürlich nicht möglich ist.

Also ist selbst die beste Methode nicht fehlerfrei und erlaubt keine vollkommen exakte Vorausberechnung einer Bahn für eine Raumfahrtmission.

In der Realität muss man die Bahnen nur „ausreichend genau" vorausberechnen, um z.B. den Treibstoffbedarf für Transfermanöver zu bestimmen und diese dann während einer Mission ggf. korrigieren.

Solche Bahnkorrekturmanöver (engl. TCM: Trajectory Correction Maneuver, auch DSM: Deep Space Maneuver, wenn sie im Tiefenraum stattfinden) liegen oft im Bereich weniger m/s als Δv, ggf. sogar weniger als 1 m/s. Möglich werden sie durch genaue Positionsdaten des Raumfahrzeugs und Geschwindigkeitsmessungen (z.B. durch Messungen über Funksignale). Die Bahnmessungen ergeben dann die tatsächliche Position und Geschwindigkeit des Raumfahrzeugs, woraus ein neuer Transfer berechnet werden kann, um das Ziel zu erreichen und daraus folgt dann wiederum das entsprechende Korrektur-manöver.

Die Zahl der Korrekturen ist missionsabhängig. Für die Mission *Messenger* zum Merkur wurden beispielsweise insgesamt 16 Manöver durchgeführt.

Literaturhinweise

Steiner, W., Schagerl, M.; *Raumflugmechanik*; Springer, 2004

Kemble, S.; Interplanetary Missions Analysis and Design; Springer, 2006

Bate, R.R., Mueller, D.D., White, J.E.; *Fundamentals of Astrodynamics*, Dover Publications, 1971

11 Niedrigschub: die Besonderen Bahnen

Zum Abschluss unserer Diskussion der Grundlagen der Orbitmechanik wollen wir uns noch ein Stück weiter von den eigentlichen Grundlagen entfernen. Bisher haben wir uns mit Bahnen beschäftigt, die Keplerbahnen zumindest ähneln, da sie in der Raumfahrt immer noch die größte Bedeutung haben.

Eine immer größere Relevanz bekommen aber auch Raumfahrzeuge, die sogenannte Niedrigschubantriebe verwenden. Diese arbeiten nicht impulsiv, wie wir es in Kapitel 7 angenommen haben, sondern über lange Zeiträume gemessen an der Flugzeit der Mission, d.h. Monate oder sogar Jahre. Der Grund dafür ist der sehr geringe Schub von ca. einigen Millinewton bis einigen hundert Millinewton – wobei ein Newton ungefähr die Gewichtskraft ist, die 16 Blatt Druckerpapier haben. Um trotz der sehr geringen Schubkraft die notwendige Impulsänderung zu erreichen, sind lange Schubdauern erforderlich. Dadurch verändern sich die Bahnen zu Spiralformen.

Auch mit dem Thema Niedrigschub werden wir uns nur überblicksartig befassen. Details finden sich in den Literaturhinweisen. Aber mit den Ausführungen dieses Kapitels, können sie die Grenzen der einfacheren Methoden der Orbitmechanik beurteilen und sie haben Stichworte für weitere Recherchen an der Hand.

11.1 Definition und Bedeutung

Eine exakte Definition dafür, was Niedrigschub genau ist, gibt es nicht. Es gibt keine Schubstärke, die man als feste Grenze ansieht. Allgemein kann man annehmen, dass eine Niedrigschubsituation vorliegt, wenn die Schubdauer bezogen auf die gesamte Missionsdauer nicht als näherungsweise impulsiv angesehen werden kann. Für typische Niedrigschubmissionen werden Schubdauern von einigen hundert Tagen erreicht.

Mit Blick auf das vorherige Kapitel wird auch deutlich, was dies bedeutet. Während die Änderung der Bahn für impulsive Manöver plötzlich geschieht, ist dies für Niedrigschub nicht der Fall. Das bedeutet, dass die Änderung kontinuierlich erfolgt. Für die Dauer des Schubs werden die Bahneigenschaften also im Grunde so geändert, wie wir das im vorherigen Kapitel durch Gleichungen für Störbeschleunigungen formuliert haben. In diesem Fall ist die Schubbeschleunigung dann eine „Störbeschleunigung“. Dazu schauen wir uns mal ein Beispiel an.

Beispielaufgabe: *Ein Satellit, der um die Erde auf einer Bahn von 10.000 km Radius kreist und eine Masse von 1.000 kg hat, soll mit einem Triebwerk, das eine Schubkraft von 10 mN aufweist, seine Bahnhöhe verändern. Wie lange braucht er mindestens, um seine Halbachse um 1% zu verändern?*

Lösung: *Ausgangslage für unsere Rechnung ist Gl. (10-28) Nach dieser Gleichung ist lediglich der tangentiale Anteil für die Änderung der Bahnhöhe relevant. Da es sich um eine Kreisbahn handelt, können wir anfangs annehmen, dass die Halbachse gleich dem Bahnradius ist. Da wir nur eine Änderung der Halbachse von 1% berechnen sollen, können wir in erster Näherung auch annehmen, dass die Bahn immer noch sehr nah an einem Kreis sein wird. Wir schreiben also:*

$$\frac{\Delta a}{\Delta t} \approx \frac{2a^2}{\mu}\,(v \cdot b_\mathrm{t})$$

$$\approx \frac{2r^2}{\mu}\left(\sqrt{\frac{\mu}{r}} \cdot b_\mathrm{t}\right) = 2\sqrt{\frac{r^3}{\mu}} \cdot b_\mathrm{t}$$

Mithilfe der Masse m und der Schubkraft F_S, können wir berechnen, dass die Beschleunigung gerade:

$$b = \frac{F_\mathrm{S}}{m} = 10^{-5}\ \mathrm{m/s^2}$$

beträgt. Da wir die mindestens erforderliche Zeit berechnen sollen, können wir annehmen, dass die Beschleunigung insgesamt tangential ist. Radiale Komponenten würden uns bei der Änderung der Halbachse nicht helfen, d.h. eine Ausrichtung der Schubkraft in eine nicht-tangentiale Richtung würde die erforderliche Zeit nur erhöhen (und hätte nur Einfluss auf z.B. die Änderung der Exzentrizität).

Wir nehmen also an, dass gilt:

$$b = b_\mathrm{t} = 10^{-5}\ \mathrm{m/s^2}$$

Anschließend stellen wir unsere Gleichung nach dem benötigten Zeitintervall um, denn wir wissen, dass wir die Halbachse um 100 km ändern sollen:

$$\Delta t = \frac{\Delta a}{2 \cdot b_\mathrm{t}}\sqrt{\frac{\mu}{r^3}} = 3154362\ \mathrm{s} = 36{,}5\ \mathrm{d}$$

Es würde also mit diesem Triebwerk deutlich über einen Monat dauern, um die erforderliche Änderung zu erreichen.

Man kann an diesem Beispiel sehen, dass die Änderungen sehr gering ausfallen und lange Schubphasen notwendig sind, um überhaupt eine Bahnänderung zu erzeugen. Typischerweise verlaufen die Bahnen dabei wie Spiralen.

Nun kann man sich fragen, warum man das überhaupt auf sich nimmt, denn wie sofort klar wird, die Bahnberechnungen werden dadurch deutlich komplexer. Die langen Flugzeiten bedeuten z.B. bei erdnahen Missionen auch, dass man sich über einen längeren Zeitraum innerhalb der für die Hardware des Raumfahrzeugs schädlichen Strahlungsgürtel aufhält.

Die Antwort auf die Frage des „Warums" ist leicht: Je nach genauer Antriebsart, sind diese Antriebe typischerweise sehr effizient und benötigen in der Regel deutlich weniger Treibstoff als herkömliche Triebwerke. Die Ursache ist der hohe spezifische Impuls dieser Antriebe. Dies haben wir bereits in Abschnitt 7.9.4 diskutiert, bzw. in Bild 7-12 dargestellt.

11.2 Antriebsarten und Anwendungsfälle

Niedrigschubantriebe haben verschiedene Funktionsprinzipien und Anwendungsfälle. Zunächst werden sie eingesetzt, um Lageregelung zu betreiben, damit wollen wir uns hier aber nicht beschäftigen.

Eine zweite Anwendung ist, sie für die Korrektur von Störungen einzusetzen, z.B. die bei geostationären Satelliten auftretenden Ost-West-Drift (siehe Abschnitt 8.2.3).

Oder aber sie werden als Transfertriebwerke für interplanetare Missionen verwendet, worauf wir uns hier konzentrieren wollen. Ein Beispiel für eine solche Bahn ist in Bild 11-1 gegeben und zeigt die Flugbahn der interplanetaren Sonde *Dawn*. Deutlich zu sehen sind die langen Schubphasen und die Spiralform der Flugbahn. *Dawn* hat sogenannte Ionentriebwerke verwendet.

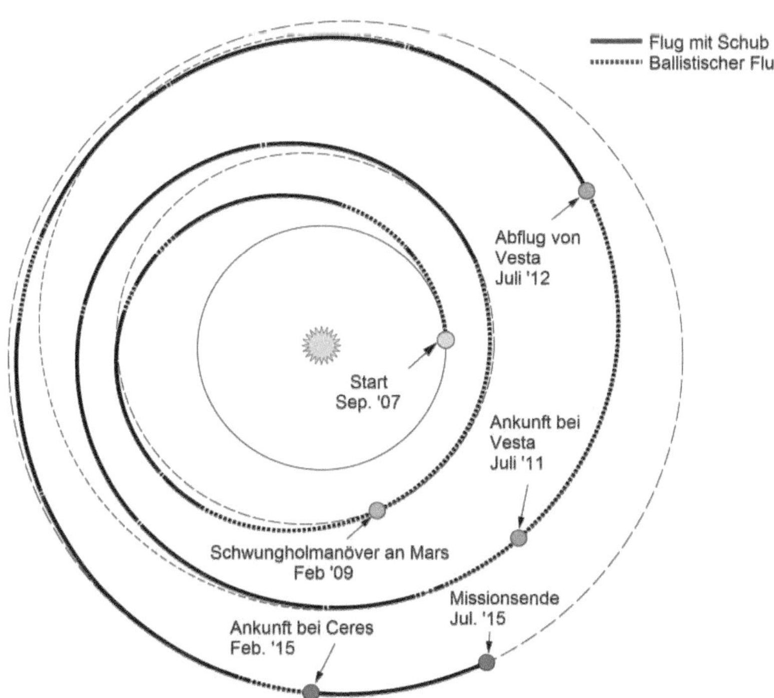

Bild 11-1

Die spiralförmige Niedrigschubbahn der Sonde *Dawn* von der Erde zu zwei Kleinkörpern (Vesta, Ceres) mit Vorbeiflug an Mars. Unterschieden sind Schubphasen und Phasen ohne Schub, über einen Zeitraum mehrerer Jahre.

Bild: NASA/ JPL/ Marc Rayman (Public Domain)

Im Folgenden wollen wir kurz einen Überblick über die verschiedenen Arten von Triebwerken geben. Eine ausführlichere Beschreibung der Wirkungsweise und dazugehörige Formeln finden sich in den Literaturhinweisen, insbesondere in Sutton & Biblarz (2010).

11.2.1 Elektrothermische Triebwerke

Im Falle von elektrothermischen Triebwerken wird die elektrische Energie zur Erhitzung des Treibstoffs eingesetzt (anstatt einer chemischen Reaktion, die zu einer Verbrennung führt, wie in herkömmlichen Triebwerken). Dies kann auf zwei Arten passieren: in Resistojets (Widerstandstriebwerke) oder Arcjets (Lichtbogentriebwerke).

Ein Resistojet beinhaltet einen elektrischen Widerstand, der durch elektrischen Strom erhitzt wird und so den Treibstoff ebenfalls erhitzt. Dies stellt die einfachste Form eines elektrischen Triebwerks dar. Der spezifische Impuls ist typischerweise nur wenig größer als bei chemischen Triebwerken (300 bis 800 s) bei einem Bedarf von einigen hundert Watt an elektrischer Leistung bis zu einigen Kilowatt.

Die technische Begrenzung ist die Temperaturbeständigkeit des entsprechend leitfähigen Materials, das den Widerstand darstellt. Typische Treibstoffe sind Wasserstoff oder Ammoniak.

Arcjets heizen ein Treibstoffgas durch einen Lichtbogen auf, welcher zwischen einer Kathode am Ende des Triebwerks und einer röhrenförmigen Anode entsteht. Der Vorteil ist, dass der Lichtbogen deutlich heißer werden kann als der Widerstand, wodurch diese Triebwerksart effektiver ist als ein Resistojet.

Der spezifische Impuls liegt typischerweise im Bereich von einigen hundert bis ca. 1.000 s bei einem Leistungsbedarf von um die 10 kW. Hydrazin und Ammoniak sind typische Treibstoffe.

Triebwerke dieser Art werden auf Erdsatelliten für Korrekturmanöver oder zur Lageregelung eingesetzt.

11.2.2 Elektromagnetische Triebwerke

Elektromagnetische Triebwerke verwenden Potentialunterschiede in dem Plasma des Treibstoffs, um dieses zu beschleunigungen oder setzen Magnetfelder ein, resp. die damit assoziierte Lorentzkraft, die im Triebwerk, z.B. durch einen Lichtbogen entstehen, um Beschleunigungen zu bewirken.

Sie verwenden dadurch häufig weniger hohe Spannungen und haben keine Gitter, um Ionen zu beschleunigen. Dadurch sind sie haltbarer und eignen sich auch für Langzeitmissionen.

Die Eigenschaften sind weit gestreut, können aber zu mehreren tausend Sekunden an spezifischem Impuls reichen, bei einer Leistung von 30 bis 50 kW. Noch größere Werte sind möglich. Der Schub liegt ebenfalls im Bereich einiger hundert Millinewton bis einigen Newton.

11.2.3 Elektrostatische Triebwerke

Im Falle dieses Triebwerkstyps wird die Elektrostatik bemüht, um geladene Teilchen zu beschleunigen. Auf verschiedene Weisen werden dabei stark geladene Plasmen erzeugt, welche durch angelegte Spannungen beschleunigt werden. Die Beschleunigung wird durch die Coulombkraft erzeugt und nicht durch die Lorentzkraft.

Elektrostatische Triebwerke werden häufig Ionentriebwerke genannt, allerdings ist dies ungenau, da auch in anderen elektrischen Triebwerken Ionen vorkommen.

Häufig wird Xenon als Treibstoff eingesetzt, da für diese Triebwerksart schwere Teilchen vorteilhaft sind. Kostengünstiger, aber weniger effektiv, ist Argon.

Der spezifische Impuls liegt bei einigen tausend Sekunden für Leistungen von einigen Kilowatt und einem Schub von einigen hundert Millinewton. Sie eignen sich für Korrekturmanöver aber auch als Triebwerke für interplanetare Bahnen.

11.2.4 Segelantrieb

Neben Triebwerken, die Treibstoff verwenden, um Schub zu erzeugen, gibt es auch Antriebsarten, die gänzlich ohne auskommen: Segel. Dabei wird der Impulsaustausch zwischen Teilchen und Strahlung ausgehend von der Sonne und dem Segel eingesetzt, um die Bahn des Raumfahrzeugs zu verändern. Da kein Treibstoff notwendig ist, wird der spezifische Impuls unendlich, was mit der Ziolkowskigleichung sofort bedeutet, dass das theoretisch mögliche Δv ebenfalls unendlich ist. Neben klassischen Missionsszenarien ermöglichen Segel auch nicht-keplersche Bahnen. Beispielsweise kann man über einem Pol der Sonne kreisen, da man ohne Treibststoff aufzuwenden ständig die Gravitation der Sonne durch Ausnutzen ihrer Strahlung kompensieren kann.

Die Wirkungsweise ist verschieden. Einmal gibt es sogenannte Sonnensegel (Solar Sails), welche den Strahlungsdruck der Sonne zur Schuberzeugung einsetzen. Dazu werden stark reflektierende, sehr dünne Segel verwendet. Bisher hat es nur eine japanische Mission, *IKAROS*, gegeben, die diese Technologie interplanetar eingesetzt hat. Die Interplanetary Society hat allerdings Mitte 2019 noch eine eigene Testmission im Erdorbit erfolgreich durchgeführt, die den Namen *Lightsail 2* trug.

Die technologische Herausforderung ist das sehr geringe Eigengewicht des Segels. Neben der Ausnutzung des Strahlungsdrucks der Sonne, sehen manche Missionskonzepte vor, Laser als Quelle der Photonen einzusetzen. Beiden ist gemein, dass der mögliche Schub mit der Entfernung zur Quelle der Strahlung quadratisch abnimmt.

Aktuell konzeptioniert man auch sogenannte Deorbit Sails oder Dragsails, welche durch Nutzung des Atmosphärenwiderstands Satelliten aus der Erdumlaufbahn zurück in die Erdatmosphäre bringen.

Der finnische Wissenschaftler Pekka Janhunnen hat ein Segelprinzip entwickelt, welches darauf basiert, strahlenförmig aufgespannte Drähte elektrisch zu laden und dadurch mit dem Sonnenwind Impuls austauschen zu können. Der Nachteil dieses elektrischen Segels (Electric Sail) ist, dass der Im-puls deutlich geringer ist. Allerdings kommt das Konzept ohne ein eigentliches Segel aus, was das System deutlich weniger komplex macht. Da dieses System den Sonnenwind ausnutzt, kann es nicht innerhalb des Erdmagnetfelds eingesetzt werden, sondern nur für interplanetare Missionen.

11.2.5 Historie wichtiger Missionen

Elektrische Triebwerke sind bei tatsächlichen Missionen immer noch relativ selten. Allerdings haben sich verschiedene Missionen bereits dieser Antriebstechnik sehr erfolgreich bedient.

Im Jahr 1998 hat die NASA mit *Deep Space 1* den Anfang gemacht. Angetrieben von einem NSTAR Ionentriebwerk hat die Sonde verschiedene Technologien getestet, u.a. das Triebwerk, und den Asteroiden *Barille* sowie den Kometen *Borrelly* erkundet.

Knapp drei Jahre später startete der europäische Satellite *ARTEMIS* in einen GEO, konnte allerdings durch eine defekte Oberstufe nicht auf dem geplanten Zielorbit ausgesetzt werden, sondern erreichte stattdessen einen viel tieferen Orbit. Mithilfe der elektrischen Triebwerke an Bord, die eigentlich nur für Korrekturmanöver gedacht waren, konnte der Satellit in den GEO transportiert werden. Erst 2017 wurde er außer Betrieb genommen.

Mit *SMART-1* startete die europäische Raumfahrtorganisation ESA im Jahr 2003 ebenfalls eine Sonde, welche ein elektrostatisches Triebwerk, ein Hall-Effekt-Triebwerk, verwendete, zum Mond. Die Sonde sollte vor allem verschiedene Technologien testen, hat aber auch Untersuchungen am Mond gemacht.

Die japanische Sonde *IKAROS* hat 2010 ein Segel verwendet. Der Technologiedemonstrator hat verschiedene technische Ziele erfüllt, bevor er auf eine Bahn in Richtung Venus geschickt wurde. Eine Nachfolge, die Segel und Ionentriebwerk kombiniert, soll 2026 zu den Jupitertrojanern aufbrechen.

Ende 2018 wurde von der ESA die Mission *BepiColombo* gestartet, welche den Merkur erkunden soll. Die Mission besteht aus zwei Sonden von denen die Transferstufe ebenfalls durch ein Ionentriebwerk angetrieben wird. Sie soll nach mehreren Vorbeiflügen Ende 2025 in einen Orbit um Merkur eintreten.

Verschiedene Unternehmen bieten inzwischen auch sogenannte „All-electrical-satellites" an, welche elektrische Triebwerke nicht nur für Korrekturmanöver einsetzen, sondern auch, um ihre Zielbahn zu erreichen, wie es schon *ARTEMIS* – ursprünglich nicht beabsichtigt – gemacht hat.

11.3 Bahnberechnung

Die Tatsache, dass die Beschleunigungen, die mit Niedrigschubantrieben einhergehen, defintionsgemäß klein sind, erlaubt eine Formulierung der Bahnänderungen durch die Methoden der Störungsrechnung, wie wir sie in Kapitel 10 behandelt haben. Besonders relevant ist die Änderung der Bahnelemente, welche als Grundlage für Bahnberechnungen dienen kann. Diese beschreibt genau die Situation, die auf Niedrigschubmissionen zutrifft: Beschleunigung, die im Vergleich zu der Gravitationsbeschleunigung klein sind.

Die Gleichungen haben wir ursprünglich hergeleitet, um äußere Störungen zu berücksichtigen, denen das Raumfahrzeug missionsbedingt aber unkontrollierbar ausgesetzt ist.

Für die Berücksichtigung einer beabsichtigten Schubbeschleunigung ergibt sich nicht nur die Frage, welche Auswirkungen diese Beschleunigung hat, sondern auch, wie man sie wählen muss, um ein optimales Ergebnis zu erhalten. Das optimale Ergebnis wäre (aus bahnmechanischer Sicht) ein minimales Δv. Häufig sucht man auch eine minimale Flugzeit (was gegensätzlich ist).

Für jeden Zeitpunkt auf einer Bahn ergeben sich drei Freiheitsgrade bzgl. der Beschleunigung, beispielsweise zwei Winkel, z.B. in Bahnebene und senkrecht dazu, und der Betrag der Beschleunigung oder drei Beschleunigungskomponenten. Wir haben dasselbe Problem für impulsive Bahnänderungen, allerdings mit einem entscheidenden Unterschied: Es gibt nur einen Zeitpunkt, da die Bahnänderung impulsiv erfolgt (in diesem Fall ist der Betrag der Beschleunigung keine sinnvolle Größe, da diese unendlich groß sein muss, sondern der Betrag der Impulsänderung). Insgesamt gibt es also auch nur drei Freiheitsgrade. Selbst bei Bahnänderungen, die zwei Manöver erfordern, liegt das zweite Manöver bei bekannter Zielbahn fest, sobald man das erste Manöver ausgeführt hat.

Es stellt sich die Frage wieviele Zeitpunkte muss man für eine Niedrigschubbahn berücksichtigen? Da zwischen zwei Zeitpunkten aufgrund der Stetigkeit der Zeit immer beliebig viele weitere Zeitpunkte liegen können, besteht das Schubprofil einer Niedrigschubmission aus unendlich vielen Zeitpunkten. Und für jeden dieser Zeitpunkte gibt es drei Freiheitsgrade. Das bedeutet, dass es auch unendlich viele Freiheitsgrade gibt, wenn der Schubzeitraum nicht unendlich klein, sondern endlich ist.

Dies stellt eine besondere Herausforderung für Bahnberechnungen von Niedrigschubmissionen dar und erfordert spezielle Techniken zur Lösung. Ebenso können wir nicht unsere bisherigen Gleichungen zur Bestimmung des erforderlichen Δv verwenden. Wir wollen uns im Folgenden ein paar einfache Gleichungen für Abschätzungen herleiten.

11.3.1 Berechnung des Δv über die Edelbaum-Gleichung

Bei bekanntem Verlauf der Beschleunigung, gilt für das Δv per Definition:

$$\Delta v = \int_{t_1}^{t_2} a_S \cdot dt \tag{11-1}$$

wenn t_1 der Missionsbeginn und t_2 das Missionsende sind.

Aber der Verlauf der Beschleunigung ist in der Regel nicht bekannt, bevor diese nicht über ein Optimierungverfahren bestimmt wurde.

Für die Herleitung des Δv starten wir mit der Bewegungsgleichung des Zweikörperproblems, drücken sie aber in Polarkoordinaten (also in der Bahnebene) aus:

$$\ddot{r} - r\dot{\nu}^2 + \frac{\mu}{r^2} = a_S \cdot \sin\alpha \tag{11-2}$$

$$2\dot{r}\dot{\nu} + r\ddot{\nu} = a_S \cdot \cos\alpha \tag{11-3}$$

Dabei ist α der Winkel zwischen Bahntangente und der Schubbeschleunigung.

Für eine kleine Beschleunigung wird die Bahn kreisartig bleiben, was wir hier annehmen wollen. Ebenso nehmen wir eine tangentiale Beschleunigung an, also in die gleiche Richtung wie die Geschwindigkeit, so dass Gl. (11-2) gerade 0 wird und $\ddot{r} \to 0$. Die Begründung für die Annahme ergibt sich aus Gl. (10-28): Änderungen an der Halbachse werden nur durch die tangentiale Beschleunigung erzeugt und dies bedeutet, dass auch die Bahnenergie nur dadurch verändert wird, denn diese hängt neben dem Gravitationsparameter nur von der jeweiligen großen Halbachse ab.

Mit diesen Annahmen können wir für $\dot{v}$ schreiben:

$$\dot{v} \approx \sqrt{\frac{\mu}{r^3}} \tag{11-4}$$

Diese Gleichung leiten wir nun noch einmal ab und erhalten:

$$\ddot{v} = \frac{d}{dr}\left(\sqrt{\frac{\mu}{r^3}}\right) \cdot \frac{dr}{dt} = -\frac{3}{2} \cdot \sqrt{\frac{\mu}{r^5}} \cdot \frac{dr}{dt} \tag{11-5}$$

Es folgt damit für Gl. (11-3):

$$-\frac{3}{2}\sqrt{\frac{\mu}{r^3}} \cdot \frac{dr}{dt} + 2\sqrt{\frac{\mu}{r^3}} \cdot \frac{dr}{dt} = a_{\mathrm{S}} \tag{11-6}$$

$$\Leftrightarrow \frac{1}{2}\sqrt{\frac{\mu}{r^3}} \cdot \frac{dr}{dt} = a_{\mathrm{S}}$$

Hier trennen wir nun die Variablen und integrieren:

$$\frac{1}{2}\int_{t_1}^{t_2} \sqrt{\frac{\mu}{r^3}} \cdot dr = \int_{t_1}^{t_2} a_{\mathrm{S}} \cdot dt = \Delta v \tag{11-7}$$

$$\sqrt{\frac{\mu}{r_1}} - \sqrt{\frac{\mu}{r_2}} = \Delta v = v_{\mathrm{c1}} - v_{\mathrm{c2}} \tag{11-8}$$

Die erforderliche Geschwindigkeitsänderung entspricht also der Differenz der Kreisgeschwindigkeiten von Start- und Zielorbit. Diese Gleichung ist eine vereinfachte Form der Edelbaum-Gleichung, welche von Edelbaum im Jahr 1961 (siehe Literaturhinweise) aufgestellt wurde. Vollständig lautet sie:

$$\Delta v = \sqrt{{v_{\mathrm{c1}}}^2 + {v_{\mathrm{c2}}}^2 - 2v_{\mathrm{c1}}v_{\mathrm{c2}}\cos\left(\frac{\pi}{2}\Delta i\right)} \tag{11-9}$$

Hier ist Δi eine gleichzeitig aufgebrachte Inklinationsänderung. Für den Fall, dass diese 0 ist, vereinfacht sich die Beziehung zu Gl. (11-8), da sich dann eine Gleichung in Form der zweiten binomischen Formel ergibt. Eine Herleitung über die Energieänderung findet sich auch in Messerschmid & Fasoulas (2005) in den Literaturhinweisen.

Wenn wir Gl. (11-8) ins Verhältnis zu Gl. (7-13) setzen, d.h. wenn wir uns anschauen, wieviel aufwendiger ein Transfer mit Niedrigschub im Vergleich zu einem Hohmanntransfer ist, so erhält man für das Radienverhältnis $k = r_2/r_1$:

$$\Delta v = \left(\sqrt{2 + \frac{4\sqrt{k}}{k+1}} - 1\right) \cdot \Delta v_{\mathrm{H}} \tag{11-10}$$

Man erkennt, dass der Geschwindigkeitsbedarf für eine Niedrigschubmission immer größer ist als für einen Hohmanntransfer. Im Trivialfall $k = 1$ wird auch das Verhältnis 1 und der Bedarf jeweils zu 0. Von der Erde zum Mars (a = 1,524 AU) würde ein Niedrigschubtransfer ca. doppelt so viel Δv erfordern.

Die Tatsache, dass man für eine Niedrigschubbahn immer mehr Δv aufwenden muss, macht es erforderlich genau abzuwägen, ob es sinnvoll ist, dieses Antriebskonzept anzuwenden. Weitere Gesichtspunkte sind die Tatsache, dass mögliche Treibstoffersparnisse aufgrund der Effizienz des Niedrigschubtriebwerks durch z.B. erforderliche Energieversorgung mittels Solarpanelen, aufgebraucht wird. Man kann also nicht sagen, dass es immer sinnvoll ist Niedrigschubtriebwerke zu verwenden.

Ist das erforderliche Δv bekannt, kann man mittels der Ziolkowski-Gleichung (Gl. (7-87) oder (7-89)) den Treibstoffbedarf berechnen, wie wir es auch für chemische Antriebe gewohnt sind.

11.3.2 Berechnung der Schubdauer

Nun wäre es noch interessant über das berechnete Δv auch die Zeit auszurechnen, die der Schub aufgebracht werden muss. Dazu nehmen wir uns die Definition des spezifischen Impulses heran, die wir umstellen:

$$I_{\text{sp}} = \frac{F_{\text{Schub}}\,\Delta t}{g_0 \cdot m_{\text{t}}} \tag{7-82}$$

$$\Rightarrow \Delta t = \frac{I_{\text{sp}} \cdot g_0 \cdot m_{\text{t}}}{F_{\text{Schub}}} \tag{11-11}$$

Dies setzt voraus, dass die Treibstoffmasse über die Ziolkowski-Gleichung bekannt ist und der Schub und damit Treibstoffmassenfluss konstant sind. Andernfalls muss die Schubdauer Δt entsprechend über Integration bestimmt werden, da sie vom Schubverlauf abhängt.

11.4 Optimierungsmethoden

Bis hier haben wir uns zwei Formeln zur Abschätzung und Bahnauslegung angesehen. Mittels der Gleichungen zur Änderung der Bahnelemente können wir eine Bahn auch exakt berechnen, allerdings nur unter großem Aufwand. Außerdem ist diese Bahn nicht optimal, wenn wir nicht gezielt Methoden verwenden, um den Schubverlauf so zu optimieren, dass unser wirklich benötigtes Δv dem entspricht, welches man mit der Edelbaum-Gleichung berechnen kann.

Optimierung von Niedrigschubbahnen ist ein sehr spezielles und immer noch aktuelles Thema. Es ist komplex und kann hier nicht erschöpfend behandelt werden (mehr Informationen sind z.B. in (Conway 2014) in den Literaturhinweisen zu finden). Allerdings wollen wir uns ein paar Gedankengänge ansehen, um Anhaltspunkte zu haben, weiter zu recherchieren.

11.4.1 Diskretisierung

Das Besondere bei Niedrigschubbahnen ist, dass über einen kontinuierlichen Zeitraum aus unendlich vielen Zeitpunkten die Bahn durch Schub verändert wird. Dies ist im Grunde das gleiche Problem, wie wir es schon bei den gestörten Bahnen in Kapitel 10 hatten, denn auch die Störungen treten kontinuierlich über einen bestimmten Zeitraum auf.

Auch dort haben wir festgestellt, dass diese Störungen für die numerische Berechnung diskretisiert werden, d.h. für einen bestimmten Zeitraum zwischen zwei Punkten nehmen wir an, dass die Beschleunigung konstant ist und sich weder in Richtung noch Betrag verändert. Der Zeitraum, den wir dann für die gesamte Mission betrachten, besteht dann aus einer endlichen Zahl von Zeitpunkten, sodass wir damit rechnen können.

Jedem Zeitpunkt ist dann ein Zustand zugewiesen, der sich durch einen Positionsvektor, einen Geschwindigkeitsvektor und auch einen Beschleunigungsvektor auszeichnet. Statt Positions- und Geschwindigkeitsvektoren kann man auch Bahnelemente verwenden, welche die Bahn und Position von diesem einen Zeitpunkt beschreiben. Wenn eine Beschleunigung ungleich 0 vorliegt, verändert sich mit jedem Zeitpunkt im betrachteten Intervall diese Bahn. Dieses Prinzip ist in Bild 11-2 skiziert für drei Zeitpunkte (t_0 bis t_2).

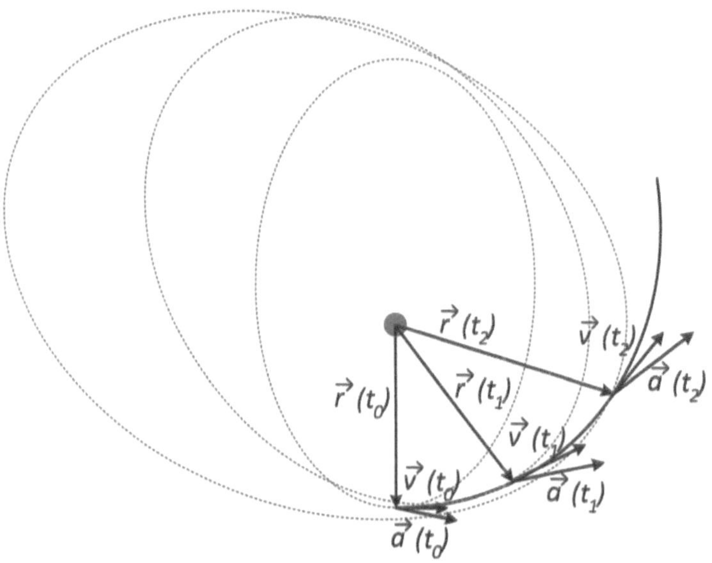

Bild 11-2

Prinzipskizze einer Diskretisierung von einer Flugbahn, welche sich aus Punkten zusammensetzt, die zu den jeweiligen Positions- und Geschwindigkeitsvektoren gegeben sind und eine momentan gültige Bahnform ergeben (gestrichelt dargestellt).

Zu jedem Zeitpunkt existieren Positions- und Geschwindigkeitsvektoren, welche eine Bahn für den jeweiligen Zeitpunkt festlegen. Die tatsächliche abgeflogene Bahn entspricht dann der Kurve, die diese Zustandspunkte miteinander verknüpft.

11.4.2 Bahnmodellierung

Die Tatsache, dass sich mit jedem diskreten Zeitpunkt die Bahneigenschaften für eine Bahn unter Niedrigschub (auch ohne weitere Störungen) ändern, macht die Modellierung von Niedrigschubbahnen aufwendig. Für jeden der Zeitpunkte muss ein eigener Zustand definiert werden, der die Bahn genau festlegt. Für die Optimierung ist die Modellierung erforderlich, um erstens die Auswirkungen von Änderungen an den Steuervariablen (also z.B. den Beschleunigungskomponenten) zu berechnen und zum anderen vorgegebene Randbedingungen zu prüfen, wie z.B. eine maximale Flugzeit, die einzuhalten ist.

Um eine Bahn darzustellen, kann man einfach die Gleichungen zur Änderung der Bahnelemente verwenden und für jeden Zeitpunkt Position und Geschwindigkeit berechnen. Dieses Vorgehen ist genau, allerdings zeitaufwendig. Da man, um eine optimale Flugbahn zu finden, häufig mehrere hunderttausend Bahnen vergleichen muss, kann dies problematisch werden. Die Genaugikeit und der Rechenaufwand können dadurch gesteuert werden, dass man die Intervallgröße variiert.

Sims & Flanagan (1999) haben eine Vereinfachung vorgenommen, die sich ähnlich auch in anderen Ansätzen wiederfindet. Die Intervallgröße ist recht groß, so dass sich eine Etappe mit einer Handvoll Intervallen beschreiben lässt. Die Niedrigschubbahn wird unterteilt in mehrere Etappen zwischen z.B. Himmelskörpern und diese Etappen werden in Segmente unterteilt, die den Intervallen entsprechen. Für das Segment wird dann ein einzelner Impuls angenommen, welcher dadurch begrenzt ist, wieviel Δv das jeweilige Triebwerk in dem Zeitraum des Segments maximal aufbringen kann. Ein Triebwerk mit einem Schub von 100 mN für könnte in einem Segment von 10 Tagen Länge maximal 86.400 kg m/s aufbringen, was bei einem Raumfahrzeug von 1000 kg Masse 86,4 m/s sind. Störungen durch andere Körper haben Sims & Flanagan ausgelassen. Für jede Etappe wurden von ihnen die Segmente integriert und an Kontrollpunkten zusammengefügt. Daraus ergab sich eine Näherunglösung für eine Flugbahn. Mit den ungefähren Ergebnissen können weitere Optimierungsrechnungen angeschlossen werden, die in einem kleineren Suchraum erfolgen.

Ähnlich wie bei Keplerbahnen die Form festliegt, kann man für Niedrigschubbahnen näherungsweise von einer Spiralform der Flugbahnen ausgehen. Diese kann man dann analytisch beschreiben durch verschiedene Funktionen, beispielsweise mittels eines inversen Polynoms, wie es Wall & Conway (2009) verwendet haben:

$$r = \frac{1}{a + b\theta + c\theta^2 + d\theta^3 + e\theta^4 + f\theta^5 + g\theta^6} \tag{11-12}$$

Unter Einbeziehung der Bewegungsgleichungen und der Randbedingungen (wie z.B. Zielkörper, Flugzeit) lassen sich die Koeffizienten a bis g bestimmen und der Verlauf des Radius als Funktion des Winkels θ bestimmen. Dieser Winkel entspricht der wahren Anomalie für Keplerbahnen. Ein Beispiel für so eine Bahn findet sich in Bild 11-3. Die Spiralform ist deutlich zu erkennen.

Dieser Ansatz nennt sich formbasiertes Verfahren (englisch: shape-based) und stellt eine analytische Berechnung der Flugbahn dar. Über die entsprechenden Ableitungen lassen sich Beziehungen für den Schub herleiten, so dass neben der Bahn auch das Δv berechnet werden kann. Grundlage dieses Vorgehens ist aber, dass der Schub als tangential angenommen wird, was aber aus energetischer Sicht eine durchaus sinnvolle Einschränkung ist, wie wir ja bereits gesehen haben.

Aufgrund der analytischen Vorgehensweise ist der Rechenaufwand deutlich geringer als für eine Integration der Geschwindigkeits- und Beschleunigungsvektoren. Sie wird in diesem Fall über drei Steuervariablen durchgeführt, die Flugzeit, das Startdatum und die Zahl der Umdrehungen um das Baryzentrum. Dadurch sinkt der Aufwand für die Berechnung erheblich, was Optimierung über Auswertung von vielen tausend Bahnen, erleichtert.

Es gibt weitere Möglichkeiten der Formulierung von formbasierten Ansätzen. Details finden sich dazu in der angegebenen Quelle von Wall & Conway.

Die hier beschriebenen Näherungsverfahren liefern ungenaue Lösungen, die aber erste Anhaltspunkte für weitere Rechnungen sein können, um diese Lösungen zu präzisieren. Sind über eine Berechnung mittels Polynom beispielsweise eine optimale Flugzeit und ein optimales Startdatum bekannt, kann man mit diesen Werten eine aufwendigere Suche starten, z.B. über die Gleichungen der Änderung der Bahnelemente.

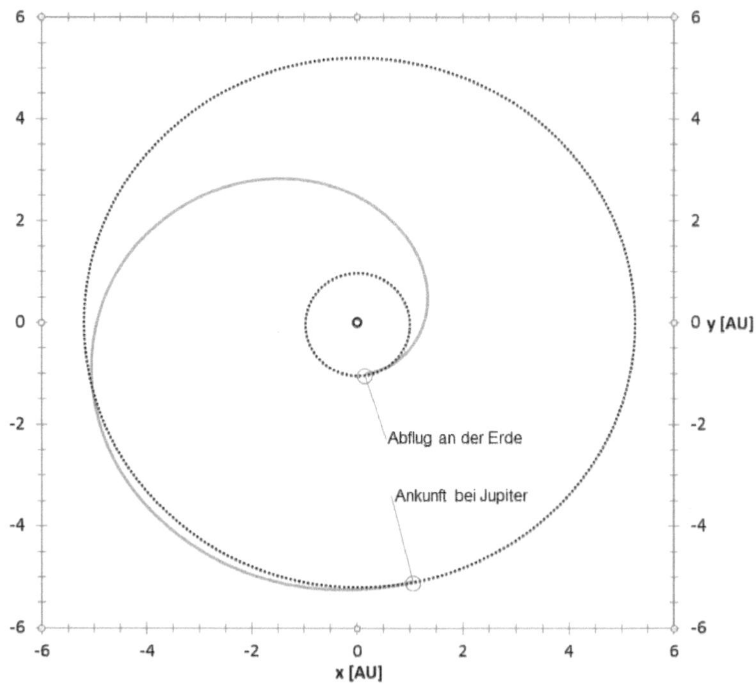

Bild 11-3

Eine Flugbahn von Erde zu Jupiter berechnet mittels eines formbasierten Verfahrens. Die Flugzeit beträgt ca. fünf Jahre. Die Planetenbahnen sind gestrichelt dargestellt.

11.4.3 Suche nach der optimalen Lösung

Die Methoden für komplexe Optimierungsprobleme wie Niedrigschubbahnen sind sehr vielfältig. Üblicherweise laufen sie über eine Bewertungsfunktion ab, die jeden Lösungskandidaten, also für uns jede Bahn, die die gegebene Mission erfüllt – wie einen Transfer von der Erde zum Jupiter – bewertet. Diese Bewertung erfolgt nach dem jeweiligen Optimierungsziel. Zum Beispiel könnte eine Bewertungsfunktion lauten:

$$J = \frac{1}{\Delta v} \tag{11-13}$$

Hier wird die Funktion J mit steigendem Δv kleiner. Möchte man die Lösung finden, die das kleinste Δv aufweist, dann muss man die Lösung finden, die das größte J hat.

Andere Funktionen sind denkbar, z.B. wenn man nach einer minimalen Flugzeit sucht oder nach einer maximalen Nutzlastmasse oder minimalen Treibstoffmasse (was zumindest mit dem Δv zusammenhängt).

Ein Beispiel für den möglichen Verlauf einer Bewertungsfunktion ist in Bild 11-4 gegeben. Zu sehen sind drei Maxima, wovon das mittige das globale Maximum darstellt, die anderen beiden sind nur lokale Maxima, denn es gibt noch Lösungen, die größere Werte von J haben. Der Verlauf der Funktion ist typischerweise für unsere Problemstellung nicht bekannt (denn das hieße alle Lösungen wären bekannt, da die Anzahl unendlich ist, aufgrund der unendlichen großen Zahl von Freiheitsgraden, kann dies nicht sein). Die Kunst ist es nun trotzdem die Lösungen zu finden, die das Maximum der Bewertung erreicht.

Da die Funktion unbekannt ist, können ohne weiteres keine gradientenbasierte Verfahren verwendet werden. Daher ist die typische Wahl, eine Anzahl von zufälligen Lösungen zu wählen, d.h. die Steuervariablen (seien es die Beschleunigungswerte für jeden Zeitpunkt oder andere Größen, wie für den Fall der formbasierten Verfahren) haben Zufallswerte, und diese Lösungen zu bewerten und das beste Ergebnis ist dann die Lösung, die das Optimum darstellt.

Mit intelligenten Systematiken kann man die Suche verbessern, um z.B. zu verhindern, dass man lediglich an ein lokales Optimum geraten ist. Eine Systematik sind sogenannte Evolutionäre Algorithmen. Diese Algorithmen verwenden vorherige Lösungen, um neue Lösungen zu generieren. Welche Lösungen als Ursprung verwendet werden, hängt dabei üblicherweise von der Bewertung ab. Bei evolutionären Algorithmen spricht man auch häufig von der Fitness (wie in „survival of the fittest“ als saloppem Grundsatz für die Evolution).

Wir wollen uns dazu das Beispiel der genetischen Algorithmen ansehen. Die Bahneigenschaften werden dort als Eigenschaften eines „Individuums“ betrachtet, eines Lösungskandidaten. Diese Kandidaten sind Teil einer Population von insgesamt k Kandidaten. Beschrieben werden die Kandidaten durch Chromosomen, die ihre Eigenschaften enthalten, d.h. die Werte der Steuervariablen. Gehen wir von einem Trajektorienmodell aus, dass die Beschleunigungswerte enthält, so gäbe es für einen Kandidaten, also ein Trajektorienmodell, beispielsweise ein Chromosom, das einen Eintrag für das Startdatum, den Startkörper, die Flugzeit und für jeden Zeitpunkt die Beschleunigungskomponenten enthält. Daraus ließe sich dann eine Trajektorie berechnen und diese wiederum mit einer Funktion wie Gl. (11-13) bewerten.

Die systematische Suche erfolgt dann in dem zuerst die Population mit zufällig gebildeten Kandidaten gefüllt wird. Dies stellt die erste Generation von Kandidaten dar. Danach werden diese Kandidaten bewertet. Dann werden zufäl-

Bild 11-4

Skizze einer Bewertungsfunktion für ein beliebiges Optimierungsproblem in Abhängigkeit einer Variable x mit drei Maxima, wovon eines (Mitte) das globale Optimum darstellt. Bei der Niedrigschubbahnoptimierung ist der Verlauf dieser Funktion allerdings nicht bekannt. Der Funktionswert muss für jeden Lösungskandidaten bestimmt werden.

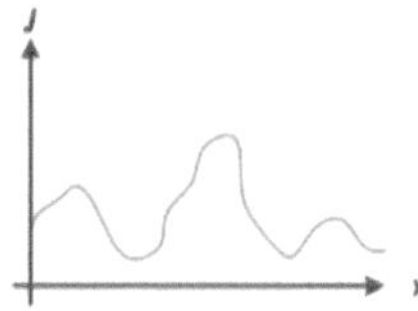

lig Paarungen gebildet. Die Chromosome werden innerhalb der Paare miteinander rekombiniert.

In der einfachsten Form, erhält ein neuer Kandidat die erste Hälfte des Chromosoms von einem Kandidaten des Paars und die zweite Hälfte vom anderen. Aus zwei ursprünglichen Lösungskandidaten entstehen also zwei neue Lösungskandidaten. Typisch sind allerdings komplexere Systematiken für den Austausch der Chromsomenteile. Anschließend besteht noch die Chance, dass eine der neuen Lösungen mutiert und einen Wert für eine Variable annimmt, die nicht in einer der beiden Eltern zu finden war. Dieses Vorgehen ist in Bild 11-5 skiziert.

Aus den Kandidaten mit jeweils vier Eigenschaften werden durch Austausch von Informationen neue Kandidaten. Zusätzlich wird durch eine Mutation eine neue Information generiert.

Sind die neuen Kandidaten gefunden, werden sie noch mit den alten Lösungen verglichen. Die Lösungen, die eine bessere Bewertung erhalten, bilden dann die nächste Generation von Kandidaten.

Es gibt eine große Zahl von Variationen dieses Algorithmus, um zu vermeiden, dass die Suche zu einem lokalen Optimum konvergiert. Das hier beschriebene Prinzip ist aber grundsätzlich.

Die Suche wird üblicherweise nach Erreichen einer bestimmten Zahl von Generationen beendet oder wenn innerhalb von einer vorgegebenen Zahl von Generation keine Verbesserung mehr erfolgt.

Mathemathisch lässt sich nicht beweisen, dass diese Form der Suche garantiert eine beste Lösung ergibt. Die verschiedenen Algorithmen haben aber in der Anwendung Erfolge gebracht und so hat sich diese Optimierung als ein Standard etabliert. Variationen von Algorithmen sind Schwarmoptimierung (Swarm Optimization), Simuliertes Glühen (Simulated Annealing) und Differentielle Evolution (Differential Evolution).

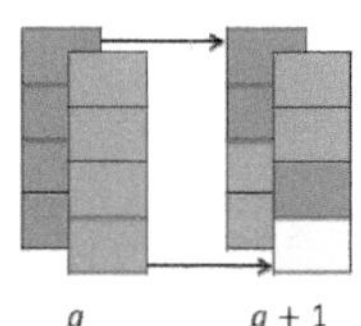

Bild 11-5

Das Prinzip des genetischen Algorithmus: Zwei Lösungskandidaten bestehend aus vier Eigenschaften werden rekombiniert zu zwei neuen Lösungskandidaten in dem die Chromosome in der Mitte geteilt werden. Einer der neuen Kandidaten hat auch noch eine Mutation erfahren (unten rechts).

Literaturhinweise

Sutton, G., Biblarz, O.; *Rocket Propulsion Elements*; Wiley India Pvt. Ltd, 2010

Messerschmid, E., Fasoulas, S,; *Raumfahrtsysteme*; Springer, 2005

Edelbaum, T.N.; *Propulsion Requirements for Controllable Satellites*; Journal of the American Rocket Society, 31, Seiten 1079-1089, 1961

Conway, B.; *Spacecraft Trajectory Optimization*; Cambridge University Press, 2014

Sims, J.A., Flanagan, S.N.; *Preliminary Design of Low-thrust Interplanetary Missions*; AAS/ AIAA Astrodynamics Specialist Conference, August 1999

Wall, B.; Conway, B.; *Shape-Based Approach to Low-Thrust Rendezvous Trajectory Design*, Journal of Guidance, Control, and Dynamics Vol. 32, No. 1, 2009

12 Nicht-gravitative Störungen und Einfluss der Satellitenlage

In den bisherigen Kapiteln wurden die betrachteten Raumflugkörper stets als Massenpunkte betrachtet. Dies ist hilfreich für eine idealisierte Betrachtung der Beschreibung von Trajektorien, vernachlässigt aber alle Auswirkungen der Weltraumumgebung auf den Verlauf des Orbits. Verschiedene nicht-gravitative und gravitative Effekte verursachen Störungen der idealisierten Bahnen, hervorgerufen durch zusätzliche Kräfte und Momente, die in Form von zusätzlichen Beschleunigungen und Winkelbeschleunigungen in die Bewegungsgleichungen eingehen. Da die Wirkung dieser Effekte zumeist von der Ausrichtung der Oberflächen in Bezug auf die Quelle des jeweiligen Effekts (Erde, Sonne, Flugrichtung) abhängt, ist die Beschreibung der Lager eng mit der Analyse der Störbeschleunigungen verknüpft. Als Konsequenz werden beide Themen gemeinsam in diesem Abschnitt betrachtet.

Aufgrund der Komplexität der Interaktion von Körpern mit der Weltraumumgebung und der abhängigkeit von einer meist komplex gestalteten Geometrie gestaltet sich die analytische Beschreibung in vielen Fällen schwierig. Gerade der Einfluss von Satellitengeometrie und den jeweiligen unterschiedlichen Materialparametern der entsprechenden Oberflächen kann meist nur unzureichend abgebildet werden. Daher werden bevorzugt numerische Modelle verwendet, die die entsprechenden Störgrößen abhängig vom jeweiligen Satellitenzustand ermitteln. Neben den technischen Daten des betrachteten Körpers und dem Betriebszustand ist vor allen Dingen der dynamische Zustand („state") des Satelliten für die Ermittlung des Einflusses der entsprechenden Störungen auf die Trajektorie relevant. Neben Position und Geschwindigkeit zum betrachteten Zeitpunkt muss vor allen Dingen die Ausrichtung des Satelliten, die so genannte Satellitenlage in Bezug auf unser Bezugssytem bekannt sein. Dies ist leicht nachvollziehbar, wenn man bedenkt, dass ein Großteil der relevanten Effekte auf den hier betrachteten durch Interaktion mit der Sonne (Solardruck, Solarwind) und/oder im Fall von erdgebundenen Bahnen der Erde (Albedo, Infraot, Restatmosphäre, Magnetfeld) hervorgerufen werden. Als Konseqeunz variieren die resultierenden Kräfte und Momente je nachdem welche Flächen des Raumflugkörpers in Richtung der Sonne oder in Flugrichtung innerhalb der Restatmosphäre ausgerichtet sind.

Eine komplette Beschreibung der relevanten Störumgebung würde den Rahmen dieses Buches sprengen, hier sei auf die Literatur am Ende des Kapitels verwiesen. Gleiches gilt für das Thema der Satellitenlage, insbesondere ist hier die Lagekontrolle (zur Realisierung der gewünschten Ausrichtung des Satelliten je nach Missionsziel) zu nennen. Es sei nur kurz erwähnt, dass die aktuelle Lage und die Änderung der Lage durch interaktion mit der Weltraumumgebung durch den Drallsatz bestimmt wird. Hierbei wird üblicherweise zwischen dem Drall des Satelliten um seinen Schwerpunkt und dem Drall bezüglich der Bahn (Bahndrehimpuls) unterschieden. Bezüglich des Schwerpunkts kann der Drall sich durch angreifende Momente je nach Massentensor verändern. Insofern sind die im späteren Verlauf des Kapitels erläuterten Sörungsmodelle eng mit dem Verlauf des Dralls verknüpft. Zusammen mit den jeweiligen Abständen der Kraftangriffspunkte zum Massezentrum des Satelliten führen nämlich genau diese zu den angesprochenen Momenten, die den Drall verändern. Für die relevanten grundlegenden Gleichungen sei auf die Mechanik von Festkörpern verwiesen.

Wir konzentrieren uns an dieser Stelle daher zunächst auf die notwendigen Grundlagen der Lagebeschreibung, die Basis der weiterführenden Betrachtungen in Hinblick auf Ermittlung von nicht-gravitativen Störungen und dem Design von Lagekontrollstrategien ist.

12.1 Beschreibung der Satellitenlage mit Quaternionen

Wir können die momentane Satellitenlage als eine Verdrehung eines satellitenfesten Koordinatensytems zu einem Referenzsystem zu einem bestimmten Zeitpunkt beschreiben. Dies ist jedoch nicht auf den Satelliten beschränkt; Denkbar sind z.B. auch feste Koordinatensysteme in Payloads und Sensoren, die durch zeitlich invariable Verdrehungen des Satellitenkoordinatensystems beschrieben werden können. Ein typisches Beispiel wären z.B. Messwerte von Lagesensoren, die im Sesnorkoordinatensystem gemessen werden, dann aber im ECI interpretiert werden sollen. Um die notwendigen Verdrehung zu beschreiben, werden Transformationsmatrizen zwischen den jeweiligen beteiligten Koordinatensystemen formuliert. Die entsprechenden Grundlagen wurden bereits in Kapitel 3 eingeführt, wir haben dort Eulertransformation, die Methode der Richtungskosinusse und Quaternionentransformation kurz angerissen.

Für die Beschreibung der Lage von Raumflugkörpern bieten insbesondere die Quaternionen viele Vorteile. Sie liefern Redundanz (hilfreich, wenn im realen Lageregelungs-Betrieb mal ein Bit verlorengeht), die bei der Eulermethode nachteiligen Singularitäten in der Beschreibung der Drehraten treten bei Verwemdung von Quaternionen nicht auf und die einfache Verkettung von aufeinanderfolgenen Drehungen durch Multiplikation der Quaternionen vermeidet das ständige Lösen von Sinus/Kosinusfunktionen, was insbesondere numerische Vorteile hat, wenn entsprechende Transformationsmatrizen z.B. im Echtzeitbetrieb berechnet werden müssen.

Wir werden uns an dieser Stelle also auf die Beschreibung der Lage mit Hilfe von Quaternionentransformation beschränken und dabei auf ein einfaches "per Hand" nachvollziehbares Beispiel konzentrieren.

Wir starten mit dem Szenario eines Satelliten, dessen Lagekontrolle ein Nadirpointing auf jedem Punkt seines kreisförmigen Orbits beibehält. Hierbei ist der Orbit um 45° inkliniert und der Knoten liegt bei einem Winkel von genau 90°. Es sei ein satellitenfestes Kordinatensystem definiert, bei dem die x_{SAT}-Achse zu jedem Zeitpunkt in Richtung der Erde zeigt, die z_{SAT}-Achse zu jedem Zeitpunkt in Richtung des aktuellen Flugrichtungsvektors und die y_{SAT}-Achse im Sinne des Rechtssystems senkrecht zu den beiden anderen Achsen definiert ist.

Zusätzlich sei am Satelliten wie in Bild 12-1 dargestellt ein Sensor angebracht, dessen Koordinatensystem so definiert ist, dass es sich durch zwei aufeinander folgende Rotationen des SAT-Systems um jeweils 180° ergibt (z.B. erst um y_{SAT}, dan um die gedrehte z_{SAT}-Achse).

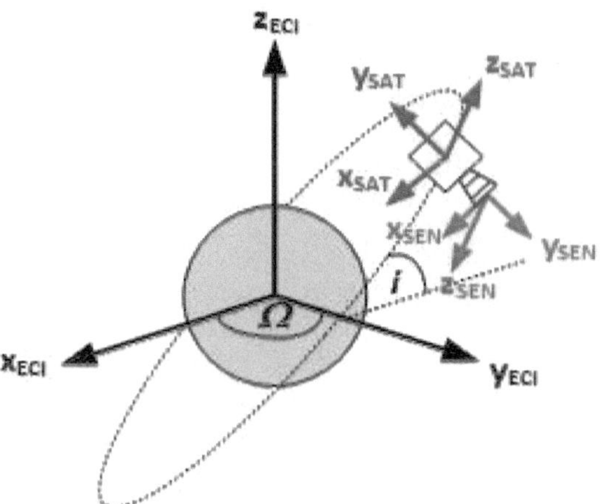

Bild 12-1
Definition der Ausrichtung des satellitenfesten (SAT) und des sensorfesten (SEN) Koordinatensystems im ECI zu einem bestimmten Zeitpunkt

Wir wollen nun zu jedem Zeitpunkt der Mission berechnen können, wie sich eine im Sensorkoordinatensystem gemessene Richtung bzw. Ein Vektor jeweils im SAT- System und im ECI darstellt. Die Transformation zwischen den jeweils zueinander verdrehten Koordinatensystemen entspricht dann genau der Lage dieser Koordinatensysteme beschrieben im entsprechenden Referenzkoordinatensystem. Aus Kapitel 2.2 wissen wir bereits, dass eine Transformation eines Vektors in ein anderes Koordinatensystem durch die Multiplikation mit einer entsprechenden Transformationsmatrix realisiert werden kann. Wir erinnern uns: für einen im System A gemessenen Vektor gilt für die Transformation in ein beliebiges anderes Koordinatensystem B:

$$\vec{r}_B = \boldsymbol{A}_{BA} \cdot \vec{r}_A \tag{12-1}$$

Hierbei transformiert die Matrix von A nach B, d.h. die Reihenfolge der Transformation ergibt sich, wenn man die Indizes von rechts beginnend liest. Eine Verkettung von aufeinanderfolgenden Transformationen ist durch

Multiplikation der entsprechenden Teilmatrizen realisierbar. Wollen wir nun den Vektor vom System A über B in ein drittes System C transformieren, gilt:

$$\vec{r}_C = \boldsymbol{A}_{CB} \cdot \boldsymbol{A}_{BA} \cdot \vec{r}_A = \boldsymbol{A}_{CA} \cdot \vec{r}_A \qquad (12\text{-}2)$$

Die Verkettung erfolgt also durch Multiplikation der Matrizen so, dass sequentiell nach der Reihenfolge der einzelnen Transformationen von rechts beginnend multipliziert wird. Aus den einzelnen Transformationen ergibt sich dann die effektive Transformationsmatrix $\boldsymbol{A}_{CA}$.

In unserem Fall wollen wir die Transformationsmatrizen mit Hilfe von Quaternionen aufstellen. Der erste und vermutlich wichtigste Schritt ist hierbei die Festlegung einer geeigneten Abfolge von Transformationen. Wir suchen also eine Abfolge von benötigten Drehungen, die das Sensorframe in das ECI überführen kann. Die diesen Einzelnen Drehungen entsprechenden Quaternionen liefern dann nach der Vorschrift die jeweiligen Teiltransformationmatrizen, die miteinander multipliziert die effektive Transformation beschreiben. Analog kann aus den einzelnen Quaternionen nach der Vorschrift für die Multiplikation von Quaternionen (vgl. Kapitel 3.2.2) zunächst ein effektives Quaternion berechnet werden und dann direkt die effektive Quaternionentransformationsmatrix bestimmt werden. Wir schauen uns beide Möglichkeiten genauer an.

Wenn wir über die mögliche Drehreihenfolge nachdenken, sehen wir in unserem Beispiel, dass wir uns bei Lagetransformationen in der Raumflugmechanik oftmals mit einer zeitlich veränderten Lage von Kordinaten-systemen auseinandersetzen müssen. Während die Transformation vom Sensorkoordinatensystem zum Satellitensystem noch recht einfach ist (Da der Sensor fest eingebaut ist und seine Lage im Rahmen unseres Beispiels nicht ändert) gestaltet sich die anschließende Transformation des Satellitensystems in das ECI ungleich aufwändiger. Hier bewegt sich der Satellit auf dem Orbit, so dass ohne zusätzliche Aktuation die Ausrichtung zur Erde variiert. Der Satellit bliebe ohne Kontrollmomente mit dem Inertialsystem ausgerichtet, demnach würde die Richtung zur Erde im SAT-System eine Rotation um 360° pro Orbit durchführen. Genau das soll aber unser Lageregelungssystem verhindern und sorgt durch Kontrollmomente dafür, dass sich der Satellit immer genau so dreht, dass x_{SAT} immer zur Erde zeigt. Dadurch ist aber nun der Winkel zwischen den Achsen des SAT-Systems und denen des ECI zeitlich variabel.

Wie so oft können wir das Problem durch einteilen in kleinere Teilprobleme und grundsätzliche Analyse der Situation und der Abhängigkeiten lösen. Auch in der heutigen Zeit mit allen zur Verfügung stehenden numerischen Tools bietet es sich an, sich die Situation zunächst mit Zettel und Papier klar zu machen. Der Satellit befindet sich laut Definition auf einem Kreisorbit. Mit einer Exzentrizität von Null können wir damit erstmal jeden Punkt auf dem Orbit als gedachtes Perizentrum der Bahn wählen. Das Perizentrum ist dabei für die Festlegung der Drehung entscheidend wichtig, denn von hier an wir die wahre Anomalie gezählt, die uns Aufschluss über die Position des Satelliten und durch das Nadir-Pointing auch über die Ausrichtung der Satellitenachsen gibt. Wir schauen zunächst auf die Draufsicht des Orbits:

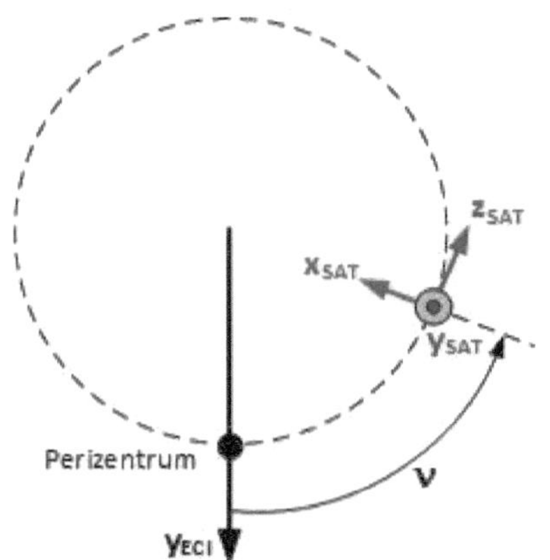

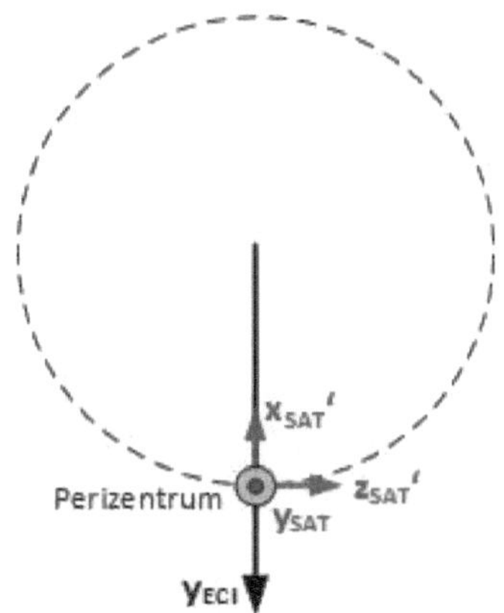

Bild 12-2

Skizze zur initialen Drehung des Satellitensystems. Hierbei geht es nur um die Änderung der Lage. Die eingezeichnete Verschiebung der Position dient nur der Verdeutlichung des Ansatzes, die Lage zunächst auf die anfängliche Lage im Perizentrum zurückzudrehen.

Da uns die Transformation ins ECI interessiert, suchen wir einen einfach zu beschreibenden Zusammenhang zum Satellitensystem und werden in der y_{ECI}-Achse fündig. Durch die Ausgestaltung des Orbits liegt diese nämlich in der Orbitachse und zeigt auch gleichzeitig in Richtung des aufsteigenden Knotens. Wenn wir das Perizentrum der Bahn aso in den Schnittpunkt der y_{ECI}-Achse mit dem Orbit legen, können wir zu jedem Zeitpunkt durch Drehung des Satellitensystems um y_{SAT} mit dem Winkel -ν in die Ausrichtung des Satellitensystems zum Zeitpunkt des Perizentrumsdurchgangs zurück gelangen. Ist diese Drehung vollzogen, bietet es sich an, die y_{SAT}-Achse auch gleich noch parallel zur y_{ECI}-Achse auszurichten. Das erreichen wir durch eine zusätzliche Drehung um 90° um die (um die wahre Anomalie zurückgedrehte) $z_{SAT'}$-Achse.

Um nun die gewünschte Drehung des SAT-Systems ins ECI abzuschliessen müssen noch die Einflüsse der Inkination und des Arguments des aufsteigenden Knotens untersucht werden. Wir schauen nun zunächst "von der Seite" auf den Orbit. Um das bereits zweimal gedrehte SAT System (Die Anzahl der Verdrehungen jeder Achse wird mit jeweils einem Strich gekennzeichnet) weiter mit dem ECI zu harmonisieren, drehen wir um y_{SAT}' mit dem Winkel -*i*. Nun könnte man weiter um x_{SAT}''' mit dem Winkel – Ω drehen, um zunächst den Einfluss der Knotenlage zu kompensieren und dann in einem abschliessenden Schritt die Achsen angleichen. Durch den Umstand, dass $\Omega = 0°$ ist, geht es in diesem Fall aber deutlich einfacher. Diese Drehung ist in Bild 12-3 dargestellt.

Wenn wir uns die Verdrehung zwischen dem ECI und dem verdrehten SAT-System (mittlere Abbildung) genauer anschauen, sehen wir schnell, dass nur noch eine Verdrehung mit dem Winkel von 90° um y_{SAT}' fehlt, um die gleiche Ausrichtung von SAT-System und ECI zu realisieren. Wir haben nun also das komplexe Problem der Drehung des SAT-Systems in ECI in eine Abfolge geeigneter Teildrehungen zerlegt. Was nun noch fehlt ist die vorherige Drehung des Sensor-Systems ins Satellitensystem, denn gesucht ist ja die Transformation vom Sensorsystem ins ECI.

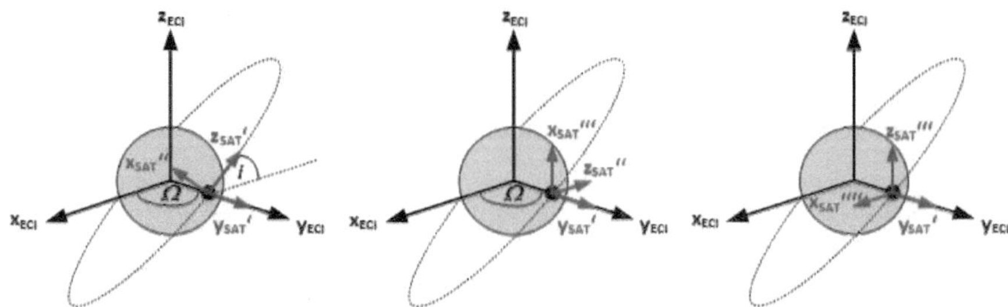

Bild 12-3

Skizze zur Drehreihenfolge für die Überführung des Satellitensystems ins ECI.

Wie schon angesprochen ist dieser Teil aber deutlich einfacher zu ermitteln. Aus der Skizze sehen wir, dass zwei aufeinander folgende 180° Rotationen hierfür benötigt werden. Eine mögliche Drehreihenfolge ist z.B. die erste Drehung um y_{SEN} und die Anschließende um z_{SEN}'. Wir werden im nachfolgenden sehen, dass gerade die Drehungen um 180° sehr dankbar sind, wenn wir effektive Quaternionen berechnen.

Um die vorherigen Überlegungen zusammen zu fassen, schauen wir uns nochmal an, welche Drehreihenfolge wir als geeignet für die Drehung des Sensorsystems ins ECI identifiziert haben:

1. Drehung um y_{SEN} mit 180°,
2. Drehung um z_{SEN}‘ mit 180°,
3. Drehung um y_{SAT} mit – ν,
4. Drehung um z_{SAT}‘ mit 90,
5. Drehung um y_{SAT}' mit -i,
6. Drehung um y_{SAT}' mit 90°.

Die Schritte 5 und 6 können dabei auch kombiniert werden, denn die Drehungen erfolgen um die gleiche Achse. Es ist anzumerken, dass auch durchaus andere Drehreihenfolgen, die zum gleichen Ergebnis kommen vorstellbar sind. Wir stellen nun für jede der Teildrehungen jeweils ein entsprechendes Quaternion gemäß der in Kapitel 3.2.2 eingeführten Vorschrift auf. Die jeweiligen Drehachsen und Winkel bilden dabei die Komponenten des Quaternions. Entsprechend der fünf benötigten Drehungen können folgende Komponenten abgelesen werden:

Drehung	e_1	e_2	e_3	Drehwinkel [°]
1	0	1	0	180
2	0	0	1	180
3	0	1	0	-ν
4	0	0	1	90
5	0	1	0	-i+90

Dies entspricht den folgenden Quaternionen:

$$\underline{q}_1: \begin{bmatrix} 0 \\ 1 \\ 0 \\ 0 \end{bmatrix}; \underline{q}_2: \begin{bmatrix} 0 \\ 0 \\ 1 \\ 0 \end{bmatrix}; \underline{q}_3: \begin{bmatrix} 0 \\ \sin\left(-\frac{v}{2}\right) \\ 0 \\ \cos\left(-\frac{v}{2}\right) \end{bmatrix}; \underline{q}_4: \begin{bmatrix} 0 \\ 0 \\ \frac{1}{\sqrt{2}} \\ \frac{1}{\sqrt{2}} \end{bmatrix}; \underline{q}_5: \begin{bmatrix} 0 \\ \sin\left(\frac{-i}{2} + 45\right) \\ 0 \\ \cos\left(\frac{-i}{2} + 45\right) \end{bmatrix} \tag{12-3}$$

Die Verkettbarkeit von Quaternionen gibt uns die Möglichkeit jedes noch so komplexe Transformationsproblem in ein Produkt verschiedener Quaternionen aufzuteilen. Hierbei werden nun die einzelnen Quaternionen (anders als bei der Verkettung der entsprechenden Matrizen!) von links beginnend verkettet. Für das effektive Quaternion gilt also:

$$\underline{q}_{ECI,SEN} = \underline{q}_1 \cdot \underline{q}_2 \cdot \underline{q}_3 \cdot \underline{q}_4 \cdot \underline{q}_5 \tag{12-4}$$

Jedes einzelne dieser Quaternionen entspricht einer Drehung des Koordinatensystems. Um das effektive Quaternion berechnen zu können, müssen wir also die in Kapitel 3.2.2 eingeführte Vorschrift gemäß unserer festgelegten Drehreihenfolge anwenden. Wir ermitteln also zunächst $\underline{q}_{21}$:

$$\underline{q}_{21} = \underline{q}_1 \cdot \underline{q}_2 = \underline{q}_2 \otimes \underline{q}_1 = \begin{pmatrix} q_4 & q_3 & -q_2 & q_1 \\ -q_3 & q_4 & q_1 & q_2 \\ q_2 & -q_1 & q_4 & q_3 \\ -q_1 & -q_2 & -q_3 & q_4 \end{pmatrix}_2 \begin{bmatrix} q_1 \\ q_2 \\ q_3 \\ q_4 \end{bmatrix}_1 \tag{12-5}$$

$$\underline{q}_{21} = \underline{q}_1 \cdot \underline{q}_2 = \underline{q}_2 \otimes \underline{q}_1 = \begin{pmatrix} 0 & 1 & 0 & 0 \\ -1 & 0 & 0 & 0 \\ 0 & 0 & 0 & 1 \\ 0 & 0 & -1 & 0 \end{pmatrix}_2 \cdot \begin{bmatrix} 0 \\ 1 \\ 0 \\ 0 \end{bmatrix}_1 = \begin{bmatrix} 1 \\ 0 \\ 0 \\ 0 \end{bmatrix}_{21} \tag{12-6}$$

Analog finden wir mit $S_v = \sin\left(-\frac{v}{2}\right)$ und $C_v = \cos\left(-\frac{v}{2}\right)$:

$$\underline{q}_{31} = \underline{q}_{21} \cdot \underline{q}_3 = \begin{pmatrix} C_v & 0 & -S_v & 0 \\ 0 & C_v & 0 & S_v \\ S_v & 0 & C_v & 0 \\ 0 & -S_v & 0 & C_v \end{pmatrix}_3 \cdot \begin{bmatrix} 1 \\ 0 \\ 0 \\ 0 \end{bmatrix}_{21} = \begin{bmatrix} C_v \\ 0 \\ S_v \\ 0 \end{bmatrix}_{31} \tag{12-7}$$

und

$$\underline{q}_{41} = \underline{q}_{31} \cdot \underline{q}_4 = \begin{pmatrix} \frac{1}{\sqrt{2}} & \frac{1}{\sqrt{2}} & 0 & 0 \\ -\frac{1}{\sqrt{2}} & \frac{1}{\sqrt{2}} & 0 & 0 \\ 0 & 0 & \frac{1}{\sqrt{2}} & \frac{1}{\sqrt{2}} \\ 0 & 0 & -\frac{1}{\sqrt{2}} & \frac{1}{\sqrt{2}} \end{pmatrix}_4 \cdot \begin{bmatrix} C_v \\ 0 \\ S_v \\ 0 \end{bmatrix}_{31} = \begin{bmatrix} C_v \frac{1}{\sqrt{2}} \\ -C_v \frac{1}{\sqrt{2}} \\ S_v \frac{1}{\sqrt{2}} \\ -S_v \frac{1}{\sqrt{2}} \end{bmatrix}_{41} \tag{12-8}$$

Und schließlich mit $S_i = \sin\left(\frac{-i+90}{2}\right) = 0.3827$ und $C_i = \cos\left(\frac{-i+90}{2}\right) = 0{,}9239$:

$$\underline{q}_{51} = \begin{pmatrix} C_i & 0 & -S_i & 0 \\ 0 & C_i & 0 & S_i \\ S_i & 0 & C_i & 0 \\ 0 & -S_i & 0 & C_i \end{pmatrix}_5 \cdot \begin{bmatrix} C_v \frac{1}{\sqrt{2}} \\ -C_v \frac{1}{\sqrt{2}} \\ S_v \frac{1}{\sqrt{2}} \\ -S_v \frac{1}{\sqrt{2}} \end{bmatrix}_{41} = \begin{bmatrix} C_i C_v \frac{1}{\sqrt{2}} - S_i S_v \frac{1}{\sqrt{2}} \\ -C_i C_v \frac{1}{\sqrt{2}} - S_i S_v \frac{1}{\sqrt{2}} \\ S_i C_v \frac{1}{\sqrt{2}} + C_i S_v \frac{1}{\sqrt{2}} \\ S_i C_v \frac{1}{\sqrt{2}} - C_i S_v \frac{1}{\sqrt{2}} \end{bmatrix}_{51} \tag{12-9}$$

Durch einsetzen in die Vorschrift lässt sich nun $\boldsymbol{A}_{51}\left(\underline{q}_{51}\right)$ bestimmen. Wie aber überprüfen wir das Ergebnis nun? Es bietet sich an, ausgezeichnete einfach zu berechnende Positionen auf dem Orbit auszuwählen. Das Ergebnis der Transformation einer der bekannten Basisachsen des Sensorsystems kann dann anhang der Skizze überprüft werden. Im Sinne der Aufgabe bieten sich hier z.B. die Winkel $v_1 = 0°, v_2 = 90°$ an. Aus der Skizze sehen wir, dass für den ersten Fall die x-Achse des Sensorkoordinatensystems in Richtung $-y_{ECI}$ zeigen muss. Gleichzeitig muss y_{SEN} entgegen der Orbitnormalen zeigen und z_{SEN} muss entgegen der Flugrichtung ausgerichtet sein. Mit $v = 0°$ lassen sich die entsprechenden Richtungen im ECI aus der Skizze ablesen (ggf. ist es hilfreich das Koordinatensystem für exakt diese Position noch einmal neu zu skizzieren). Wenn die Transformation richtig ist, muss gelten:

$$\boldsymbol{A}_{51}\left(\underline{q}_{51}\right) \cdot (1\ 0\ 0)^T_{SEN} = (0\ -1\ 0)^T_{ECI} \tag{12-10}$$

und

$$\boldsymbol{A}_{51}\left(\underline{q}_{51}\right) \cdot (0\ 1\ 0)_{SEN}^{T} = \left(-\frac{1}{\sqrt{2}}\ 0\ -\frac{1}{\sqrt{2}}\right)_{ECI}^{T} \tag{12-11}$$

Sowie

$$\boldsymbol{A}_{51}\left(\underline{q}_{51}\right) \cdot (0\ 0\ 1)_{SEN}^{T} = \left(\frac{1}{\sqrt{2}}\ 0\ -\frac{1}{\sqrt{2}}\right)_{ECI}^{T} \tag{12-12}$$

Mit $v_1 = 0°$ folgen $S_v = 0$ und $C_v = 1$. Damit gilt für das effektive Quaternion:

$$\underline{q}_{51} = \begin{bmatrix} C_i \frac{1}{\sqrt{2}} \\ -C_i \frac{1}{\sqrt{2}} \\ S_i \frac{1}{\sqrt{2}} \\ S_i \frac{1}{\sqrt{2}} \end{bmatrix}_{51} \tag{12-13}$$

Für die Quaternionentransformationsmatrix folgt in diesem Fall:

$$\boldsymbol{A}_{51}\left(\underline{q}_{51}\right) = \begin{pmatrix} 0 & -C_i^2 + S_i^2 & C_i S_i + C_i S_i \\ -C_i^2 - S_i^2 & 0 & 0 \\ 0 & -C_i S_i - C_i S_i & -C_i^2 + S_i^2 \end{pmatrix} \tag{12-14}$$

$$= \begin{pmatrix} 0 & -\frac{1}{\sqrt{2}} & \frac{1}{\sqrt{2}} \\ -1 & 0 & 0 \\ 0 & -\frac{1}{\sqrt{2}} & -\frac{1}{\sqrt{2}} \end{pmatrix}$$

Die einzelnen Spalten entsprechen nun genau den Erwartungswerten für die transformierten Basisachsen des Sensorkoordinatensystems, die Transformation vom Sensorkoordinatensystem zum ECI wurde also korrekt hergeleitet. In analoger Weise lässt sich dies nun für den zweiten Testfall zeigen. mit $v_2 = 90°$ folgen $S_v = -\frac{1}{\sqrt{2}}$ und $C_v = \frac{1}{\sqrt{2}}$. Damit gilt für das effektive Quaternion

$$\underline{q}_{51} = \begin{bmatrix} C_i \frac{1}{\sqrt{2}} \\ -S_i \frac{1}{\sqrt{2}} \\ -S_i \frac{1}{\sqrt{2}} \\ C_i \frac{1}{\sqrt{2}} \end{bmatrix}_{51} \tag{12-15}$$

Dies führt zur Transformationsmatrix

$$\boldsymbol{A}_{51}\left(\underline{q}_{51}\right) = \begin{pmatrix} \frac{1}{\sqrt{2}} & -\frac{1}{\sqrt{2}} & 0 \\ 0 & 0 & 1 \\ -\frac{1}{\sqrt{2}} & -\frac{1}{\sqrt{2}} & 0 \end{pmatrix} \tag{12-16}$$

Und auch hier erkennen wir, dass die Spalten der Matrix mit den leicht zu skizzierenden Achsenausrichtungen des Sensorsystems im ECI bei einer wahren Anomalie von 0° übereinstimmen. Wir können also davon ausgehen, dass die Transformation nun für beliebige Satellitenpositionen im gewählten Lageregelungmodus funktioniert.

Die Transformation, die wir soeben berechnet haben funktioniert für den spezifischen Fall des Perizentrums im Knoten der Bahn und für das definerte Nadir-Pointing. Das Vorgehen ist jedoch für jede andere Konstellation von Satellitenlage und Orbit analog durchführbar. Wichtig ist jeweils die beteiligten Koordinatensysteme zu Zeitpunkten zu betrachten, in denen die Ausrichtung das einen im anderen leicht abgelesen werden kann. Bei komplexen Szenarien sind die entsprechenden Testfälle für die komplette Transformation machmal nicht ganz leicht zu identifizieren. In diesem Fall bietet es sich dann an, die Teiltransformationen (wie in unserem Beispiel die Transformation vom Sensorsystem ins Satellitensystem oder die Trabsformation vom Satellitensystem ins ECI) einzeln zu testen, da die geometrischen Zusammenhänge dann u.U. leichter zu bestimmen sind.

12.2 Nicht-gravitative Störungen

Wir wollen uns nun anschauen, inwieweit die Beschreibung der Lage für die Analyse des Einflusses der Weltraumumgebung relevant ist. Diese Kurzzusammenfassung erhebt nicht den Anspruch einer vollständigen Beschreibung der Weltraumumgebung und ihren Auswirkungen auf die Bewegung von Satelliten, dies würde den Rahmen dieses Buches sprengen. Ziel ist eine grobe Übersicht über die vorherrschenden Einflussfaktoren und erste Hinweise zur Implementierung für die Berechnung der Effekte auf komplexe Satellitengeometrien. Daher beschränken wir uns hier auf die dominanten Effekte in typischen LEO-Orbits. Die größten nicht-gravitativen Einflüsse auf die Satellitendynamik im LEO sind:

- Atmosphärischer Widerstand
- Solardruck
- Thermaldruck
- Albedo und Infrarotdruck

Während der erste Effekt von der Lage des Satelliten in Bezug auf die Anströmung abhängt, hängen die strahlungsbasierten Effekte von der Lage in Bezug auf Sonne und Erde ab. Typischerweise bietet es sich an, nicht-gravitative Kräfte im Bezugssystem des Satelliten zu bestimmen, da hier insbesondere die Ausrichtung der verschiedenen Oberflächen eines Satelliten besonders einfach bestimmbar (und abgesehen von z.B. rotierbaren Solarpaneelen oder schwenkbaren Antennen) zeitlich konstant sind. Relevante Eingangsgrößen, wie z.B. die Richtung zu Erde und Sonne und die Richtung der angreifenden Strömung (hervorgerufen durch den Unterschied der Atmosphären- und Orbitgeschwindigkeit) sind aber u.U. in anderen Koordinatensystemen wie dem ECI oder dem ECEF bekannt. Aus diesem Grund ist die Beschreibung der entsprechenden Transformationen für die Berechnung von nicht-gravitativen Störkräften von größter Wichtigkeit.

Sind z.B. sowohl die Transformation vom ECI zum Satellitensystem (SAT) als auch in die andere Richtung vom Satellitensystem ins ECI bekannt, dann kann die Sonnenrichtung ins SAT-System transformiert werden, dort die effektive Kraft durch Solardruck bestimmmt werden und dann rücktransformierrt werden, um die entsprechende Störbeschleunigung bei der Integration der Bewegungsgleichung zusammen mit der gravitativen Beschleunigung berücksichtigt werden.

12.3 Berücksichtigung der Satellitengeometrie

Die in den nachfolgenden Abschnitten eingeführten Modelle zur Berechnung der relevanten Störgrößen geben die zu erwartenden Effekte für eine flache zweidimensionale Referenzfläche an. Grundsätzlich unterscheiden sich die Geometrien von Satelliten aber in starkem Maße von dieser einfachen Form. Um dennoch die Gleichungen, die für die Referenzgeometrie in einfacher Form gelten, direkt auch für komplexe Satellitengeometrien verwenden zu können, diskretisieren wir die äußeren Oberflächen des Satelliten mit Hilfe einzelner Referenzflächen. So erzeugen wir Teilzellen eines Satellitengitters, auf denen die Störkraftgleichungen dann einzeln angewendet werden können (s. Bild 12-4).

Spezifische Eigenschaften der jeweiligen Satellitenoberflächen (wie z.B. verschiedene Optische Eigenschaften oder Temperaturen) können dann den einzelnen Zellen zugewiesen werden. Die effektive Störkraft ergibt sich dann aus der Summe der auf jede Zelle wirkenden Teilkräfte. Je nach Satellitenzustand und Konfiguration ist dabei zusätzlich zu berücksichtigen, dass Abschattungen (z.B. von solarer Strahlung oder atmosphärischer Anströmung) sowie Interaktionen zwischen verschiedenen Zellen des Modells Einfluss auf das Ergebnis haben kann.

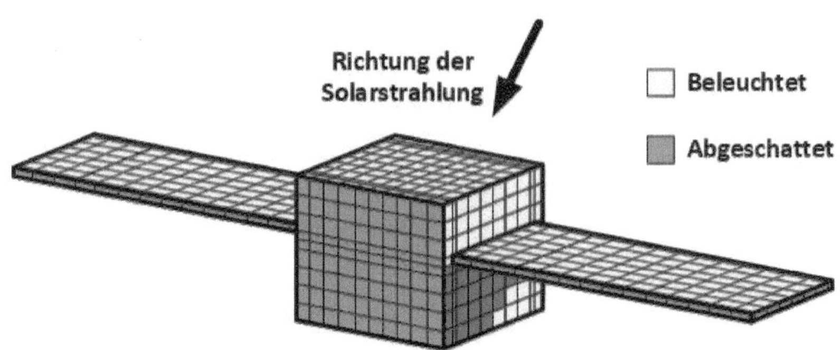

Bild 12-4

Beispiel für Gittermodell bei komplexer Satellitengeometrie. Der Einfluss des Schattenwurfs muss z.B. im Fall von Solardruck beachtet werden. Der effektive Solardruck setzt sich aus der Summe der Anteile der beleuchteten Flächen zusammen.

Im Rahmen der hier besprochenen Grundlagen schauen wir uns Geometrien und Zustände an, bei denen wir die entsprechenden geometrischen Informationen noch überwiegend direkt ablesen können. Im Fall von komplexeren Geometrien und Zuständen werden üblicherweise einfache Schattenberechnungsalgorithmen und/oder Raytracingverfahren angewandt. Auf der Basis der aktuellen Lage des Satelliten in Bezug auf die Richtung zur Sonne kann dann ein Schattenwurf und daraus folgend eine lageabhängige Störkraft ermittelt werden.

12.4 Atmosphärischer Widerstand

Der atmosphärische Widerstand, den ein Satellit erfährt hängt in starkem Maße von der Geometrie und Lage des Satelliten, dem Orbit und dem Zustand der Atmosphäre an der Position des Satelliten ab. Ganz allgemein gilt für die auf eine zweidimensionale Teilfläche Ai mit Einfallwinkel θ_i in der Anströmung wirkende atmosphärische Widerstandskraft:

$$\vec{F}_{w,i} = -C_D \cdot A_i \cdot \cos\Theta_i \cdot \frac{\rho}{2} \cdot v_r^2 \cdot \frac{\vec{v}_r}{v_r} \qquad (12\text{-}17)$$

Hierbei ist ρ die mittlere Dichte der Atmosphäre, v_r die Relativgeschwindigkeit zwischen Atmosphäre und Satellit und C_D der Widerstandskoeffizient. Die Relativgeschwindigkeit kann in einem einfachen Ansatz, bei dem Seitenwinde und Trägheitseffekte der Atmosphäre mit einem einfachen geometrischen Ansatz bestimmt werden. Es gilt

$$\vec{v}_r = \vec{v} - \vec{\omega}_E \times \vec{r} \qquad (12\text{-}18)$$

Wir berechnen also die Translationsgeschwindigkeit der Atmosphäre so, als wenn die Luft fest mit dem Erdboden verbunden wäre. Dadurch kann der Atmosphärengeschwindigkeitvektor als Kreuzprodukt der Winkelgeschwindigkeit der Erde ω_E und der Satellitenposition r bestimmt werden. Die Relativgeschwindigkeit ergibt sich dann aus der Differenz zwischen Orbitgeschwindigkeit v und der Atmosphärengeschwindigkeit.

Ein zentraler Parameter ist der Widerstandskoeffizient C_D. In diesem sind geometrie- und anströmungsbedingte Verluste zusammengefasst. Eine exakte Ermittlung des Widerstandskoeffizienten ist eine komplexe Aufgabe, da neben verschiedenen Modellen für die mechanische Interaktion der atmosphärischen Gase mit den Satellitenoberflächen die exakte Zusammensetzung der Atmosphäre, die Temperatur von Gas und Oberflächen, die Besetzung der Oberflächen mit Gasmolekülen, sowie statistische Modelle zu den Geschwindigkeiten der einzelnen Moleküle beachtet werden müssen. In niedrigen LEO dominiert der Einfluss des atomaren Sauerstoffs. Ein darauf aufbauendes Modell liefert mit $C_D = 2.2$ einen akzeptablen Näherungswert, der strenggenommen aber nur für die Geometrie einer Kugel in freier molekularer Anströmung gilt. Ob eine freie Molekularströmung vorliegt, lässt sich mit der Knudsenzahl in einem einfachen Ansatz ermitteln. Liegt die Knudsenzahl (Verhältnis der freien Weglänge der Moleküle zur charakteristischen Länge des Satelliten) unterhalb von 0.1, dann liegt ein Kontinuum vor und dementsprechend kann ein C_D-Koeffizient von 1.0 angenommen werden. Liegt der Wert hingegenüber 10, so liegt eine freie Molekularströmung vor und es gilt der Näherungswert von 2.2. Zwischen beiden Strömungszuständen existiert ein Übergangsbereich und der Koeffizient muss dementsprechend mit Hilfe einer Interpolation bestimmt werden. Für die meisten Objekte im LEO kann aber üblicherweise freie Molekularströmung angenommen werden, wenn man von Wiedereintrittsbahnen mal absieht. Die Bereiche der verschiedenen Strömungszustände sind in Bild 12-5 gezeigt.

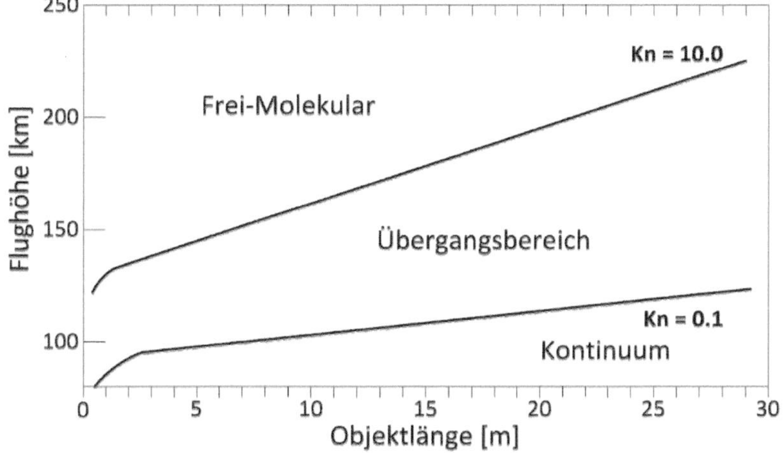

Bild 12-5

Skizze zur Bestimmung des Strömungszustandes als Basis der C_D Näherung.

Bei Verwendung des Näherungswerts muss beachtet werden, dass im Allgemeinen für Geometrien, die sehr stark von der Kugelform abweichen und für LEO ab ca. 500 signifikante Abweichungen auftreten können. Für gewöhnlich wird dann der C_D-Koeffizient unterschätzt. Gleichermaßen vernachlässigt der Näherungswert jegliche Abhängigkeit des Koeffizienten von der Lage der einzelnen Satellitenflächen in Bezug auf die Antströmung. Insbesondere im Fall von Anströmwinkel vieler Teilflächen, die etwas über 90° liegen, kann es bei

Änderung der Lage signifikante Änderungen des Koeffizienten geben. Diese Betrachtungen gehen aber über die Grundlagen hinaus und können in der empfohlenen Literatur am Kapitelende vertieft werden.

Ein weiterer wichtiger Einflussfaktor ist der Dichteparameter. Es existiert eine Vielzahl komplexer Modelle, die unter Berücksichtigung von Orbit, Solaraktivität und Zeitpunkt eine Dichte auf Basis von empirischen Modellen ausgeben können. Hierzu zählen z.B. das NRLMSIS-Modell oder auch das Jacchia-Bowman (JB)-Model. Wir wollen uns an dieser Stelle aber auf einfach „per Hand" nachvollziehbare Modelle beschränken. Zu diesen gehört das Harris-Priester-Modell mit dem sich Näherungswerte für die an verschiedenen Orbitpositionen zu erwartende Dichte ermitteln lassen.

Die Dichteermittlung basiert in diesem Fall auf Tabellenwerten, in denen für spezifische Referenzhöhen der minimale und der maximale Wert der Dichte gelistet ist. Die hierzu entsprechenden Positionen werden auch als Apex (höchste Dichte, Index *M*) und Antapex (geringste Dichte, Index *m*) bezeichnet.

h_1	$\rho_{m,1}$	$\rho_{M,1}$
h_2	$\rho_{m,2}$	$\rho_{M,2}$
$\vdots$	$\vdots$	$\vdots$
h_i	$\rho_{m,i}$	$\rho_{M,i}$
h_{i+1}	$\rho_{m,i+1}$	$\rho_{M,i+1}$
$\vdots$	$\vdots$	$\vdots$
h_n	$\rho_{m,n}$	$\rho_{M,n}$

Zunächst werden zur Berechnung der relevanten Dichte auf der Höhe h aus der Tabelle Stützhöhen ausgewählt, so dass gilt $h_i \leq h \leq h_{i+1}$. Mit diesen werden zunächst die hydrostatischen Höhen für Apex und Antapex bestimmt. Es gilt:

$$H_m(h) = \frac{h_i - h_{i+1}}{\ln\left(\frac{\rho_m(h_{i+1})}{\rho_{m(h_i)}}\right)}; \qquad H_M(h) = \frac{h_i - h_{i+1}}{\ln(\frac{\rho_M(h_{i+1})}{\rho_{M(h_i)}})} \tag{12-19}$$

Nun können die Dichten für Apex und Antapex auf Höhe h bestimmt werden:

$$\rho_m(h) = \rho_m(h_i) \cdot e^{\frac{h_i - h}{H_m}}; \qquad \rho_M(h) = \rho_M(h_i) \cdot e^{\frac{h_i - h}{H_M}} \tag{12-20}$$

Die Dichte an der spezifischen Position des Satelliten kann nun auf Basis der Apex- und Antapexwerte interpoliert werden. Es gilt:

$$\rho(h) = \rho_m(h) + \left(\rho_M(h) - \rho_m(h)\right) \cdot cos^n\left(\frac{\psi}{2}\right) \tag{12-21}$$

Mit der Winkeldifferenz ψ zwischen der Position des Satelliten und dem Apex. Der Skalierfaktor der Dichtedifferenz hängt von der spezifischen überflogenen

Erdoberfläche (Wasser, Vegetation etc.), dem subsolaren Punkt und der Dynamik der Dichteänderungsvorgänge ab. Im vorliegenden Modell werden die komplexen Vorgänge sehr stark vereinfacht, so dass das Harris-Priester Modell im Allgemeinen hohe Unsicherheiten aufweist. Dennoch kann es zur Abschätzung von Größenordnungen des atmosphärischen Widerstands in Abschätzungsrechnungen gut verwendet werden. Für den Skalierfaktor gilt in der Näherung:

$$cos^n\left(\frac{\psi}{2}\right) = \left(\frac{1 + cos\,\psi}{2}\right)^{\frac{n}{2}} = \left(\frac{1}{2} + \frac{\vec{e}_r \cdot \vec{e}_b}{2}\right)^{\frac{n}{2}} \qquad (12\text{-}22)$$

Wobei der Parameter n den Einfluss der Inklinationsabhängigen Dichteverteilung abbildet. Für äquatoriale Bahnen finden wir in etwa n=2, wohingegen der Wert n=6 für polare Bahnen angenommen werden kann. Die Winkeldifferenz ergibt sich aus dem Skalarprodukt zwischen normierter Satellitenposition und normierter Apexposition. Die Lage des Apex kann unter Berücksichtigung einer zeitlichen Verzögerung des Orts der höchsten Dichte im Vergleich zum subsolaren Punkt beschrieben werden. Dies modelliert, dass die durch den Eintrag von Sonnenlicht hervorgerufenen Dichteänderungen am Erdboden einige Zeit benötigen, damit die Auswirkungen im LEO messbar werden. Daher können wir mit Hilfe eines Kugelkoordiantensystems ablesen:

$$\vec{e}_b = \begin{pmatrix} cos\,\delta_\odot\, cos(\alpha_\odot + \lambda_l) \\ cos\,\delta_\odot\, sin(\alpha_\odot + \lambda_l) \\ sin\,\delta_\odot \end{pmatrix} \qquad (12\text{-}23)$$

Wobei $\alpha_\odot$ und $\delta_\odot$ die Rekstaszension bzw. Deklination der Sonne im Himmelsäquatorsystem sind und λ_l die Apexverzögerung mit etwa 30° angibt. Mit bekannter Staelliten- und Sonnenposition folgt nun die gesuchte Dichte an der Satellitenposition. Die durch den atmosphärischen Widerstand wirkende Kraft auf den Gesamtsatellliten kann nun durch Summierung über die auf den einzelnen Teilflächen A_i wirkenden Teilkräfte ermittelt werden. Es gilt:

$$\vec{F}_{\mathrm{Drag}} = \sum_{1}^{i} \vec{F}_{\mathrm{Drag,i}}$$

Ein charakteristischer Verlauf der atmosphärischen Widerstandskraft ist für einen repräsentativen LEO Orbit (mehrere Umläufe) in Bild 12-6 dargestellt.

Die Modulation ergibt sich durch das Überfliegen von Bereichen verschiedener Dichte, wobei die Minima dem Überstreifen des Antapex, die Maxima dem Überstreifen des Apex entsprechen. Zusätzlich fällt auch eine Veränderung der Peakhöhen auf. Dies verdeutlicht den Einfluss von z.B. tageszeitabhängigen Einflüssen und im konkreten Beispiel einer leichten Exzentrizität, durch die der Satellit den Apex in leicht verschiedenen Flughöhen und damit mit wechselnder Dichte passiert.

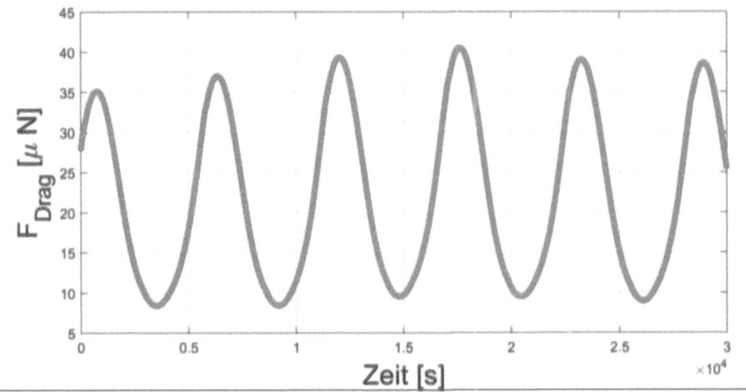

Bild 12-6

Verlauf der atmosphärischen Widerstandskraft über mehrere Umläufe auf einem LEO. Das Minimum liegt am Anapex voor, das Maximum jeweils am Apex. Die unterschiedliche Höhe der Maxima und Minima sind tageszeitabhängig.

12.5 Solardruck

Der Solardruck resultiert aus der Absorption von solaren Photonen (und dem damit einhergehenden Impulsübertrag). Dominante Einflussfaktoren sind hier die Lage des Satelliten in Bezug auf die Sonne, die Position in Bezug auf den Erdschatten und die optischen Eigenschaften der Satellitenoberflächen. Für eine beleuchtete Teilfläche A_i gilt:

$$\vec{F}_{SRP,i} = -\frac{P_{SC}}{c}\left[(1-\gamma_{s,i})\vec{r}_{\odot} + 2\left(\gamma_{s,i}\cos\Theta_{\mathrm{i}} + \frac{1}{3}\gamma_{d,i}\right)\vec{n}_i\right]\cos\Theta_i\, A_i \qquad (12\text{-}24)$$

Hierbei ist P_{SC} die an der Position des Satelliten empfangene Solarleistung, $\gamma_{s,i}$ und $\gamma_{d,i}$ sind die Koeffizienten der spekularen und diffusen Reflexion, $\vec{r}_{\odot}$ ist die Richtung zur Sonne und $\vec{n}_i$ ist der Normalenvektor der spezifischen Oberfläche A_i, die im Winkel . Θ_i angestrahlt wird. Die Kraftwirkung resultiert dabei aus der Kombination von Absorptions- und Reflexionsvorgängen gemäß der in Bild 12-7 definierten Geometrie.

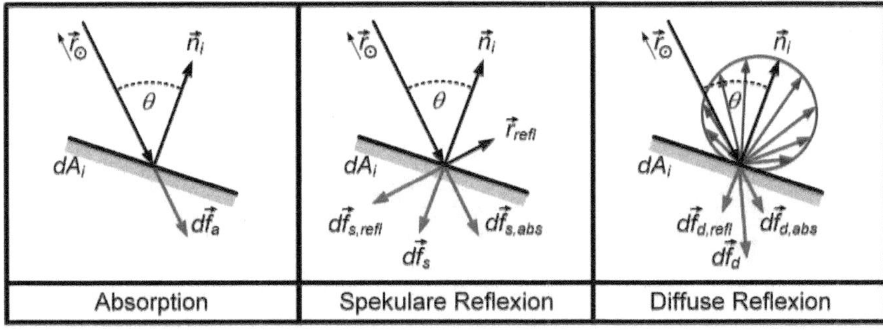

Bild 12-7

Geometrie für Absorption und Reflexion der Sonneneinstrahlung auf einer Satellitenteilfläche dA_i.

Es wird vorausgesetzt, dass die entsprechenden Materialien nicht transparant sind. Daraus folgt:

$$\alpha_i + \gamma_{s,i} + \gamma_{d,i} = 1 \tag{12-25}$$

Wie schon in Kapitel 12.3 besprochen, hängt ein qualitativ gutes Ergebnis einer Solardruckberechnung von der Berücksichtigung des Schattenwurfs ab. Für einfache Geometrien reicht es, den Winkel zwischen der Richtung zur Sonne und dem Normalenvektor der entsprechenden Oberfläche zu überprüfen. Ist dieser größer als 90°, so ist die entsprechende Oberfläche für die Sonne nicht „sichtbar" und es kann kein Solardruck entstehen. Im Fall komplexerer Geometrieen mit Aufbauten auf den Außenseiten reicht dieses einfache Modell nicht mehr aus, hier müssen einfache Schattenberechnungen (z.B. realisiert durch die Sortierung der Mittelpunkte der Flächen entlang der Sonnenrichtung und identifizierung der „zuerst" beleuchteten Elemente) oder vollständiges Raytracing genutzt werden. Entsprechende Betrachtungen führen an dieser Stelle zu weit, können aber einfach ergänzt werden durch Multiplikation der Solardruckgleichung mit einem Beleuchtungsfaktor f_i , der 0 ist, wenn die Fläche bei der aktuellen Sonnensrichtung im Schatten ist und 1 im Fall von Beleuchtung.

Einen zweiten wichtigen Schatteneffekt, der sich aus der Orbitgeometrie ergibt, wollen wir uns aber genauer anschauen. Je nach Orbitelementen, dem aktuellen Zeitpunkt und der Position des Satelliten kann die Solare Strahlung durch die Erde ganz oder teilweise abgeschirmt sein. Der Satellit befindet sich dann in der so genannten Eklipse. Mit Hilfe einiger geometrischer Grundüberlegungen bzgl. der Schattenverläufe, s. Bild 12-8, lässt sich der Einfluss auf die vom Satelliten empfangene Intensität der solaren Strahlung berechnen.

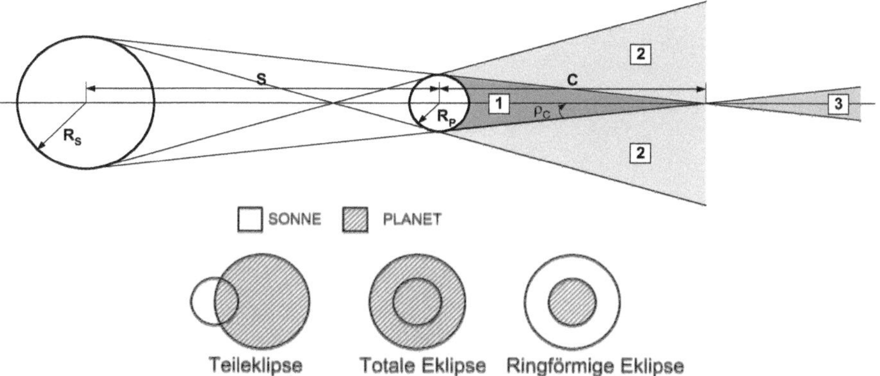

Bild 12-8

Schattenarten im Orbit um einen Planeten:

1: Kernschatten/ Umbra/ totale Eklipse

2: Teilschatten/ Penumbra/ Teileklipse

3: Ringschatten

In der Skizze identifizieren wir drei unterschiedliche Bereiche. In Bereich 1 ist der Satellit komplett durch die Erde vom Sonnenlicht abgeschrimt. Hier sprechen wir von der *totalen Eklipse*. In Bereich 2 erfährt der Satellit eine teilweise Abschattung. Entsprechend sprechen wir von der *Teileklipse*. Im Bereich 3 schließlich erscheint die Erde als schwarze Scheibe vor der Sonne, die je nach Entfernung des Satelliten von der Erde (in Relation zur Entfernung Erde-Sonne) größeren oder kleineren Einfluss auf die Intensität der empfangenen Strahlung besitzt. Hier sprechen wir von der *ringförmigen Eklipse*. Der jeweils entsprechende Beleuchtungszustand von der Perspektive des Satelliten aus betrachtet ist in der nachfolgenden Abbildung dargestellt.

Um zu bestimmen, in welchem Bereich der Satellit sich befindet, berechnen wir die Länge des Kernschattens und den Öffnungswinkel mit

$$C = \frac{R_P\, S}{R_S - R_P} \text{ und } \rho_C = \arcsin\left(\frac{R_S - R_P}{S}\right) \tag{12-26}$$

Für die Anordnung von Satellitenposition in Bezug auf Sonne und Erde finden wir

$$\rho_S = \arcsin\left(\frac{R_S}{D_S}\right) \text{ und } \rho_P = \arcsin\left(\frac{R_P}{D_P}\right) \tag{12-27}$$

mit

$$D_S = |\vec{r}_P + \vec{r}_{SC,P}| \text{ und } D_P = |\vec{r}_{SC,P}| \tag{12-28}$$

Auf Basis dieser geometrischen Beziehungen lässt sich nun die Art der Eklipse bestimmen. Es gilt:

Totale Eklipse (1): $S < D_S < S + C$ und $\rho_P - \rho_S > \Theta$

Teileklipse (2): $D_S > S$ und $\rho_P + \rho_S > \Theta > |\rho_P - \rho_S|$ (12-29)

Ringförmige Eklipse (3): $S + C < D_S$ und $\rho_P - \rho_S > \Theta$

mit

$$\Theta = \arccos\left(\hat{\vec{D}}_S \cdot \hat{\vec{D}}_P\right) \tag{12-30}$$

Sind die oben angegebenen Kriterien hingegen nicht erfüllt, ist der Satellit nicht in der Eklipse. In diesem Fall empfängt er die volle Intensität der Solaren Strahlung. Die entsprechende Leistung kann dann basierend auf verfügbaren Messdaten (z.B. NOAA Space Weather Service) eingesetzt werden. Im Sinne einer Abschätzung können auch vereinfachte Modelle herangezogen werden. Im Mittelwert kann die Leistung pro Fläche z.B. berechnet werden zu:

$$P(r_{SC}) = \frac{1358}{1.0004 + 0.0334\cos D} \cdot \left(\frac{1\text{AU}}{r_{SC}}\right)^2 \text{W/m}^2 \tag{12-31}$$

Hierbei wird der tatsächlich schwankende Abstand von Erde und Sonne durch den Parameter D modelliert, für den 0 im Aphel und π im Perihel gewählt wird.

Befindet sich der Satellit in einer der Eklipsen, so muss die Leistung um einen Korrekturwert ΔP reduziert werden. Je nach Art der Eklipse gilt dabei:

Totale Eklipse (1): $\Delta \mathrm{P} = P(r_{SC})$

Teileklipse (2):

$$\Delta P = \frac{P(r_{SC})}{\pi(1-\cos\rho_S)} \cdot \left[\pi - \cos\rho_P \arccos\left(\frac{\cos\rho_S - \cos\rho_P\cos\theta}{\sin\rho_P\sin\theta}\right) - \arccos\left(\frac{\cos\theta - \cos\rho_S\cos\rho_P}{\sin\rho_P\sin\rho_S}\right)\right] \tag{12-32}$$

Ringförmige Eklipse (3): $\Delta \mathrm{P} = P(r_{SC})\left(\frac{1-\cos\rho_P}{1-\cos\rho_S}\right)$

und

$$P_{SC} = P(r_{SC}) - \Delta P \tag{12-33}$$

für den Wert der tatsächlich vom Satelliten empfangenen Leistung. Mit diesen Vorüberlegungen lässt sich nun wie im Fall des atmosphärischen Widerstands für jede Zelle des Satellitenmodells ein Anteil des Solardrucks ermitteln, der effektive Solardruck ergibt sich aus der Summe der an jeder Zelle angreifenden Teilkraft

$$\vec{F}_{SRP} = \sum_{1}^{i} \vec{F}_{SRP,i} \tag{12-34}$$

Die Größenordnung des Solardrucks hängt vom spezifischen Orbit, der Konfiguration des Satelliten und der aktuellen Lage ab. Im Fall von LEO bewegen sich typische Größenordnungen im Bereich µN und damit unterhalb der Größenordnung des atmosphärischen Widerstands. Erst ab Orbithöhen von mehr als ca. 1000 km übersteigt der Solardruck den atmosphärischen Widerstand. Obwohl die Kraft recht klein erscheint, kann sie über lange Zeiträume zu signifikanten Änderungen des Orbits führen und ist damit die zweitwichtigste nicht-gravitative Störung für LEO-Bahnen, der zur Ermittlung genauerer Vorhersagen der Entwicklung von Trajektorien einbezogen werden muss. Ein typischer Verlauf der Größenordnung des Solardrucks für mehrere Umläufe auf einem kreisförmigen LEO Orbit ist in Bild 12-9 dargestellt.

Die Ausrichtung der Kraft und damit der Effekt auf den Orbit hängt stark vom Verlauf der Lage der Satellitenoberflächen in Bezug auf die Sonne ab. Im Beispiel sind durch die Mosulation ganz klar Bereichen mit wechselndem Anteil beleuchteter Fläche erkennbar. Gleichermaßen sehen wir hier den Einfluss der Eklipse, hier bewegt sich der Satellit durch den Kernschatten der Erde, was den Solardruck in jedem Orbit verschwinden lässt.

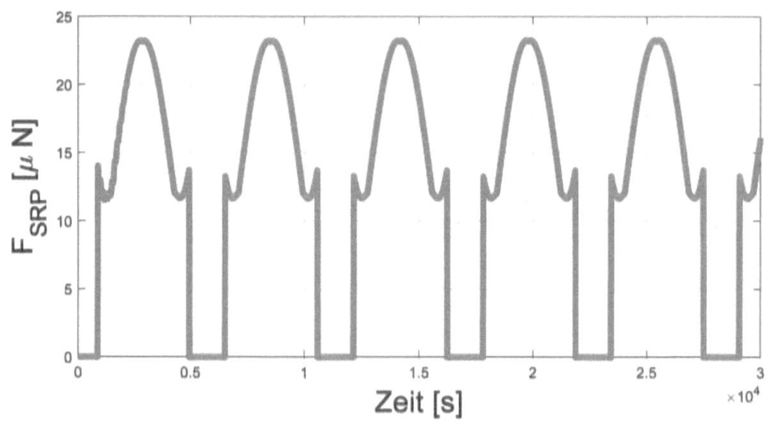

Bild 12-9
Verlauf der Größenordnung des Solardrucks für mehrere Umläufe auf einem LEO.

12.6 Thermaldruck

Als Thermaldruck wird der Rückstoß bezeichnet, den ein Satellit erfährt, wenn er selber Photonen emittiert. Ein großer Unterschied zum Solardruck ist, dass für sämtliche Oberflächen des Satellitenmodells eine Berechung der entsprechenden Teilkraft erfolgen muss. Die Abschattung von Solarer Strahlung hat großen Einfluss auf den resultierenden Thermaldruck, da die Sonne im Allgemeinen die größte Quelle von (re-)emittierter Leistung ist. Je nach Orbit und Lage des Satelliten spielen aber auch die Absorbtion von Albedo und Infrarotstrahlung der Erde sowie Eigenwärmeproduktion eine Rolle für die resultierende Störkraft.

Die Herleitung des durch Emission hervorgerufenen Rückstoß erfolgt unter Ausnutzung der in Bild 12-10 dargestellten Geometrie des Halbraums über einer emittierenden zweidimensionalen Platte.

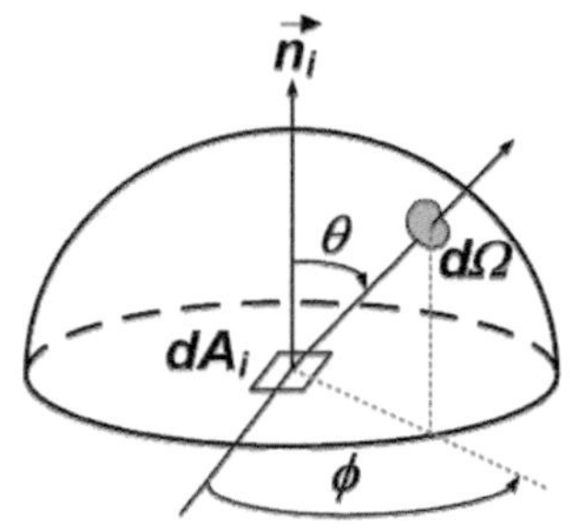

Bild 12-10
Halbraum über einer emmitierenden Teilfläche dA_i.

Für das Raumwinkelelement, einem infinitesimal kleinen Anteil der Halbkugeloberfläche, in die Strahlung emittiert werden kann gilt mit Azimuthwinkel und ϕ Elevationswinkel Θ:

$$d\Omega = \sin\Theta d\Theta d\phi \tag{12-35}$$

Mit der Annahme einer Lamberstrahlercharakteristik (Intensität der Strahlung aus vershiedenen Winkeln ändert sich mit dem Kosinus des Betrachterwinkels, $I = L\,A\cos\Theta$) und der Planck'schen Leuchtdichte

$$L = \int_0^\infty \varepsilon_\gamma \cdot \frac{2hc^2}{\lambda^5}\frac{1}{e^{\frac{hc}{k\lambda T}}-1}d\lambda = \varepsilon\frac{\sigma}{\pi}T^4 \quad \text{mit} \quad \sigma = \frac{2\pi^4k^4}{15h^3c^3} \tag{12-36}$$

folgt für den in ein einzelnes Raumwinkelelement eingestrahlten Anteil der insgesamt emittierten Leistung:

$$dP_i = L\,cos\Theta\;sin\,\Theta\;d\Theta\;d\phi\;dA_i \tag{12-37}$$

Aufgrund der symmetrischen Emissionscharakteristik gleichen sich jeweils die Wirkungen der Leistungskomponenten parallel zur Oberfläche genau aus. Für die effektive Teilkraft, die aus Emission in ein bestimmtes Raumwinkelelement resultiert lässt sich also schreiben:

$$d\vec{F}_{TRP,i} = -\vec{n}_i\frac{1}{c}dP_i cos\,\Theta_i \tag{12-38}$$

Aus der Integration mit $\Theta = 0° - 90°$ und $\phi = 0 - 360°$ folgt somit als resultierende Kraft für eine Teilfläche A_i:

$$\vec{F}_{TRP,i} = -\vec{n}_i\frac{2P_{tot_i}}{3c} = -\vec{n}_i\frac{2\varepsilon_i\sigma A_i T_i^4}{3c} \tag{12-39}$$

Um den Thermaldruck ermitteln zu können, müssen also die Materialparameter, die geometrischen Abmessungen und die Oberflächentemperatur bekannt sein. Um letztere genau zu berechnen müssen numerische Lösungsverfahren, wie z.B. Finite-Elemente-Analysen unter Berücksichtigung von Wärmeleitung, Wärmestrahlung, Wärmekapazität, Wandaufbau sowie Leistungsquellen und -senken angewendet werden. Für Abschätzungen kann aber eine eine einfache Wärmebilanz ohne Berücksichtigung des dynamischen Verhaltens realisiert werden. Unter der Annahme, dass jede Teilfläche von den anderen thermisch isoliert ist, lässt sich für das thermische Gleichgewicht schreiben:

$$P_i = P_e \rightarrow P_i = \varepsilon_i \sigma A_i T_i^4 \tag{12-40}$$

Für die empfangene Leistung kann als erste Näherung die absorbierte Solare Strahlung eingesetzt werden (unter Vernächlässigung der Beiträge von Erde und Eigenwärme). Es gilt also:

$$P_i = P_{SC} \cdot \alpha_i \cdot cos\, \Theta_i \tag{12-41}$$

Damit folgt für die Gleichgewichtstemperatur der Zelle:

$$T_i = \sqrt[4]{\frac{P_i}{\varepsilon_i \sigma A_i}} \tag{12-42}$$

Der effektive auf den gesamten Satelliten wirkende Thermaldruck kann dann wieder als Summe der Beiträge der Einzelflächen berechnet werden. Ein beispielhafter Verlauf für das gleiche beim Solardruck betrachtete Szenario ist in Bild 12-11 gezeigt.

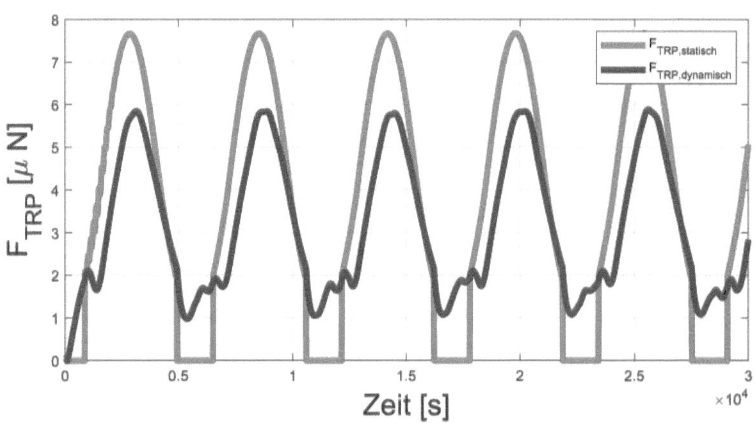

Bild 12-11

Kraft auf den Satelliten durch Thermaldruck für mehrere Umläufe auf einem LEO.

Für das Beispiel folgt ein Thermaldruck mit Maximalwerten im Bereich 25-30% des entsprechenden Solardrucks, je nachdem ob man statische Gleichgewichte oder ein verbessertes dynamisches Modell des Temperaturverlaufs verwedent. Im statischen Fall sinkt der Wert des Thermaldrucks auf null, da aufgrund der Eklipse keine solare Leistung mehr empfangen wird. Im dynamischen Fall wird die Wärmekapazität des Satelliten berücksichtigt, was sowohl Aufheiz- als auch Abkühlvorgänge dämpft. Das genaue Verhältnis zwischen der Größenordnung von Solardruck und Thermaldruck hängt von Orbit und den spezifischen Eigenschaften des Satelliten ab. Je nach Anteil der Eigenwärmeproduktion ist der Thermaldruck mit dem Solardruck mehr oder weniger korreliert. Unter Vernachlässigung dieses Anteils (wenn die Sonne die mit Abstand größte Wärmequelle des Satelliten ist) ist es daher auch möglich den Anteil des Thermaldrucks als zusätzlichen Faktor in der Solardruckgleichung zu berücksichtigen und beide Efekte gemeinsam zu betrachten.

12.7 Infrarot- und Albedodruck

Sowohl Albedo- als auch infrarotdruck basieren auf der Absorption von von der Erdoberfläche reflektierter oder emittierter Strahlung durch die Satellitenoberflächen. Im Fall der Albedo nimmt die SolareStrahlung sozusagen den Umweg über die Erde, wodurch sich die der Berechnung des Effekts zu Grunde liegende Gemeotrie gegenüber z.B. dem Solardruck deutlich erhöht. Aufgrund der damit verbundenen Komplexität der entsprechenden Rechnungen können beide Effekte im Allgemeinen nur mit Hilfe numerischer Verfahren ermittelt werden. Nichtsdestotrotz wollen wir uns grundlegend anschauen, wie das Verfahren aussieht. Wir gehen von der in Bild 12-12 gezeigten geometrischen Konstellation zwischen einer Planetenzelle und dem Satelliten aus.

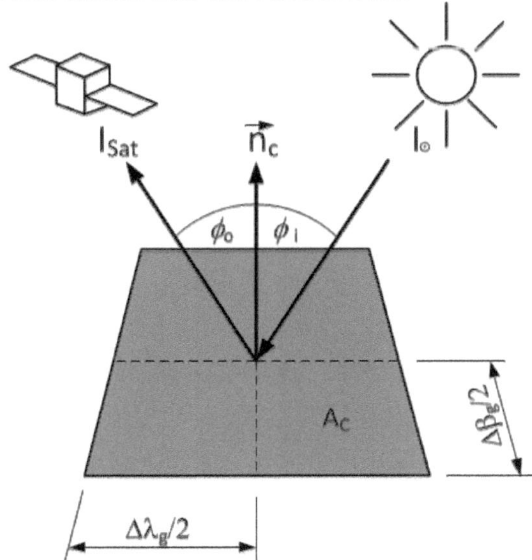

Bild 12-12
Geometrie zwischen einer Planetenzelle (A_c) und einem Satelliten mit Breiten- und Längengraden β resp. **λ**.

Die Zellen des Planeten sind dabei durch die Mittelpunktslage mit Längengrad und Breitengradskoordinate gekennzeichnet. Der Flächeninhalt jeder Planetenzelle ist gegeben durch

$$A_c = \lambda_g r_E^2 \left[\cos\left(\beta_g - \frac{\Delta\beta_g}{2}\right) - \cos\left(\beta_g + \frac{\Delta\beta_g}{2}\right)\right] \tag{12-43}$$

Der Anteil der von der Zelle von der Sonne empfangenen solaren Leistung ist:

$$P_m = P_\odot \cdot A_m \cdot \cos\phi_{i,m} \tag{12-44}$$

Mit der einer mittleren Solarkonstante (kann je nach betrachtetem Zeitraum unterschiedlich sein) von z.B. $P_\odot = 1367\frac{W}{m^2}$. Für den reflektierten Anteil der Leistung ergibt sich:

$$P_{m,r} = \gamma \cdot P_m \tag{12-45}$$

Als Quelle für die benötigten reflektiven Eigenschaften der Erde bieten sich zum Beispiel die CERES (Clouds and the Earth's Radiant system) Daten an, die Refelxionskoeffizienten in einer stündlichen Frequenz und mit Winkelauflösung von einem Grad bereitstellen.

Unter der Annahme einer Lambert'schen (diffusen) Rückstrahlungscharakteristik gilt für die in Richtung des Satelliten emittierte Leistung:

$$P_{m,\phi} = P_{m,r}/\pi \cdot \cos\phi_{o,m} \tag{12-46}$$

Die entsprechende Leistungsdichte reduziert sich bis zur Höhe des Satelliten mit:

$$P_{Sat,m} = \frac{P_{m,\phi}}{h_{sat}^2} \tag{12-47}$$

Für die an der Satellitenposition aus einer spezifischen Planetenzelle empfangene Leistung gilt somit:

$$P_{Sat,m,ALB}(\lambda_g, \beta_g) = \frac{\gamma_m \cdot P_\odot \cdot A_m \cdot \cos\phi_{i,m} \cdot \cos\phi_{o,m}}{\pi \cdot h_{sat}^2} \tag{12-48}$$

Ist die Leistung bekannt, kann das Problem prinzipiell genauso gelöst werden, wie wir es für den Solardruck besprochen haben. Vereinfacht gesagt wird jede Planetenzelle als kleine Sonne mit reduzierter Leistung betrachtet. Für die Kraft auf eine einzelne Satellitenoberfläche gilt dementsprechend:

$$\begin{aligned}\vec{F}_{ALB,i} = \sum_{m=1}^{n} -\frac{P_{Sat,m}}{c}\Big[&(1-\gamma_{s,m})\vec{r}_{i,m} \\ &+ 2\left(\gamma_{s,m}\cos\Theta_{i,m} + \frac{1}{3}\gamma_{d,m}\right)\vec{n}_i\Big]\cos\Theta_{i,m} \cdot A_i\end{aligned} \tag{12-49}$$

Die effektiv auf den Satelliten wirkende Kraft ergibt sich wieder aus der Summe der einzelnen Teilkräfte.

Für die Ermittlung des Einflusses der Infrarotstrahlung ist der Ansatz ähnlich. Im Unterschied zur Albedo resultiert die den Satelliten erreichende Strahlung nun aber aus einer Emission von Strahlung durch die Erdzellen (die je nach Lage in Bezug auf die Sonne verschiedene Oberflächentemperaturen besitzen). Essentiell ist damit die Berechnung der Oberflächentemperaturen bzw. der abgegebenen Leistung. Eine erste Näherung ist möglich, wenn man wie auch schon im Fall des Thermaldrucks, Gleichgewichtsbetrachtungen durchführt. Unterder Annahme einer perfekten Wärmeleitung und homogenen gemittelten optischen Eigenschaften kann argumentiert werden, dass die Erdoberfläche insgesamt eine Solarstrahlung von:

$$P_{Erde,abs} = \alpha_{Erde}\, \pi\, r_{Erde}^2\, P_{\odot} \tag{12-50}$$

absorbiert. Die Sonne "sieht" sozusagen nur die Querschnittsfläche der Erde. Gleichzeitig kann die Erde aber mit Ihrer gesamten Oberfläche wieder Strahlung in den Weltraum remittieren:

$$P_{Erde,emis} = \sigma\, \varepsilon_{Erde}\, 4\, \pi\, r_{Erde}^2\, T_{Erde}^4 \tag{12-51}$$

Mit der Annahme, dass Absorptionskoeffizient und Emissionskoeffizient identisch sind, lässt sich nun mit der Forderung $P_{Erde,abs} = P_{Erde,emis}$ auf einfache Weise eine gemittelte Erdoberflächentemperatur berechnen. Es folgt:

$$P_{Sat,m,INF}(\lambda_g, \beta_g) = \frac{\alpha_m \cdot P_{\odot} \cdot A_m \cdot \cos\phi_{o,m}}{4\,\pi \cdot h_{sat}^2} \tag{12-52}$$

Die entsprechend zu Grunde liegende berechnete Temperatur weicht aufgrund der Vereinfachungen signifikant vom echten Temperaturverlauf ab und eignet sich nur für erste grobe Abschätzungen. Mögliche Verbesserungen des Modells sind z.B. die Annahme einer winkelabhängigen Temperaturverteilung und die Unterscheidung in Tag-/Nachtbereiche. Ebenso wie im Fall der Albedo wird die von den verschiedenen Erdparzellen ausgestrahlte Leistung aber auch in den CERES-Daten bereitgestellt, so dass eine deutlich realistischere Modellierung durch Ersetzen der obigen Gleichung mit den entsprechenden Vorhersagen möglich ist. Ist die von den jeweiligen Erdzellen in Richtung des Satelliten ausgestrahlte Leistung bekannt, kann die effektive Kraft durch Infrarotstrahlung mit Hilfe der Albedokraftgleichung bestimmt werden. Hier müssen lediglich die Albedoleistungen der Zellen durch die entsprechenden Infrarotleistungen ausgetauscht werden.

Albedo und Infratdruck sind für das gleiche Szenario, dass für Solar- und Thermaldruck betrachtet wurde in Bild 12-13 dargestellt. Für die spezifische Konstellation erreicht der Einfluss der Albedo im Peak in etwa den des Thermaldrucks, der Einfluss der Infrarotstrahlung liegt in etwa um einen Faktor

2 darunter. Hier erkennt man starke Schwankungen, die von den Emissivitäten der tatsächlich überflogenen Gebiete der Erdoberfläche abhängen.

Ebenfalls spannend ist, dass die Zeiten, in denen die Albedokraft auf den Wert null sinkt, deutlich länger als die entsprechenen Zeiten der Solardruckkraft sind. Dies liegt daran, dass der entsprechende "Albedo-Schattenkegel" durch den Umweg der Strahlung über die Erdoberfläche noch einmal deutlich größer sein kann als der vergleichbare Bereich des Kernschattens.

Bild 12-13

Kraft auf den Satelliten durch Albedo und Infrarotstrahlung für mehrere Umläufe auf einem LEO.

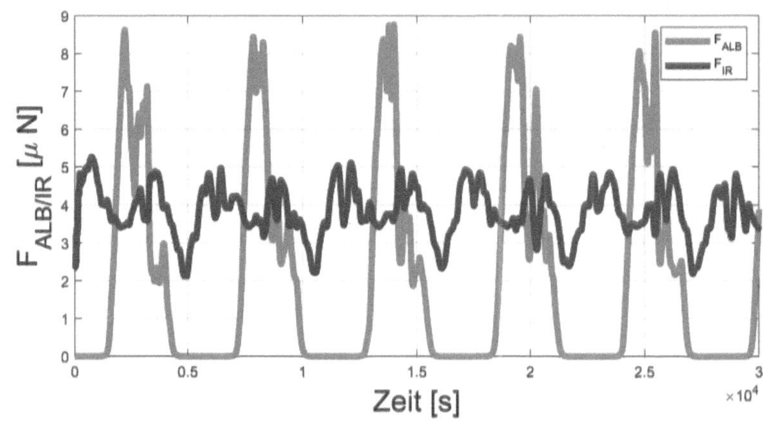

Literaturhinweise

Wertz, J.R.; *Spacecraft Attitude Determination and Control*; Springer Netherlands, 1980

Montenbruck, O., Gill, E.; *Satellite Orbits - Models, Methods and Applications*; Springer, 2000

I Anhang

I.1 Daten der Himmelskörper

Körper	Äquat. Radius [km]	Gravitationsparameter $[m^3/s^2]$	J_2	a [AU]	e	i [°]
Sonne	696500	$1{,}3271244 \cdot 10^{20}$	$1{,}25 \cdot 10^{-7}$	-	-	-
Merkur	2440	$2{,}20320 \cdot 10^{13}$	$6{,}0 \cdot 10^{-5}$	0,3871	0,2056	7,004
Venus	6051	$3{,}24858 \cdot 10^{14}$	$4{,}458 \cdot 10^{-6}$	0,7233	0,0068	3,394
Erde	6378	$3{,}98600 \cdot 10^{14}$	$1{,}08263 \cdot 10^{-3}$	1	0,0167	0
Mars	3393	$4{,}28284 \cdot 10^{13}$	$1{,}96945 \cdot 10^{-3}$	1,5237	0,0934	1,85
Jupiter	71492	$1{,}26687 \cdot 10^{17}$	$1{,}4736 \cdot 10^{-2}$	5,2028	0,0483	1,308
Saturn	60268	$3{,}79312 \cdot 10^{16}$	$1{,}6298 \cdot 10^{-2}$	9,5388	0,056	2,488
Uranus	25559	$5{,}79395 \cdot 10^{15}$	$3{,}3343 \cdot 10^{-3}$	19,1914	0,0461	0,774
Neptun	24765	$6{,}83510 \cdot 10^{15}$	$3{,}411 \cdot 10^{-3}$	30,0611	0,0097	1,774
Pluto	1150	$8{,}69339 \cdot 10^{11}$	$1{,}0 \cdot 10^{-3}$	39,5294	0,2482	17,148

I.2 Übungsaufgaben

Die folgenden Seiten enthalten ein paar Übungsaufgaben mit den dazugehörigen Lösungen, um den behandelten Stoff zu vertiefen. Für den größtmöglichen Lerneffekt wird empfohlen die Aufgaben erst unter „Realbedingungen" zu lösen und dann mit der gegebenen Lösung zu vergleichen. Die einzelnen Aufgaben sind so ausgelegt, dass man sie innerhalb einer Stunde lösen können sollte.

Aufgabe 1: Bezugssysteme

i) Jedes Koordinatensystem im $\mathbb{R}^3$ lässt sich durch drei Basisvektoren beschreiben. Stellen die folgenden Vektoren eine Basis für ein Koordinatensystem dar? Begründen sie!

$$\vec{e}_1 = \begin{pmatrix} 1 \\ 0 \\ 0 \end{pmatrix} \quad \vec{e}_2 = \begin{pmatrix} 0 \\ 1 \\ 0 \end{pmatrix} \quad \vec{e}_3 = \begin{pmatrix} 1 \\ 1 \\ 0 \end{pmatrix}$$

Stellen sie ein beliebiges System von Basisvektoren für ein dreidimensionales, kartesisches Koordinatensystem auf!

ii) Gegeben ist der Positionsvektor $\vec{r}_{\text{äq}}(t_0)$ des geostationären Satelliten *ÜbungSatt* in einem *erdzentrischen, äquatorialen Inertial*system:

$$\vec{r}_{\text{äq}}(t_0) = \begin{pmatrix} 42.219{,}87\ \text{km} \\ 0 \\ 0 \end{pmatrix}$$

Es gilt t_0 = 55795,5 MJD. Um welche Tageszeit und welches gregorianische Datum handelt es sich?

Berechnen sie für die Zeitpunkte t_1 = 55795,75 MJD, t_2 = 55796,0 MJD und t_3 = 55795,1 MJD die Koordinaten im gegebenen Koordinatensystem und für t_0 bis t_2 im *erdzentrischen, ekliptikalen Inertial*system. Gehen sie vereinfachend von einer Umlaufdauer des GEO-Satelliten von exakt 24h aus.

iii) Geben sie weiter die Koordinaten des Satelliten für ein erdzentrisches, äquatoriales, erdfestes Koordinatensystem als Funktion der Zeit an, wenn sie davon ausgehen, dass für t_0 in diesem System die Frühlingsrichtung bei 150,298° westlicher Länge liegt.

Lösungshilfen:
55562 MJD = 01.01.2011
T_{GEO} = 24 h
ε = 23,44° (Winkel zwischen Äquator und Ekliptik)

Lösung Aufgabe 1

i) Die gegebenen Vektoren sind linear abhängig voneinander, da gilt:

$$\vec{e}_1 + \vec{e}_2 = \vec{e}_3$$

Sie sind also keine Basis für ein Koordinatensystem. Für Basisvektoren muss die lineare Unabhängigkeit gelten, welche ggf. mittels Gaussalgorithmus überprüft werden kann (eine Matrix bestehend aus den jeweiligen Vektoren muss vollen Rang besitzen).

Das einfachste Beispiel für eine der Aufgabenstellung entsprechenden Basis (alle Vektoren sind linear unabhängig) ist jedeoch:

$$\vec{e}_{1'} = \begin{pmatrix} 1 \\ 0 \\ 0 \end{pmatrix} \quad \vec{e}_{2'} = \begin{pmatrix} 0 \\ 1 \\ 0 \end{pmatrix} \quad \vec{e}_{3'} = \begin{pmatrix} 0 \\ 0 \\ 1 \end{pmatrix}$$

ii) Da das MJD stets bei 0 Uhr UTC beginnt, die gegebene MJD-Zeit allerdings auf ...,5 endet, liegt die Tageszeit bei 12:00 Uhr UTC. Um das genaue Datum zu berechnen, müssen die entsprechenden Monate tageweise aufaddiert werden, bis die Differenz zwischen dem gesuchten Datum und dem gegebenen (s. Lösungshinweis) aufgebraucht ist: 55795 – 55562 = 233 Tage. Danach zählt man die Tage einfach ab. Für Januar bleiben noch 30 Tage (der erste ist ja bereits angegeben), für Feburar 28, für März 31, für April 30, für Mai 31, für Juni 30, für Juli 31 (als Summe 211). Es bleiben also noch 22 Tage übrig, so dass das gesuchte Datum der 22.8.2011 ist.

Die ersten beiden Zeitpunkte der Aufgabenstellung sind jeweils bei einem Viertel der Umlaufzeit des GEO-Satelliten, d.h. die Werte lassen sich für den Fall des äquatorialen Koordinatensystems leicht angeben zu (da sie immer auf der Achse liegen):

$$\vec{r}_{\text{äq}}(t_1) = \begin{pmatrix} 0 \\ 42.219{,}87 \text{ km} \\ 0 \end{pmatrix}$$

und

$$\vec{r}_{\text{äq}}(t_1) = \begin{pmatrix} -42.219{,}87 \text{ km} \\ 0 \\ 0 \end{pmatrix}$$

Für den Fall t_3 muss eine Beziehung aufgestellt werden, die es erlaubt die Erddrehung einzurechnen. Der Winkelversatz zwischen t_0 und t_3 kann mittels der Umlaufdauer berechnet werden, da klar ist, dass für 360° eine Zeit von 24h benötigt wird. Das MJD zählt gerade um einen Betrag von 1 höher für jeden Tag. Daraus folgt für den Winkel Φ_{t3}:

$$\Phi_{t3} = 0{,}6 \cdot 360° = 216°$$

Mit der Skizze aus Bild I-1 ergibt sich:

$$\vec{r}_{\text{äq}}(\Phi) = \begin{pmatrix} r \cdot \cos\Phi \\ r \cdot \sin\Phi \\ 0 \end{pmatrix}$$

Bild I-1

Skizze zur Position für den Zeitpunkt t_3.

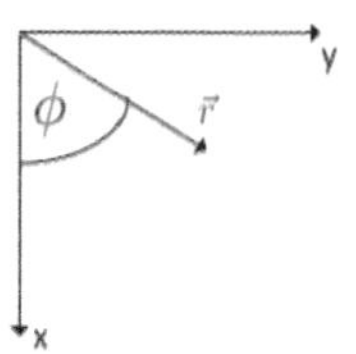

Mit dem Winkel Φt3 folgt also:

$$\vec{r}_{\text{äq}}(\Phi_{t3}) = \begin{pmatrix} -34.156{,}59\ \text{km} \\ -24.816{,}22\ \text{km} \\ 0 \end{pmatrix}$$

Für die Umrechnung der Koordinaten vom äquatorialen ins ekliptikale System, kann die Rotationsmatrix aus Abschnitt 3.2.1 verwendet werden:

$$A_x = \begin{pmatrix} 1 & 0 & 0 \\ 0 & \cos(\beta) & \sin(\beta) \\ 0 & -\sin(\beta) & \cos(\beta) \end{pmatrix}$$

Für die Fälle t_0 und t_2 muss allerdings keine Transformation durchgeführt werden, weil die Drehung des Koordinatensystems um die x-Achse erfolgt (welche für beide System in Richtung der Frühlingsrichtung zeigt) und in diesen Zuständen lediglich Koordinaten in x-Richtung vorliegen, die demnach nicht transformiert werden.

Für den Fall t_1 besteht der umzuwandelnde Vektor nur aus einem Eintrag, daher kann eine einfache Winkelfunktion verwendet werden, die links in Bild I-2 skizziert ist. Wie dort gezeigt, folgt für die neuen Koordinaten $y' = y \cdot \cos \Phi$, bzw. $z' = -y \cdot \sin \Phi$.

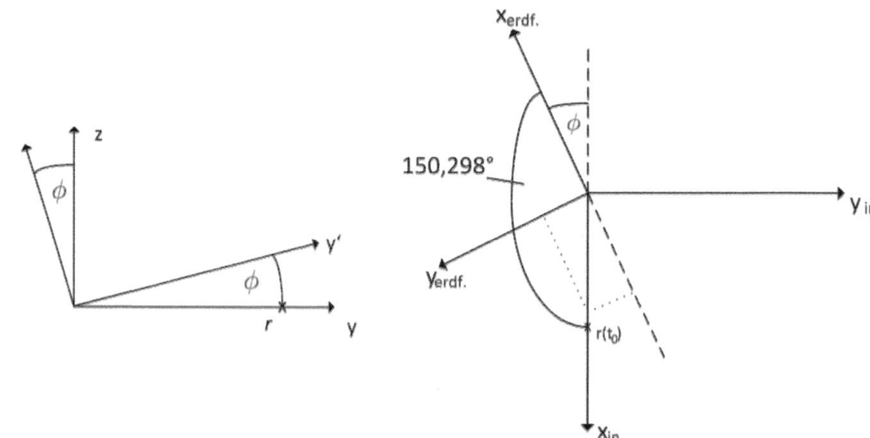

Bild I-2

Links: Skizze zur Koordinatendrehung.

Rechts: Skizze zum erdfesten (Index „erdf") und inertialem (Index „in") Koordinatensystem.

Für den Winkel Φ muss der in den Lösungshinweisen angegebene Wert für die Drehung zwischen der Ekliptik und dem Äquator verwendet werden, d.h. 23,44°. Damit folgt für die Vektoren der Ekliptikalen:

$$\vec{r}_{\text{äq}}(t_0) = \vec{r}_{\text{ekl}}(t_0)$$

$$\vec{r}_{\text{ekl}}(t_1) = \begin{pmatrix} 0 \\ 38.735{,}77\ \text{km} \\ -16.794{,}58\ \text{km} \end{pmatrix}$$

$$\vec{r}_{\ddot{a}q}(t_2) = \vec{r}_{ekl}(t_2)$$

iii) Für die Umwandlung ins erdfeste Koordinatensystem muss gewusst werden, dass dieses seine x-Achse bei 0° West hat, d.h. im Greenwich Meridian, während bei dem inertialen System die Frühlingsrichtung verwendet wird. Die Koordinaten zum Zeitpunkt t_0 sind also lediglich verdreht. Da das System mit der Erdrotation mitrotiert und der Satellit ein GEO-Satellit mit konstanter Position über der Erde ist, sind die Koordinaten also konstant und ändern sich nicht mit der Zeit. Die Situation zum Zeitpunkt t_0 ist rechts in Bild I-2 dargestellt (die Indizes „erdf" und „in" stehen für erdfestes, bzw. inertiales System).

Für den Winkel Φ gilt hier:

$$\Phi = 180° - 150{,}298° = 29{,}702°$$

Nach Bild I-2 (rechts) ergibt sich weiter für die verdrehten Koordinaten:

$$x_{erdf} = -\cos\Phi \cdot x_{in} = -36.672{,}78 \text{ km}$$

$$y_{erdf} = -\sin\Phi \cdot x_{in} = -20.919{,}48 \text{ km}$$

Aufgabe 2: Zweikörperproblem

i) Die Größen und vor allem Massen von Pluto und seinem wichtigsten Mond, Charon, sind so ähnlich, dass man mitunter auch von einem Doppelplanetensystem spricht. Berechnen sie die Lage vom Schwerpunkt der beiden Körper bezogen auf Plutos Oberäche. Bestimmen sie weiter Charons Umlaufzeit um das gemeinsame Baryzentrum der beiden Himmelskörper! Gehen sie dafür von Kreisbahnen aus.

ii) Am 20.07.2011 wurde von der NASA bekannt gegeben, dass das Plutosystem neben den bisher bekannten drei Satelliten einen weiteren Mond enthält, welcher die vorläufige Bezeichnung S/2011 (134340) 1 erhielt und seit 2013 den Namen Kerberos trägt. Als Umlaufzeit um den Schwerpunkt des Plutosystems wurde eine Dauer von 32,1 Tagen gemessen, die Bahn wird als kreisförmig angenommen.

Bestimmen sie mit der gemessenen Umlaufdauer unter zur Hilfenahme der zuvor bestimmten Umlaufdauer von Charon um das Baryzentrum, die große Halbachse von Kerberos! Verwenden sie für die nun folgenden Rechnungen den optisch gemessenen Wert von 57.500 km für die große Halbachse (bei gleicher Umlaufdauer!) und bestimmen sie weiter die ungefähre Masse des neuen Mondes mit folgender Näherung des Zweikörperproblems:

- Der Zentralkörper liegt im Baryzentrum des Pluto-Charon-Systems (s. Aufgabenteil i))
- Die Masse des Zentralkörpers entspricht der Summe der Masse von Charon und Pluto

Bestimmen sie außerdem mit denselben Voraussetzungen die spezifische Bahnenergie ξ dieses neuen Mondes. Welche Geschwindigkeit hat er auf dieser Bahn?

iii) Durch die Kollision mit einem Kuipergürtel-Objekt erhält Kerberos ein Δv in Flugrichtung von 10 m/s. Wie groß dürfte das Δv sein, ohne dass der Mond den Einfluss von Pluto-Charon verlässt? Welche Bahn nimmt Kerberos durch das tatsächlich aufgebrachte Δv ein? Bestimmen sie die große Halbachse a neu, die Exzentrizität e neu und die Änderung der Inklination Δi!

Lösungshilfen:

$D_{Pluto} = 2.322$ km

$m_{Pluto} = 1{,}305 \cdot 10^{22}$ kg

$m_{Charon} = 1{,}52 \cdot 10^{21}$ kg

$a_{Charon\_Pluto} = 19.571$ km, mittlere Entfernung zwischen Pluto und Charon (Punktmassen)

$G = 6{,}673 \cdot 10^{-11}$ m³/ kg s², Gravitationskonstante

$r_a = p/(1-e)$

$r_p = p/(1+e)$

Lösung Aufgabe 2

i) Die Lage des Baryzentrums ergibt sich aus dem Schwerpunktsatz sehr einfach zu (Bild I-3):

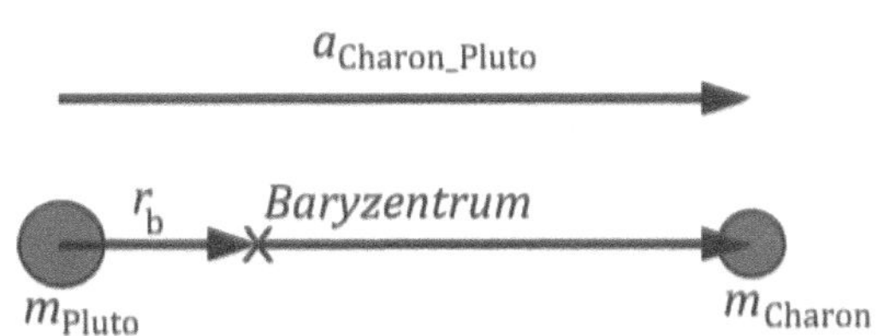

Bild I-3

Skizze zur Position des Baryzentrums im Plutosystem

$$r_b(m_{\text{Pluto}} + m_{\text{Charon}}) = r_{\text{Charon}} \cdot m_{\text{Charon}} + r_{\text{Pluto}} \cdot m_{\text{Pluto}}$$

Da die Rechnung bezogen auf Pluto ist, wird $r_{\text{Pluto}} = 0$ und $r_{\text{Charon}} = a_{\text{Charon\_Pluto}}$. Mit den gegebenen Werten folgt daraus:

$$r_b = a_{\text{Charon\_Pluto}} \cdot \frac{m_{\text{Charon}}}{m_{\text{Charon}} + m_{\text{Pluto}}}$$

$$= 0{,}10432 \cdot a_{\text{Charon\_Pluto}} = 2.041 \text{ km}$$

Für die Lage des Baryzentrums über Plutos Oberfläche folgt daher:

$$h_b = r_b - \frac{D_{\text{Pluto}}}{2} = 880{,}72 \text{ km}$$

Um die Umlaufzeit zu berechnen, muss erst Charons Abstand zum Baryzentrum bestimmt werden:

$$r_{\text{Charon}} = a_{\text{Charon\_Pluto}} - r_b = 17.529{,}28 \text{ km}$$

Weiter muss berücksichtigt werden, dass durch die ähnlichen Massen, bzw. die Frage nach der Umlaufdauer von Charon um den Planeten, μ entsprechend beide Massen enthalten muss:

$$\mu_{\text{Pluto\_Charon}} = G(m_{\text{Charon}} + m_{\text{Pluto}}) = 9{,}7226 \cdot 10^{11} \text{ m}^3/\text{s}^2$$

Damit folgt für die Umlaufdaher von Charon:

$$T_{\text{Charon}} = 2\pi \cdot \sqrt{\frac{r_{\text{Charon}}^3}{\mu_{\text{Pluto\_Charon}}}}$$

$$= 467.664{,}9 \text{ s}$$

$$= 5{,}431 \text{ d}$$

ii) Zur Bestimmung der großen Halbachse von Kerberos kann das dritte Keplersche Gesetz herangezogen werden. Da aber nach der Umlaufzeit um das Baryzentrum gefragt ist, muss auch statt des Abstands zu Pluto der Abstand zum Baryzentrum verwendet werden:

$$\frac{r_{\text{Charon}}^3}{T_{\text{Charon}}^2} T_{\text{Kerberos}}^2 = a_{\text{Kerberos}}^3$$

Mit den bekannten Werten folgt daraus:

$$a_{\text{Kerberos}} = 57.431{,}93 \text{ km}$$

Die Masse lässt sich aus der Formel für die Umlaufdauer unter Berücksichtigung der gemessenen Halbachse bestimmen, wobei gilt $m_{\text{pc}} = m_{\text{Pluto}} + m_{\text{Charon}}$:

$$T_{\text{Charon}} = 2\pi \cdot \sqrt{\frac{a_{\text{Kerberos,gemessen}}^3}{\mu_{\text{Pluto\_Charon\_Kerberos}}}}$$

$$\Rightarrow m_{\text{Kerberos}} = \frac{a_{\text{Kerberos,gemessen}}^3 \cdot 4\pi^2}{T_{\text{Kerberos}}^2 \cdot G} - m_{\text{pc}}$$

$$= 5{,}19265 \cdot 10^{19} \text{ kg}$$

Die spezifische Energie für eine geschlossene Bahn lässt sich berechnen zu (μ ist hier aufgrund der erheblich kleineren Größenordnung unter Vernachlässigung der Masse von Kerberos gerechnet):

$$\xi = -\frac{\mu_{\text{Pluto\_Charon}}}{2 \cdot a_{\text{Kerberos,gemessen}}} = -8.454{,}4 \text{ m}^2/\text{s}^2$$

Entweder aus der Vis-Viva-Gleichung oder durch Kenntnis der Defintion der Kreisbahngeschwindigkeit lässt sich schnell bestimmten, dass:

$$v_{\text{Kerberos}} = 2\pi \cdot \sqrt{\frac{\mu_{\text{Pluto\_Charon}}}{a_{\text{Kerberos,gemessen}}}} = 130{,}034 \text{ m/s}$$

iii) Die maximale Geschwindigkeit, die Kerberos haben darf, lässt sich mittels der Fluchtgeschwindigkeit bestimmten. Das maximale Δv ergibt sich zu:

$$\Delta v_{\max} \overset{!}{<} v_{\text{Flucht}} - v_{\text{Kerberos}} = (\sqrt{2} - 1) v_{\text{Kerberos}} = 53{,}86 \text{ m/s}$$

Analog zum Hohmanntransfer, bzw. aus der Vis-Viva-Gleichung folgt für die große Halbachse (mit $v_{\text{Kerberos}} = v_{\text{Kerberos}} + \Delta v = 140{,}034 \text{ m/s}$):

$$\frac{v_{\text{neu}}^2}{2} - \frac{\mu_{\text{Pluto\_Charon}}}{a_{\text{Kerberos,gemessen}}} = -\frac{\mu_{\text{Pluto\_Charon}}}{2 \cdot a_{\text{Kerberos,gemessen}}}$$

$$\Rightarrow a_{\text{neu}} = -\frac{\mu_{\text{Pluto\_Charon}}}{2 \cdot \left(\frac{v_{\text{neu}}^2}{2} - \frac{\mu_{\text{Pluto\_Charon}}}{a_{\text{Kerberos,gemessen}}}\right)} = 68.429{,}411\ \text{m}$$

Für die Exzentrizität folgt mit den in der Aufgabenstellung angegebenen Lösungshilfen für r_{a} und r_{p}:

$$e = \frac{r_{\text{a}} - r_{\text{p}}}{r_{\text{a}} + r_{\text{p}}}$$

Es gilt weiter, dass $r_{\text{a}} = 2\, a_{\text{neu}} - r_{\text{p}}$ und hier $r_{\text{p}} = a_{\text{Kerberos,gemessen}}$, da die alte Bahn kreisförmig ist. So wird die Exzentrizität zu:

$$e = 0{,}1597$$

Sie lässt sich alternativ auch über $r_{\text{p}} = a_{\text{neu}}(1 - e)$ berechnen. Da das Δv in Flugrichtung wirkt, kommt es zu keiner Änderung der Inklination. Also ist $\Delta i = 0$.

Aufgabe 3: Bahnen mit Antrieb und Keplergleichung

i) Der Orbiter *Atlantis* des amerikanischen Space Shuttle Transportation Systems hat einen essentiellen Anteil zum Aufbau der internationalen Raumstation ISS geleistet. Wenn sie davon ausgehen, dass es auf Höhe des Erdradius startet, welche Geschwindigkeit hat das Shuttle dann vor dem Start bezogen auf ein inertiales Koordinatensystem (vernachlässigen sie die Effekte durch den Breitengrad und durch die Bahnbewegung der Erde um die Sonne)? Welche Geschwindigkeit muss es annehmen, um die Internationale Raumstation ISS in einer Orbithöhe von 380 km zu erreichen?

ii) Wenn sie davon ausgehen, dass die ISS (Masse: 455.000 kg) um 5 km angehoben werden soll, welche Menge Treibstoff muss das Shuttle (Masse: 109.000 kg) dann dafür mindestens aufwenden, wenn es mit dem Orbital Maneuvering System (Isp = 316 s) feuert? (Gehen sie auch hier von Kreisbahnen aus und vernachlässigen sie die Massenreduktion durch den Treibstoffverbauch!) Wo müsste das Shuttle die Triebwerke feuern, um die Inklination effizient zu ändern? Was wäre bei einer elliptischen Bahn anders?

iii) Nach dem Abdocken von der ISS führt die Atlantis ein Bremsmanöver durch und nimmt dadurch eine Bahn mit folgenden Parametern ein (bezogen auf ein erdzentrisches, äquatoriales Intertialsystem):

- a: 6.621 km
- e: 0,0183
- i: 51,6°
- ω_p: 40°
- Ω: 20°
- t_p: 0:00

Bezogen auf dieses Koordinatensystem, bestimmen sie wo sich das Shuttle 20 min nach Durchfliegen des Perigäums befindet (geben sie die wahre Anomalie an)! Wann erreicht es die wahre Anomalie von 270°? Betrachten sie nun die Landung. Unter der vereinfachenden Annahme eines Hohmanntransfers zur Landestelle, wie lange dauert dann der Landeanug für einen Ausgangsorbit von 6.500 km Bahnradius? Nennen Sie zwei Fehler, die dabei gemacht werden!

Lösungshilfen:

$r_E = 6.378$ km

$T_{rot,E} = 24$ h

$\mu_E = 3{,}98 \cdot 10^{24}\ \mathrm{m^3/s^2}$

$\Delta v_1 = \sqrt{\frac{\mu}{r_1}}\left(\sqrt{\frac{2\cdot r_2}{(r_1+r_2)}} - 1\right), \Delta v_2 = \sqrt{\frac{\mu}{r_2}}\left(1 - \sqrt{\frac{2\cdot r_1}{r_2(r_1+r_2)}}\right)$, für $r_2 > r_1$

$I_{sp} = c_e/g_0$, mit $g_0 = 9{,}81\ \mathrm{m/s^2}$

$x_{k+1} = x_k - \frac{f(x_k)}{f'(x_k)}$ mit $f(x_0) = 0$, Newton-Verfahren

$\cos\nu = \frac{\cos E - e}{1 - e\cdot\cos E}$

Lösung Aufgabe 3

i) Die Geschwindigkeit, die das Shuttle vor dem Start hat, ist die Geschwindigkeit, die sich durch die Erdrotation ergibt. Da die Eekte des Breitengrads vernachlässigt werden sollen und ebenso ein synodischer Tag verwendet werden soll, lässt sich die Geschwindigkeit leicht errechnen zu:

$$v_{\text{Start}} = \frac{2\pi \cdot r_{\text{E}}}{24\ \text{h}} = 463{,}82\ \text{m/s}$$

Die Geschwindigkeit auf der Zielhöhe von 380 km, d.h. bei r_z = 6.758 km ist die einfache Kreisgeschwindigkeit:

$$v_{\text{z}} = \sqrt{\frac{\mu_{\text{E}}}{r_{\text{z}}}} = 7.674{,}19\ \text{m/s}$$

ii) Die Mindesttreibstoffmenge ergibt sich bei dem kleinstmöglichen Δv, welches in diesem Falle für koplanare Kreisbahnen durch einen Hohmanntransfer gegeben ist. Die beiden beteiligten Radien sind r_1 = 6.758 km und r_2 = 6.763 km. Mit den angegebenen Formeln und $a_i = r_i$ für i = 1 oder 2 folgt für die beiden Geschwindigkeitsbedarfe:

$$\Delta v_1 = 1{,}4188\ \text{m/s}$$

$$\Delta v_2 = 1{,}4185\ \text{m/s}$$

Da die Reduktion der Masse durch den Treibstoffverbrauch nicht berücksichtigt werden soll, ist die Startmasse für beide Schübe jeweils:

$$m_0 = m_{\text{Shuttle}} + m_{\text{ISS}} = 564.000\ \text{kg}$$

Mit der Ziolkovsky-Gleichung folgt für den Treibstoffbedarf für beide Manöver:

$$m_{\text{TS}} = m_0 \cdot \left(1 - e^{-\frac{\Delta v}{c_{\text{e}}}}\right)$$

Mit den gegebenen Δv Werten erhält man:

$$m_{\text{TS,1}} = 258{,}07\ \text{kg}$$
$$m_{\text{TS,2}} = 258{,}02\ \text{kg}$$
$$m_{\text{TS,ges}} = 516{,}09\ \text{kg}$$

Die Inklination sollte an den Knotenpunkten geändert werden, wobei zu beachten ist, dass sich bei elliptischen Bahnen die Geschwindigkeitsbedarfe unterscheiden je nach Knotenpunkten, bei Kreisbahnen ist es egal, an welchem die Inklination geändert wird.

iii) Die gefragten Berechnungen lassen sich mit Hilfe der Keplergleichung lösen. Für das Newton-Verfahren ergeben sich damit:

$$E_{k+1} = E_k - \frac{E_k - e \cdot \sin E_k - M}{1 - e \cos E_k}$$

Für die Orbitperiode ergibt sich:

$$T = 5.365{,}67 \text{ s} = 89{,}428 \text{ min} = 1{,}4905 \text{ h}$$

Damit folgt für die mittlere Anomalie für den Zeitpunkt $t = t_p + 20$ min:

$$M = 0.244 \cdot 2\pi = 1{,}4052$$

Jetzt kann mit dem Newton-Verfahren die exzentrische Anomalie iterativ berechnet werden. Da es sich um eine Kreisbahn handelt (d.h. kleine Exzentrizität), kann als erster Startwert für E der berechnete Wert der mittleren Anomalie verwendet werden. Für die Iteration ergibt sich folgende Rechnung:

$$E_0 = 1{,}4052$$

$$E_1 = 1{,}4233$$

$$E_2 = 1{,}4233$$

Mit dem gegebenen Hinweis lässt sich daraus die wahre Anomalie berechnen:

$$\nu = \arccos\left(\frac{\cos E - e}{1 - e \cdot \cos E}\right) = 82{,}59°$$

Um die Zeitdifferenz zum Fall $\nu = 270°$ zu bestimmen, muss zunächst die exzentrische Anomalie berechnet werden, erneut mit dem Lösungshinweis:

$$E = \arcos\left(\frac{e + \cos \nu}{1 + e \cdot \cos \nu}\right) = 88{,}95°$$

Mit der Keplergleichung lässt sich so die mittlere Anomalie bestimmen zu:

$$M = 1{,}5342 + \pi$$

π muss dazu addiert werden, da der Kosinus für 270° dem von 90° entspricht (0) und so nur Werte zwischen 0 und π bestimmt werden können. Für 270° muss die mittlere Anomalie allerdings größer als π sein, gerade symmetrisch und deswegen versetzt um den Wert π.

Ebenfalls mit der Keplergleichung, bzw. der Definition der mittleren Anomalie folgt daraus die Zeit:

$$\Delta t = 66{,}55 \text{ min}$$

Für die gegebenen Bedingungen des Landeanflugs der Atlantis lässt sich die große Halbachse berechnen zu:

$$a_\mathrm{m} = \frac{1}{2}(r_\mathrm{e} + 6.500\ \mathrm{km}) = 6.439\ \mathrm{km}$$

Damit folgt für die Flugzeit auf der halben Ellipse:

$$T = \frac{1}{2} \cdot 2 \cdot \pi \sqrt{\frac{(6.439.000\ \mathrm{m})^3}{\mu_\mathrm{E}}} = 42{,}87\ \mathrm{min}$$

Einfluss hätte z.B. die Eigendrehung der Erde (s. i)), aufgrund des Unterschieds zwischen Orbitgeschwindigkeit auf Radius der Landestellte und der Umdrehungsgeschwindigkeit und die Atmosphäre (Verlangsamung durch Reibung, Auftrieb, Seitenwinde).

Wenn Sie bis hierhin die Lösungswege der Übungsaufgaben gut nachvollziehen konnten, haben Sie es schon fast bis zum Experten im Bearbeiten von Problemen der Raumflugmechanik geschafft. Der einzige Baustein der nun noch fehlt ist die objektive Selbstkontrolle des eigenen Wissenstandes und der Test der Anwendung dieses Wissens unter realistischen Prüfungsbedingungen. Zu diesem Zweck haben wir im Folgenden zehn weitere Aufgabenstellungen, diesmal allerdings ohne die jeweiligen Musterlösungen vorbereitet. Die Aufgaben sind allesamt an einge unserer „echten" Klausuraufgaben der letzten Jahre angelehnt und sollen unter Klausurbedingungen bearbeitet werden. Im Einzelnen gilt hierbei:

- eine Bearbeitungszeit von einer Stunde,
- ein nicht-programmierbarer Taschenrechner kann genutzt werden,
- zusätzlich können die unter der jeweiligen Aufgabe gekennzeichneten Hilfsmittel verwendet werden.

Die Lösung für die Aufgaben finden Sie unter plus.hanser-fachbuch.de.

Wenn Sie die Aufgabenstellungen unter Realbedingungen bearbeiten, können Sie am besten überprüfen, wo ggf. noch Verständnisprobleme existieren und diese dann gezielt abstellen. Grundsätzlich gilt in der Raumflugmechanik wie in vielen anderen Disziplinen, dass noch kein Meister vom Himmel gefallen ist. Wenn Sie hier jetzt direkt antworten wollen „das liegt daran, dass er schnell genug war" sind Sie schon auf einem guten Weg. Die erfolgreiche Bearbeitung der Problemstellungen braucht vor allen Dingen viel Erfahrung, lassen Sie sich von kleinen Rückschlägen nicht entmutigen und versuchen Sie in der anschliessenden Auswertung anhand der Online-Musterlösung zu verstehen, warum Sie an den Stellen, an denen Fehler aufgetreten sind „falsch gedacht" haben.

Eine Herausforderung ist sicherlich auch immer die Komplexität der Aufgabenstellung. Oftmals bietet es sich an erstmal eine eigene Skizze der Situation zu erstellen und schon erste Pausibilitätsbetrachtungen anzustellen. Wenn Sie hier etwas mehr Zeit investieren, zahlt sich das am Ende meist aus. Damit wünschen wir Ihnen viel Erfolg bei den Prüfungsaufgaben!

Aufgabe 4: Bezugssysteme Keplergleichung und Sonneneklipsen

i) Ein Satellit soll mittels Hohmanntransfer von einem 300 km hohen Parkorbit um die Erde in eine geosynchrone Bahn gebracht werden, die genau in der Ekliptik liegt. Welche Inklination weist diese Bahn in einem äquatorialen, geozentrischen Koordinatensystem auf? Welche Höhe hat das Apogäum der Transferbahn?

ii) Im Apogäum soll mittels Schubs die Bahn auf eine Kreisbahn gebracht werden, allerdings versiegt zu diesem Zeitpunkt der Funkkontakt zur Erde, so dass das Manöver nicht ausgeführt werden kann. Erst eine Stunde später besteht wieder eine Verbindung zum Boden. Welchen Winkel (wahre Anomalie) überstreicht der Satellit bis dorthin von der Position des Perigäums aus gerechnet?

iii) Nach erfolgreichem Manöver beendet sich der Satellit im geplanten Orbit während einer Phase mit Eklipszeiten. Welche Arten von Eklipsen gibt es generell? Fertigen Sie dazu eine Skizze in Draufsicht auf die Ekliptik und aus Sicht des Satelliten an und bezeichnen sie die verschie-denen Arten. Markieren Sie die Erde und Sonne mit verschiedenen Schraffuren. Um welchen Typ handelt es sich im vorliegenden Fall, wenn Sie annehmen, dass der Satellit auf einer Linie mit der Erde und Sonne liegt? Gibt es Orbits ohne Schattenzeiten (geben Sie ggf. ein Beispiel an)? Berechnen Sie nun für den vorliegenden Fall und unter der Annahme, dass die Erdbahn eine Kreisbahn um die Sonne ist, den Winkel ρ_c, d.h. die halbe Winkelausdehnung des Erdschattens. Wenn Sie von kleinen Winkeln ausgehen, so dass z.B. das Umfangsstück der Kreisbahn, das den Schatten begrenzt als gerade Strecke angenommen werden kann, welche Winkelausdehnung (vom Erdmittelpunkt aus gerechnet) α hat dann der im Schatten liegende Teil des Orbits? Wieviel Zeit verbringt der Satellit im Schatten?

Lösungshilfen:

$R_E = 6378$ km Erdradius
$R_S = 6{,}96 \cdot 10^5$km Sonnenradius
$T_E = 24$ h Rotationsdauer der Erde
$\mu_E = 3{,}986 \cdot 10^{14}\ \mathrm{m^3/s^2}$ spez. Erdgravitationskonstante
$\cos\nu = \frac{\cos E - e}{1 - e \cdot \cos E}$ Verhältnis wahre Anomalie νund exzentrische Anomalie E
$C = \frac{R_P \cdot r_s}{R_S - R_P}$ Länge des Kernschattens eines Planeten mit Radius R_p und Abstand r_s zur Sonne mit Radius R_S

Aufgabe 5: Quaternionentransformation

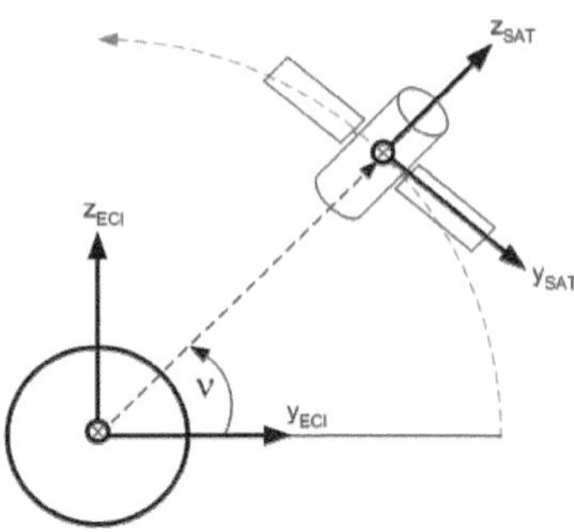

Der in der Skizze dargestellte Erdbeobachtungssatellit bewege sich auf einer Kreisbahn um die Erde in der von y_{ECI} und z_{ECI} aufgespannten Ebene. Der Satellit sei so geregelt, dass die Längsachse des Satelliten (z_{SAT}) zu allen Zeitpunkten entlang des Positionsvektors ausgerichtet ist (Nadir-pointing der $-z_{SAT}$-Seite. Die Bahn besitze eine Inklination von $i = 90°$, ein Argument des Perigäums von $\omega = 0°$ und eine Umlaufzeit von 8 Stunden. Zum Zeitpunkt der Aufgabenstellung befinde sich der Satellit bei einer wahren Anomalie von $\nu = 45°$ und die y_{SAT}-Achse zeige entgegengesetzt zum Flugrichtungsvektor.

i) Wie groß ist die Rektaszension des aufsteigenden Knotens der Bahn für den dargestellten Orbit?

ii) Nennen Sie die allgemeine Definition des Quaternions und bestimmen Sie das Quaternion, dass zwischen dem ECI- und dem SAT- System für den dargestellten Zustand $\nu = 45°$ $t$ransformiert.

iii) Der Satellit rotiere während des Nadir-Pointings zusätzlich um die z_{SAT}-Achse mit einer konstanten Winkelgeschwindigkeit von $\omega_{SAT} = 90°/\text{h}$. Um die Bewegung beschreiben zu können, soll das effektive Quaternion, mit dem zu jedem Zeitpunkt vom ECI-System ins SAT-System transformiert werden kann, bestimmt werden. Stellen Sie hierfür zunächst zwei Quaternionen auf, die das SAT-System vom dargestellten Zustand $\nu = 45°$ in den Zustand bei einer beliebigen wahren Anomalie transformieren.

iv) Berechnen Sie nun das effektive Quaternion, dass vom ECI-System ins SAT-System für einen beliebigen Wert von ν transformiert.

v) Transformieren Sie $\vec{r}_{ECI} = (0\ 0\ 1)^T$ für $\nu = 180°$ ins SAT-System.

Lösungshilfen:

Vorschriften zur Quaternionentransformation (Kapitel 3), Additionstheoreme

Aufgabe 6: Bahnform, Raketengrundgleichung und Rotation

i) Das erste Ziel der NASA-Mission DAWN war der Asteroid Vesta im Hauptgürtel. Berechnen Sie zunächst die große Halbachse a und die Exzentrizität e von Vesta. Wie groß ist seine Umlaufdauer um die Sonne?

ii) Der Zwergplanet Ceres hat eine Umlaufdauer um die Sonne von 1682 Tagen und war das zweite Ziel von DAWN. Berechnen Sie die große Halbachse von Ceres ohne μ_S zu verwenden. Für den Transfer zwischen zwei koplanaren, konzentrischen Kreisbahnen mit Niedrigschubtriebwerk (Schub < 1 N) kann das notwendige Δv mit $\Delta v = |v_{c1}| - |v_{c2}|$, d.h. als Differenz der Beträge der entsprechenden Kreisgeschwindigkeiten abgeschätzt werden. Wenn Sie davon ausgehen, dass Ceres und Vesta auf Kreisbahnen um die Sonne laufen, wie groß ist dann das Δv für den Transfer von Vesta nach Ceres für ein Triebwerk mit Austrittsgeschwindigkeit von c_e = *const.* = 34.000 m/s? Wieviel Treibstoff wird benötigt, wenn das Raumfahrzeug zu Beginn des Manövers eine Masse von 1.000 kg hat? Wie lange muss das Triebwerk schieben, wenn der Schub zu 100% genutzt werden kann und konstant 100 mN beträgt?

iii) Ceres und Vesta stehen nun in Opposition und folgen denselben Bahnen wie in ii). Der Abflug der Sonde soll bei einem Winkelunterschied von 15° stattfinden. Wieviel Zeit vergeht, bis der dieser Unterschied erreicht ist?

iv) Ida (ein weiterer Asteroid im Hauptgürtel mit r = 2,862 AU) besitzt den Mond Dactyl (idealisiert als homogene Kugel mit 0,7 km Radius), der ihn auf einer Bahn mit einem Radius von 110 km und einer Umlaufdauer von 1,542 Tagen umkreist. Bestimmen Sie die Masse von Ida und begründen Sie Vereinfachungen! Wenn Sie davon ausgehen, dass Ida einen Gesamtdrall von $1{,}17 \cdot 10^{14}$ kg m²/s besitzt, wie groß ist dann seine Masse bei einer Rotationsdauer von 8h? Ida ist langestreckt mit den Durchmessern 59,8 x 25,4 x 18,6 km. Welche Auswirkungen hat diese Form auf die Gleichungen des Zweikörperproblems, sind diese noch exakt zutreffend? Begründen Sie!

v) Wenn ausgehend von iv) weiter annehmen, dass durch den Einschlag eines kleinen Asteroiden in einem Winkel von 30° zur Oberfläche, in einer Ebene mit dem Drallvektor eine Kraft von $F = \sqrt{3}/2 \cdot 10^{11}$ N für 0,5s wirkt, um welchen Winkel wird der Drallvektor gedreht? Fertigen Sie eine Skizze der beteiligten Drall- bzw. Momentenvektoren an!

Lösungshilfen:

$G = 6{,}674 \cdot 10^{-11}$ m³/(kg s²) Gravitationskonstante, 1AU = $149{,}6 \cdot 10^9$ m
$\mu_S = 1{,}327 \cdot 10^{20}$ m³/(s²) Spezifische Gravitationskonstante der Sonne
$r_{p,Vesta} = 2{,}15$ AU, $r_{a,Vesta} = 2{,}57$ AU Apo- und Perihel des Vestaorbits
$I = \frac{2}{5} m R^2$ Trägheitsmoment einer homogenen Kugel mit Masse m und radius R
$I_{sp} = \frac{F}{g_0 \cdot \frac{dm}{dt}} = \frac{c_e}{g_0}$ Definition des spezifischen Impulses

Aufgabe 7: Besondere Bahnen und Keplergleichung

Nehmen Sie an, Sie studieren Luft- und Raumfahrttechnik an der Universität Bremen, gehen gemütlich mit einem Heißgetränk in der Hand über den Uni-Boulevard und gucken auf Ihr Smartphone, auf dem sie die neueste „satellites close to me"-App installiert haben. Per push-up Nachricht wird ihnen angezeigt, dass sich genau in diesem Moment ein GPS-Satellit in seinem Perigäum exakt 20200 km über Ihnen befindet!

i) Welche Inklination muss der Orbit des Satelliten mindestens haben?

ii) Welchen Winkel um den Erdmittelpunkt könnten Sie zurücklegen, ohne den Kontakt zu diesem Satelliten zu verlieren? (Gehen Sie hierfür davon aus, dass sich Erde und Satellit währenddesse nicht bewegen und dass der Satellit als Kugelstrahler betrachtet werden kann).

iii) Der Satellit verschwindet hinter dem südöstlichen Horizont, wenn er 105,15_ entlang seiner Bahn weitergewandert ist (Erdrotation ist bereits berücksichtigt). Wie lange war er von Ihrem Standpunkt aus noch sichtbar, wenn sein erdfernster Punkt eine Höhe von 20242 km hat (keine Abschätzung)? Mit welcher Orbitalgeschwindigkeit bewegt er sich genau über Ihnen?

iv) Die meisten Satellitennetzwerke von Navigationssatelliten sind in sogenannten stabilen Walker-Konstellationen formiert. Für das europäische Satellitennavigationssystem Galileo gilt nach Walker-Schreibweise (i : t/p/f): 56°:27/3/1. Erläutern Sie, was die einzelnen Werte bedeuten! Wieviele Satelliten befinden sich auf einer Ebene? Um welchen Winkel sind die Satelliten zweier Nachbarebenen verschoben?

v) Skizzieren Sie den aufsteigenden Knoten einer Orbitebene der Galileo-Konstellation! Angenommen, das Argument des aufsteigenden Knotens einer Ebene beträgt im geozentrischen äquatorialen Koordinaten-system 0°: Welchen Wert hat dasjenige der Nachbarebene (mit den Informationen aus iv))? Wie verhalten sich die Positionen der auf-steigenden Knoten der verschiedenen Orbitebenen in erster Näherung?

Lösungshilfen:

Position der Uni-Bremen: 53,108° N, 8,854° E

$R_E = 6371$; mittlerer Erdradius

$\mu_E = 3{,}98 \cdot 10^{14} \frac{\mathrm{m}^3}{\mathrm{s}^2}$; Spezifische Erdgravitationskonstante

$\cos v = \frac{\cos E - e}{1 - e \cos E}$; Umrechnungsvorschrift exzentrische Anomalie -> wahre Anomalie

$v_2 = v_1 + f \frac{360°}{t}$; Winkelabstand zum benachbarten Satelliten auf einer Bahnebene der Walker-Konstellation

Aufgabe 8: Bahnform, Raketengrundgleichung und Rotation

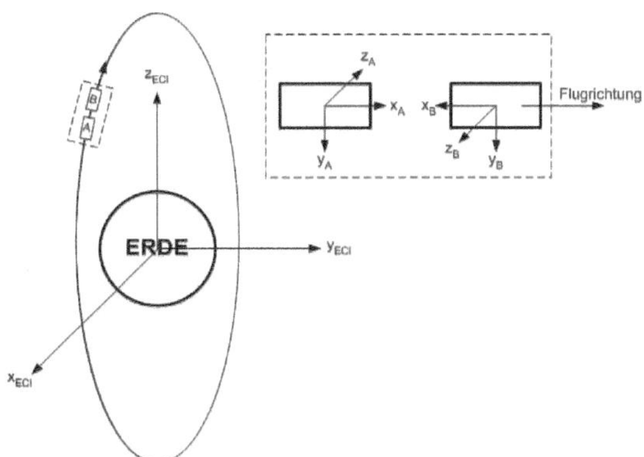

Die beiden baugleichen Geodäsie-Satelliten A und B befinden sich auf dem gleichen Orbit. In Flugrichtung be-trägt der relative Abstand zwischen beiden Satelliten 200 km. Näherungsweise kann ihre Position mit der gleichen wahren Anomalie ν beschrieben werden. Das satellitenfeste Koordinatensys-tem von A ist so definiert, dass x_A in Flugrichtung zeigt, y_A in Nadirrichtung zeigt, und z_A senkrecht zu beiden Achsen normal auf der Orbitebene steht. Das Koordinatensystem von B ist so definiert, dass x_B entgegen der Flugrichtung zeigt , y_B in Nadirrichtung zeigt, und z_B senkrecht zu beiden Achsen ist. Zum Zeitpunkt der Aufgabenstellung (t_0 = 0s) befinden sich beide Satelliten bei ν = 0° und das ECEF sei so gedreht, dass x_{ECEF} und y_{ECEF} jeweils mit x_{ECI} und y_{ECI} exakt übereinstimmen. Folgende Orbitparameter sind bekannt:

e	i	ω	Ω	h_{Bahn}
0	90°	0°	0°	2168 km

i) Berechnen Sie die Transformation vom ECI-System ins ECEF-System in Abhängigkeit der vom Startzeitpunkt t_0 an verstrichenen Zeit.

ii) Bestimmen Sie die effektive Eulertransformationsmatrix für die Transformation vom B-System ins A-System.

iii) Nennen Sie die allgemeine Definition des Quaternions. Welche Vorteile besitzt die Methode der Quaternionentransformation?

iv) Berechnen Sie das effektive Quaternion, das zu jedem Zeitpunkt direkt vom A-System ins ECISystemtransformiert. Leiten sie hierfür den Zusammenhang $\nu(t)$ her. Erläutern Sie, warum beide Satelliten näherungsweise mit dem gleichen Wert $\nu(t)$ beschrieben werden können.

v) Nach einiger Zeit befinden sich die Satelliten bei der Position ν = 270° + 720° = 990° (2 volle Umläufe sind bereits vollendet). Hier findet Satellit B eine Gravitationsanomalie in Richtung $\vec{r}_B = \left(1/\sqrt{2}\,;\ 1/\sqrt{2}\,;\ 0\right)$ Welcher Richtung entspricht das zu diesem Zeitpunkt im ECEF?

Lösungshilfen:

$R_E = 6371$; mittlerer Erdradius,

$\mu_E = 3{,}98 \cdot 10^{14} \frac{\mathrm{m}^3}{\mathrm{s}^2}$; Spezifische Erdgravitationskonstante

Vorschriften zu Euler- und Quaternionentransformation (Kapitel 3.2)

Aufgabe 9: Bodenspuren und Bahnen mit Antrieb

Die nachfolgende Abbildung zeigt eine Vorausberechnung der Bodenspur eines fiktiven Satelliten (*Erdsat*). Der Satellit befinde sich auf einer Umlaufbahn, der denen der Galileo-Navigationssatelliten ähnelt.

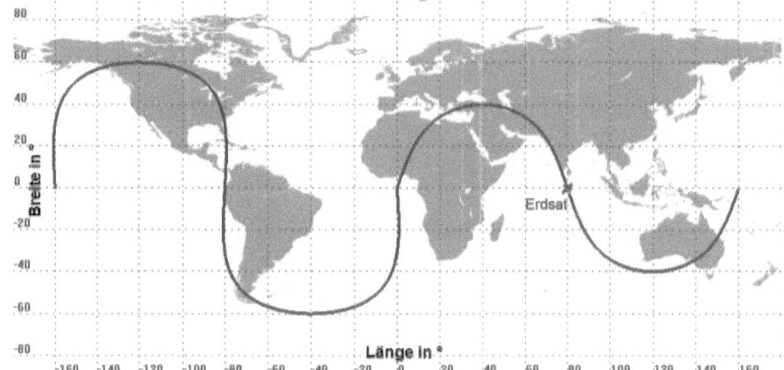

i) Geben Sie für den Orbit der linken Abbildungshälfte die Exzentrizität *e*, die Inklination *i* und die Große Halbachse *a* an! (Gehen Sie dabei von einem kugelsymmetrischen Gravitationsfeld aus!)

ii) Im Punkt 0°/0° soll ein Manöver durchgeführt werden, das in der Bodenspur der rechten Abbildungshälfte resultiert. Berechnen Sie die Masse des Treibstoffs (Austrittsgeschwindigkeit c_e = 2500 m/s), die dafür zusätzlich zur Satellitenmasse (m_{Sat} = 680 kg) mitgeführt werden muss!

iii) Ein weiterer Satellit (*MondSat*) befinde sich auf einer Kreisbahn in der Ekliptik um den Mond mit einem Bahnradius von $r_{MondSat}$ = 1838 km. Angenommen, er würde auf Fluchtgeschwindigkeit aus dem Mondgravitationsfeld gebracht: Um welchen Zentralkörper kreist er dann? Bei welcher Bahnform ist die Geschwindigkeit im Unendlichen gleich Null ($v_\infty = 0$)? Berechnen Sie das Δv, das mindestens benötigt wird, um den Satelliten aus der Mondumlaufbahn in eine freie Umlaufbahn um die Sonne (heliozentrische Bahn) zu bringen! (Gehen Sie dabei vereinfachend davon aus, dass alle beteiligten Bahnen in einer Ebene liegen, und vernachlässigen Sie jeweils nach der Flucht den Unterschied zwischen Satellitenposition und dem ursprünglichen Zentralkörper.)

iv) Skizzieren Sie einen Hohmann-Transfer von der Erde (r_{Erde} = 1 AU) zum Mars (r_{Mars} =1,524 AU) inklusive der notwendigen Manöver! Berechnen Sie dafür das benötigte Gesamt-Δv !

Lösungshilfen:

	Erde	Mond	Sonne	Mars
$\mu_{SPEZIFISCH}$[m³/s²]	$3{,}98 \cdot 10^{14}$	$4{,}90 \cdot 10^{12}$	$1{,}33 \cdot 10^{20}$	$4{,}28 \cdot 10^{13}$

T_{SID} = 23,9345 h: Dauer des siderischen Tages,

a_{MOND} = 384399 km: große Halbachse der Bahn des Mondes um die Erde.

Die Gleichung für das Hohmanntransfer-Gesamt-Δv finden Sie in Kapitel 7.3.

Aufgabe 10: Keplergleichung und Bahnen mit Antrieb

Am 3. Oktober 2018 wurde der Lander MASCOT (DLR, CNES und JAXA) erfolgreich von der japanischen Raumsonde Hayabusa2 auf dem Asteroiden Ryugu (1999 JU3) abgesetzt. Die Reise dorthin begann mit einem der Erdbahn ähnlichen Orbit um die Sonne gefolgt von einem Swing-by an der Erde und einem Niedrigschubtransfer mit den elektrischen Triebwerken von Hayabusa2. Die Skizze zeigt den Weg von Hayabusa2 zum Asteroiden Ryugu, wobei die Position der Erde zum Zeitpunkt des Starts der Mission entspricht und die Position von Ryugu dem Zeitpunkt der Ankunft.

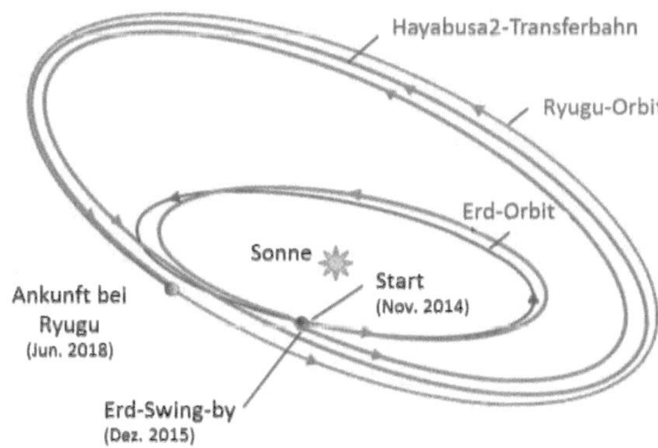

Bild: JAXA [5]

Der Swing-by fand am 3. Dez. 2015 um 19:08 Uhr Japan Standard Time (JST) statt und führte zu folgenden Bahndaten: Aphel, $r_{\text{Aphel,0}}$ = 207 Mill. km, Perihel, $r_{\text{Perihel,0}}$ = 144; 2 Mill. km. Gehen Sie davon aus, dass diese Bahn auf einer Ebene mit der Ryugu-Bahn liegt.

i) Der Transfer zwischen Swing-by an der Erde und Ankunft bei Ryugu soll nun mit Hilfe von zwei impulsiven Manövern angenähert werden. Dabei wird mit dem ersten Manöver ausschließlich das Aphel der Transferbahn um 4,25 Mio. km angehoben. Das zweite Manöver soll energieoptimal gewählt werden. Gehen Sie dabei davon aus, dass die Position von Ryugu zum Zeitpunkt der Ankunft (r_{Ankunft} = 146,9 Mill. km) auf der Apsidenlinie der Transferbahn liegt. Unmittelbar nach dem Swing-by beträgt die wahre Anomalie von Hayabusa2 auf der Transferbahn $\nu = 2{,}9°$. Skizzieren Sie die drei Transferbahnabschnitte zwischen dem Swing-by und der Ankunft bei Ryugu mit den zwei Manövern, der Apsidenlinie und dem Startwinkel ν !

ii) Berechnen Sie aufbauend auf i) das Δv der beiden Manöver und die Ankunftszeit bei Ryugu in JST auf die Minute genau!

Lösungshilfen:

$\mu_{Sonne} = 1{,}33 \cdot 10^{22}$ m³/s²; spezifischer Gravitationsparameter der Sonne

$\cos(E) = \left(\frac{e+\cos\nu}{1+e\cos\nu}\right)$; Umrechnung ex. Und wahre Anomalie

2012 war ein Schaltjahr

---

[5] Hayabusa 2 Project Team, *Hayabusa 2 Information Fact Sheet*, 2018

Aufgabe 11: Bahntransfer und - geschwindigkeiten

Die Millenium Falcon ist das Frachtraumschiff des Schmugglers Han Solo und trifft im Kesselsystem ein. Das System weist statt eines Sterns als Zentralkörper ein schwarzes Loch auf ($\mu_{SL} = 1{,}327 \cdot 10^{21}$ m³/s²). Das System enthält außerdem noch den Planeten Kessel (Radius $R = 6000$ km; $\mu_K = 3 \cdot 10^{14}$ m³/s², Rotationsdauer ist 26 h), der das schwarze Loch auf einer Kreisbahn mit dem Radius $r = 5 \cdot 10^8$ km umkreist. Gehen Sie in der gesamten Aufgabe von einem Zweikörpersystem aus.

i) Das Raumschiff erreicht das System auf einer Ankunftsbahn. Dafür gegeben sind für einen Radius von $5 \cdot 10^{11}$ km eine Geschwindigkeit von $v = 70{,}144$ km/s. Um was für einen Bahntyp handelt es sich? Welchen Wert hat die Halbachse? Fertigen Sie eine Skizze der Situation mit allen relevanten Körpern sowie den problembezogenen Bahnradien an. Den Bahndaten nach, die dem Piloten angezeigt werden, ist der Radius des Punktes mit dem geringsten Abstand zum Zentralkörper $r = 1{,}35 \cdot 10^8$ km. Welche Exzentrizität hat die Bahn?

ii) Um das System nicht direkt wieder zu verlassen, zündet Han Solo im Perizentrum dieser Bahn das Triebwerk für ein Manöver. Wie groß muss das hierbei eingesetzte Δv mindestens sein, um eine geschlossene Bahn zu erreichen? (Berechnen sie den relevanten Wert auf 5 Stellen genau).

iii) Han Solo hat das Triebwerk stärker gefeuert, um nicht nur das System nicht zu verlassen, sondern auch direkt eine Kreisbahn einzunehmen. Aus dieser will er nun den Planeten Kessel anfliegen. Mit welcher Transferart würde er am energiegünstigsten den Planeten erreichen? Begründen Sie! Fertigen Sie eine Skizze des Transfers an, inkl. aller Manöver und beteiligten Körper. Wie groß ist das benötigte Gesamt-Δv ?

iv) Nehmen Sie nun an, dass die Millenium Falcon einen Kreisorbit um den Planeten Kessel erreicht hat, der einen Radius von 8000 km aufweist. Gehen Sie davon aus, dass keine Atmosphäre existiert. Der Frachter soll auf dem Planeten landen. Fertigen Sie dazu eine Skizze mit den relevanten Geschwindigkeiten an. Welches Δv ist im günstigsten Fall notwendig? Wie würde die orbitale Geschwindigkeit auf einem Planeten mit einer Atmosphäre abgebaut?

Lösungshilfen:

$\mu_{Kessel} = 3 \cdot 10^{14}$ m³/s²; spezifischer Gravitationsparameter des Planeten Kessel
$\mu_{SL} = 1{,}327 \cdot 10^{21}$ m³/s²; spezifischer Gravitationsparameter des schwarzen Lochs
$r_{Kessel} = 6000$ km; Radius des Planeten Kessel
$r = \frac{a(1-e^2)}{1+e\cos\nu}$; Kegelschnittgleichung

Aufgabe 12: Bahnenergie und Keplergleichung

Die Bahn des Mondes um die Erde bestimmt die Gezeiten der Ozeane. Aufgrund der Gezeitenreibung zwischen dem sich bewegendenWasser und dem Erdboden geht der Mondbahn pro Jahr eine spezifische Bahnenergie von $\Delta\xi = 51{,}26 \cdot 10^{-6}$ J/kg verloren.

i) Angenommen, diese Änderungsrate bleibt über lange Zeiträume konstant: Nach wievielen Jahren wird sich der Abstand des Mondes von der Erde (große Halbachse) verdoppelt haben?

ii) Zusätzlich wird durch die Gezeitenreibung die Rotation der Erde derart abgebremst, dass sich die Dauer eines Tages pro (heutigem) Jahr um $23 \cdot 10^{-6}$ s verlängert. Wieviele Tage würde dann nach der unter i) berechneten Zeit ein Jahr dauern?

iii) Am 27.07.2018 gab es die längste Mondfinsternis des 21. Jahrhunderts, unter anderem., weil der Mond auf seiner elliptischen Bahn ($e_M = 0{,}055$) seine geringste Geschwindigkeit hatte. Fertigen Sie in der Draufsicht eine Skizze dieser Mondfinsternis an (Positionen von Sonne, Erde und Mond, sowie Mondbahn inklusive der Apsiden)! Der nächste Vollmond danach war eine Mondorbitperiode und 2,2 Tage später. Welchen Wert hatte seine wahre Anomalie zu diesem Zeitpunkt? (Gehen Sie bei der Lösung von einem Zweikörperproblem aus!).

iv) Nennen Sie die klassischen Orbitelemente, die mit den Angaben aus der Lösungshilfe und den Elementen aus Aufgabe iii) noch fehlen, um die Position des Mondes zu einem bestimmten Zeitpunkt vollständig zu beschreiben! (Name und Symbol.)

Lösungshilfen:

1 J = 1Nm = 1 kg m^2/s^2; Einheit der Energie Joule
$\mu_E = 3{,}98 \cdot 10^{14}$ m^3/s^2; spezifischer Gravitationsparameter der Erde
$a_M = 384400$ km; Große Halbachse der Mondbahn
$\cos\nu = \frac{\cos E - e}{1 - e\cos E}$; Umrechnung zwischen wahrer und exentrischer. Anomalie. (Beachtung des Definitionsbereichs von arccos bei Winkeln > 180° !)

Aufgabe 13: Koordinatentransformation

Zwei Satelliten befinden sich auf unterschiedlichen Orbits mit den folgenden bekannten Bahnparametern:

	Sat1	Sat2
T	10^5 s	$8 \cdot 10^4$ s
e	0,3	0
i	0°	90°
Ω	0°	90°
ω	90°	90°
ν_0	0°	0°

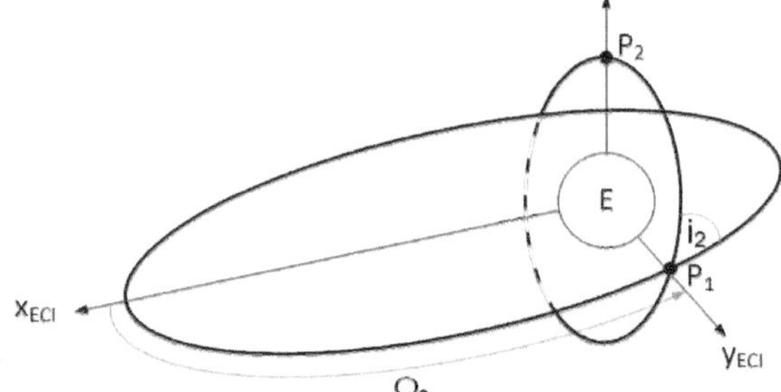

Beide Satelliten befinden sich im Nadirpointing, (die x-Achse des jeweiligen satellitenfesten Koordinatensystems zeigt immer in Richtung Erdmittelpunkt). Für Sat1 zeigt die die y-Achse immer entgegen, für Sat2 immer entlang des jeweiligen Flugrichtungsvektors. Beide Satelliten befinden sich zum Zeitpunkt der Aufgabe in ihrem jeweiligen Perizentrum (gekennzeichnet mit P_1 bzw P_2).

i) Berechnen Sie zunächst die Transformationssmatrix vom Satellitensystem 1 zum ECI in Abhängigkeit der wahren Anomalie des ersten Satelliten mit Hilfe der Methode der Eulertransformation.

ii) Berechnen Sie die Transformationsmatrix vom ECI ins Satellitensystem 2 mit Hilfe der Methode der Quaternionentransformation. Stellen Sie hierzu eine geeignete Transformationsreihenfolge auf, definieren Sie die entsprechenden benötigten Quaternionen und bestimmen Sie die effektive Transformationsmatrix als Produkt der den einzelnen Quaternionen entsprechenden Quaternionentransformationsmatrizen.

iii) Bestimmen Sie das effektive Quaternion, das direkt vom ECI ins Satellitensystem 2 überführt und prüfen Sie die Konsistenz dieses Ergebnisses mit dem Ergebnis aus b).

iv) Berechnen Sie, für welche Paarungen der wahren Anomalien von Satellit 1 und 2 der Vektor$(1\ 0\ 0)^T$SAT1 im System des ersten Satelliten identisch als $(1\ 0\ 0)^T$SAT2 im System des zweiten Satelliten erscheint. Stellen Sie hierfür zunächst ein geeignetes Kriterium auf und überprüfen Sie Ihr Ergebnis durch Einsetzen in die entsprechende Transformationsmatrix.

v) Wählen Sie den kleinsten positiven Wert der wahren Anomalie des ersten Satelliten, den Sie als möglich in d) identifiziert haben. Wenn dieser Zustand für Satellit 1 vorausgesetzt wird, wie lange dauert es dann (beginnend mit den gegebenen Startpositionen), bis die benötigte Konstellation der Positionen von Satellit 1 und 2 für das Kriterium aus d) erreicht ist?

Lösungshilfen:

Vorschriften zur Quaternionentransformation (Kapitel 3.2), Additionstheoreme

II Abbildungsverzeichnis

III Tabellenverzeichnis

IV Abkürzungsverzeichnis

E

ECF Earth Centered Fixed Coordinate System (Erdzentrisches Körperfestes System)
ECI Earth Centered Inertial Coordinate System (Erdzentrisches Inertialsystem)
ECSS European Cooperation for Space Standardization
ECEF Earth Centered Earth Fixed (Erdfestes Äquatorialsystem)
ESA European Space Agency

G

GEO Geostationärer Erdorbit (Geostationary Earth Orbit)
GPS Global Positioning System (US-Satellitennavigationssystem)
GRACE Gravity Recovery and Climate Experiment
GSO Geosynchroner Erdorbit (Geosynchronous Earth Orbit)
GTO Geotransferorbit (Geostationary Transfer Orbit)

H

HEO Hoher Erdorbit (High Earth Orbit)
oder
Hoch-Elliptischer Orbit (High Elliptical Orbit)

I

ISS International Space Station

J

JD Julianisches Datum

K

KOS Koordinatensystem

L

LEO Niedriger Erdorbit (Low Earth Orbit)

M

MEO Medium Earth Orbit
MJD Modifiziertes Julianisches Datum

N

NASA National Aeronautics and Space Administration

R

RAAN Rektaszension des aufsteigenden Knotens (Right Ascension of the Ascending Node)

S

SSO Sonnensynchroner Orbit

T

TAI International Atomic Time

U

UT Universal Time

UTC Coordinated Universal Time

V

VNC Velocity, Normal, Co-Normal

V Schlagwortverzeichnis